I Have Landed

The End of a Beginning in Natural History

彼岸

博物学家古尔德
生命观念文集的末卷

[美] 斯蒂芬·杰·古尔德 著

顾漩 译

外语教学与研究出版社
北京

博物学家古尔德的坚持

刘华杰

北京大学哲学系教授

博物学文化倡导者

1973 年秋季的一天，古尔德（Stephen J. Gould, 1941-2002）接到美国《博物学》（*Natural History*）杂志主编特恩斯（Alan Ternes）的邀请，由此开启了长达近三十年的漫长写作计划。当时他就说，杂志上的专栏随笔从 1974 年 1 月启动，计划写到 2001 年。专栏名称"这种生命观念"（This View of Life）看似平常，却是有典的，特指达尔文意义上的演化生命观，语出达尔文《物种起源》末尾"There is grandeur in this view of life ..."（这种生命观念何其伟大……）的叙述。在纯学术上，古尔德的贡献主要是 1972 年与埃尔德里奇（Niles Eldredge, 1943- ）一同提出间断平衡（punctuated equilibrium）演化理论，其核心论点当然不是彻底否定达尔文，而是在细节上丰富、修正达尔文的思想。古尔德撰写此专栏也是在向前辈博物学家达尔文致敬。顺便提及，宾厄姆顿大学演化生物学与人类学教授威尔逊（David Sloan Wilson）有一部书《达尔文的生命观：有待完成的革命》（*This View of Life*: *Completing the Darwinian Revolution*），正标题也借用了达尔文的这一措辞。

在近三十年的时间中，古尔德的专栏文章每月一篇，从未耽搁。从 1977 年第一卷结集《自达尔文以来》开始，以平均三年一卷的节奏出版的"博物沉思录"

（也可以称"自然启示录"）丛书一卷接一卷面世，好评不断。到 2000 年出到第九卷《马拉喀什的谎石》，事后看应当是倒数第二卷，但是当时的副标题就是 *Penultimate Reflections in Natural History*（倒数第二卷博物沉思录），也就是说，古尔德心里有数，很清楚自己持续甚久的写作计划还剩下一卷就将彻底收工。

"2001 年 1 月庆祝千禧年的时候写完了不多不少 300 篇专栏文章"；古尔德编好 *I Have Landed* 这卷文集（2002 年出版，第十卷也是最后一卷），整个专栏写作计划全部完成，自己也撒手人寰。到岸、着陆、完事，意思相关。回想几十年前他的话，或许一语成谶。

是什么力量推动一个人把一个专栏写了近三十年，每月一篇，风雨无阻？别说那么久，坚持三年都比较困难。注意，这期间古尔德并非只做这一件事，他要教书、做研究还要写其他各种图书。真的很难回答。先不论内容和文笔，单凭时间和数量这一项，古尔德就名垂青史，恐后无来者。这十卷文集，几乎本本畅销，屡屡获奖，它们分别是：

1.《自达尔文以来》（*Ever Since Darwin*），1977（首版时间）

2.《熊猫的拇指》（*The Panda's Thumb*），1980

3.《鸡牙和马蹄》（*Hen's Teeth and Horse's Toes*），1983

4.《火烈鸟的微笑》（*The Flamingo's Smile*），1985

5.《为雷龙喝彩》（*Bully for Brontosaurus*），1991

6.《八只小猪》（*Eight Little Piggies*），1993

7.《干草堆中的恐龙》（*Dinosaur in a Haystack*），1996

8.《莱昂纳多的蛤山与沃尔姆斯会议》（*Leonardo's Mountain of Clams and the Diet of Worms*），1998

9.《马拉喀什的谎石》（*The Lying Stones of Marrakech*），2000

10.《我到岸了》（*I Have Landed*，这里意译为《彼岸》），2002

据我所知，三联书店、商务印书馆和江苏科学技术出版社翻译出版了几卷。到目前为止，上述作品仍然有若干卷没有中译本。古尔德的大名对中国科学界、科学文化界、科普界、科学传播界、出版界来说并不陌生，为何不把这十卷出齐了？

古尔德的作品决非只有这些，除此之外，还有许多专业论文和专著，如《演化论的结构》《人类的误测——智商歧视的科学史》《个体发育和系统发生》《奇妙的生命：布尔吉斯页岩中的生命故事》《刺猬、狐狸与法师痘：缝合科学与人文之裂隙》《时间之矢和时间循环》《追问千禧年：世纪末的理性探索》《生命的壮阔：古尔德论生物大历史》等。

古尔德与利奥波德（Aldo Leopold, 1887-1948）、赫胥黎（Julian Huxley, 1887-1975）、劳伦茨（Konrad Z. Lorenz, 1903-1989）、迈尔（Ernst Mayr, 1904-2005）、威尔逊（Edward O. Wilson, 1929- ）一样，都是最近一百年间最杰出的博物学家；博物学家一词英文写作 naturalist 或 natural historian。不过，在现代社会中这些学者不会只有一个身份，他们还有古生物学家、林学家、遗传学家、动物行为学家、进化生物学家、昆虫学家等可以登上大雅之科学殿堂的专业名号，这些名号会大大掩盖博物学家的身份。好在，至少对于上述诸位大师，他们敢于理直气壮地承认自己就是博物学家，威尔逊甚至把自传的书名定为 *Naturalist*。不过，上述一连串学科都属于自然科学之中并不光鲜的博物类学科，在热衷强力、速度与征服的大背景下，它们也只好处于科学圣殿中不太重要的位置，跟数理、控制实验及数值模拟传统相比，这类研究工作被认为相对肤浅。

博物学家写随笔，是早有传统的，但是到了现在，这个传统的延续遇到了困难。一是各类学术不断专门化，泛泛而论确实有点儿不痛不痒，深入一些又无法吸引普通读者。二是学者写多了这类东西会受到同行的排斥，被认为是不务正业。有时是出于嫉妒（"凭什么你那么风光，受大众欢迎？"），就像当年纳博科夫的画像上了《时代》周刊封面让许多昆虫学家不爽一般。古尔德也不例外，但他出于某种责任或使命坚持下来了，为人们留下一笔宝贵的散文遗产。如何给这种写作定位，是个难题。不仅仅在中国会遇到这个问题，在美国、在英国也一样。首先，这类随笔字里行间可能包含重要原创学术思想，不仅仅是文学渲染和知识转述。历史上也的确有学者把一些重要思想不经意地写于通俗文本中，甚至写在脚注中。达尔文、古尔德、道金斯（Richard Dawkins, 1941- ）、威尔逊的散文中确实包含重要的学术思想，其重要性不亚于一本正经的期刊学术论文。其次，这些文字的读者对象是受过教育的普通公众，也包括多个领域的专业学者，这种写作体现了文理融通，展现的是有趣的科学文化、博物学文化。这已经超出了在不同科学学科之间架桥的努力，用古尔德自己的话说就是（《马拉喀什的谎石》作者序，2000 年，第 2 页）："这些年来，如这些散文所展示的，我设法拓展我对科学的人文主义'描绘'（my humanistic 'take' upon science），把它从一种单纯的实用装置变成一种真正的乳化器，使得文学随笔与大众科学写作融合成某种独特的东西，有可能超越狭隘的学科领域并使双方获益。"国人习惯于把它们视为"科普"，可是国内又极难找对应物，于是又称之为"高级科普"或"科学与人文"。后者的表述还凑合，前者则不很恰当。国内相似作品颇少是有缘由的，一是当下科学家群体人文修养有待提高，二是不愿写、不敢写，怕受到同行的鄙视。

看到眼前这个中译本，我立即想起田洺（1958-2016），心绪难平。如果田洺先生还在世，根本轮不到我来为此译本作序。我相信，绝大多数中国人是通过田洺知道古尔德的。田洺活到 58 岁，古尔德也只活到 61 岁，真是太令人惋惜了。田洺治生物学史、演化生物学史、科学文化研究，当过教师也当过官员，是什么机缘触动了他最早开始翻译古尔德的作品？田洺说是王佐良先生。翻译家、英国文学研究专家王先生对古尔德的散文评价很高（《自达尔文以来》中译本序，三联书店，1997年，第3页）。而我是通过刘兵认识田洺的，后来在科学传播工作中多有往来。无疑，田洺先生对于译介和传播迈尔、古尔德、威尔逊的作品与思想贡献巨大。虽有个别翻译不甚准确（谁又敢说自己的翻译都是对的），但是如果没有田洺的文化传播工作，国人对古尔德等人的接触还不知道要推迟多久呢。古尔德的散文极为高雅，有人说他是散文写作的斯坦·穆西埃尔（Stan Musial，美国著名职业棒球运动员）。我不懂棒球，但确实知道古尔德随笔的几个特点：有思想、纵横交错、语句复杂。有些人站着说话不腰痛，喜欢说风凉话，以偏概全，全面否定前人文化传播工作，宣称田洺的翻译"几乎每一句都有不同程度的翻译错误"，真的如此吗？仅仅从逻辑上想一想，就知道事实并非如此。把每一句话都翻错，那也挺难的吧？这种判断是对译者、出版社编辑和读者的多重侮辱。

我想对本书的译者表示特别的敬意。译书难，译古尔德的书更难。听说译者用了三年时间才整理出这个译本。想一想，将获得的稿费与所付出的时间能相称吗？我没有责怪出版社稿费低的意思，出版社能出版这类翻译作品已经很不容易了。书价在中国相对便宜（跟吃一碗面、买一件衣服相比），出版社作为企业自己生存也不容易，但书生和学子还在抱怨图书太贵了；单纯靠涨书价来提高译者的稿费，恐怕不现实。面对手机、信息网络时代的浅阅读泛滥，单纯涨书价可能会令许多年轻人远离高雅文化，比如他们会更加不容易接触到古尔德。有关部门能不能研究一下，想个办法，让国家和基金会对于优秀的文化翻译给予适当支持？在这方面日本做得比较好，我们应当学习。

另外，我也注意到译者把原来译偏了的古老词组 natural history 之译法纠正过来了，这是好现象。老普林尼、布丰的大部头作品名都是"博物学"或"博物志"的意思，不能乱译为某某史。

2019 年 12 月 2 日于北京西三旗

目录

VIII

"我到岸了"百年之后的喜与悲，2001 年 9 月 11 日

作者序

序言开篇的补缀

开篇的这个标题看起来自相矛盾，但的确说明了这段文字的必要性和地位。从内容上来讲，它确乎是补缀——它是最后完成的，原本并不在写作计划中；然而，我又必须写下这一段文字，令全书首尾呼应。下面的序言完成于 2001 年夏天，那时候，我开始思考自己职业生涯中的一些数字上的巧合，包括正好在 2001 年 1 月庆祝千禧年的时候写完了不多不少 300 篇专栏文章，这一年也是外祖父登陆埃利斯岛开启我们全家在美国的新生活的一百周年纪念。到岸后不久，年仅 13 岁的外祖父就在自己买的英文语法书上写下了这样的留言："我到岸了。1901 年 9 月 11 日。"现在，毋庸赘言，我想每一个富于同情心的人都不会忘记 2001 年 9 月 11 日带给我们的伤痛与转折。出于人类最普遍的道德责任，也希望 1901 年乔姥爷的留言给我们带来的快乐与信心不会被一百周年后的邪恶罪行扑灭，我在这本书的最后部分增加了四篇短文，追溯了自己的心路历程。此时此刻，在废墟和泪水面前，作为一名演化生物学家的我，义不容辞的责任也许是，将充满悲壮色彩的愿景传递给世人。

序言正文

1977年，非常偶然地，我的第一卷汇集了《博物学》杂志专栏文章的普及读物（《自达尔文以来》）和我的第一部有关进化论的专著（《个体发育和系统发生》）同时出版。《纽约时报》的书评认为，这一巧合即便不是意外，也非常不同寻常，我简直是文学"怪人"。不得不承认，这篇书评推动了我刚刚起步的事业。就我自己而言，这一巧合显得奇特而幸运。（由于某些不可控的因素，专著出版延迟了一年多，这让我非常郁闷，根本没想到后来会发生这样的巧合。）

现在，整整25年过去了。际遇再度降临（这次完全是我自己造成的。我没能准时完成专著，本打算在2000年或者2001年，也就是千禧年降临之际出版；不过现在，我得在2002年这个回文数的年份*才能完成了），这卷《博物学》杂志专栏文章的合集是同系列普及读物的第十本，也是最后一本，恐怕又要和我

---

* 我的儿子杰西患有孤独症，却在计算日期上有惊人的天赋，他告诉我回文数年份引人注意的特征，它们都"挤"在千禧年前后——1991年和2002年。我们的祖先更胜一筹——999年和1001年，但我们的后代要等100多年，到2112年才能赶上回文数年，因为两个回文数年之间通常会相隔100多年。这种从前面读和从后面读都一样的年份比我想象的还少、还特别。

的专著同时出版了。后者是我研究臻于成熟之后的总结性著作，酝酿了20年，长达1,500页（《演化论的结构》，哈佛大学出版社）。但是，25年来，我的想法发生了很大的变化（我相信，我的写作和思考也有了长足的改善）。我不再把专著和"通俗"读物同时出版视为一件反常的事情，甚至饶有趣味地提起（硬说奇怪，也顶多是因为我的同行中这么做的比较少）。显然，为满足受众需要，我们要适当改变写作风格，最显而易见的例子就是，要在通俗文章中避免技术术语。但我超越了这一需要，渐渐认识到，专业著作和大众读物中的概念深度不应当有所区别，我最初对这些"通俗"专栏文章的界定也是如此。我们不能轻视数百万潜在读者的兴趣和思维能力，他们虽然缺乏深入的科学训练，但痴迷程度绝不亚于专业人群，而且也很了解科学对于人类和世俗存在的重要性。

巧合和卜卦令我们迷惑不解，很大程度上是因为许多人完全误解了概率，以为"意外"事件背后隐藏着深刻、不为人知却又极其重要的秘密。比如，约翰·亚当斯和托马斯·杰斐逊（两人在生前大部分时间里持对立态度）都死于1826年7月4日，这一天也是美国五十周年国庆日；再比如，查尔斯·达尔文同亚伯拉罕·林肯都出生于1809年2月12日。学者们可以充分利用这样的巧合，雅克·巴尔赞在名著《达尔文、马克思和瓦格纳》中就比较了三位关键人物在同一年（1859年）分别完成的重要工作，我也借鉴了这一方法，只不过讨论范围要小一些——我借助同样发生在1859年的几起事件，将达尔文与一位伟大的画家和一位伟大的博物学家紧密关联起来（见第5篇）。我以为，数字上的巧合之所以显得神秘，恰恰因为它们没有什么普遍的或者深刻的意义（就一般情况下的概率期望而言，此类事件的出现频率并不算太高），故而我们要赋予它们一些涉及个人隐私的古怪含义。

于是，当我发现我为《博物学》杂志写作的第300篇文章（从1974年1月开始写，每月一篇，从来没有因为癌症、玩乐、涨潮或者世界职业棒球大赛中断过）刚好发表在 2001 年 1 月千禧年第一期上时（这一年也是我的家族移居美国一百周年），我认为这一数字上"一致"的巧合预示着我应该将这些专栏文章平均地分成十卷（只是因为我们碰巧选择了十进制，如果我是玛雅贵族，使用二十进制，那我就不会如此深刻地被触动，但也就不会去写这些科学小品文了）。接着，我又发现了第二个巧合，生命之旅中两次古怪的际遇之间"正好"相差了 25 年——1977 年，我的第一卷专栏文集和第一部专著同时出版；2002 年，我的第十卷也是最后一卷摘自《博物学》杂志的专栏文集，和我平生最重要的专业"大部头"（我们通常用这个词形容冗长的专著）同时出版。就算我充分相信也了解概率，仍然不得不承认，冥冥之中自有力量护佑着我朝着钻研文学的道路前进（我绝不会放慢前进的步伐，也不会丧失任何一点儿兴趣——我的性格不允许我做出这样的选择）。

要概括这 25 年、这十卷文集为我带来了什么，我只能说是能够更精准地认识我自己，就好像生物分类一样不断细分。也就是说，我逐渐从难以归类的作者树的大分枝上分异出来，找到了属于我自己的独特的小分枝，渐渐和其他作者分道扬镳。最开始，出于伦理和实际的原因（否则我就得不到欢愉和学习的机会了），我决定加入"拒绝简化概念"科——换言之，出于伟大的人文主义传统，我希望视读者为平等的对象，而不是驾车漫游时"轻松听书"的消费者。只要愿意，我可以加入该科下的一个**属**，我一直把这个类别比作"基督徒"，他们是知识谜团的解答者，而不是大自然的热情歌颂者，后者可以比作"方济各会教徒"。接着，我把自己归入基督徒**属**下一个独特的**种**——试图将科学主题与人文背景、人文关怀结合起来，而不是着力于逻辑清晰地解释某个科学问题。［顺便说一下，我现在已经不再喜欢我的第一卷专栏文集《自达尔文以来》了，虽然它仍然在热卖。之所以这么说，主要原因不是其中的很多内容已经失效（毕竟科学在 25 年间有了长足的发展，这样的结果不可避免），也不是行文稚拙令

我尴尬，而是我觉得那些文章太过平庸，缺乏个人特色，后来我一直致力于形成这种特色。］

长久以来，在人类如何做科学方面的兴趣引导我走过曲折的道路，令我得以在人文主义博物学**亚种**中成功找到一种独有的风格。科学家和其他学者是如何跌跌撞撞地得出复杂结论的（伟大的真相有着恒久的价值，也糅合了下意识的社会偏见，而后者很难被后人察觉）？如果我的办法有效，或许我就能解释人类弱点和自然真相之间的复杂联系。我想借助的方法是：从古往今来、形形色色的学者和探索者中，选取一些引人注目的重要人物，提炼出他们的核心动机和关键概念，构成所谓的"精英人物小传"。从过去时代的伟大医生（十六世纪的弗拉卡斯托罗）将新型的瘟疫命名为梅毒，却无法治疗和描述它的特征（第11篇）……到某位佚名的女性，在维多利亚时代（1837-1901）福音神学的狂热之下，想出了绝妙的方法调和圣经与古生物学之间的矛盾（第7篇中的伊莎贝尔·邓肯）……到解释爱德华七世时代（二十世纪头十年）最自命不凡的生物学家年轻时为何会参加卡尔·马克思的葬礼，并且是到场的唯一一名英国生物学家（第6篇）……再到一种曾经合理现在已经失效的生物学理论，正是这种理论促使西格蒙德·弗洛伊德提出了一些十分荒谬的人类种系发生观念（第8篇）。精英人物小传讲述了一段段有趣的故事，每段故事对应一个人，同时（如果还算成功的话）阐述某个重要的科学概念。

这本书是专栏文集的最后一卷，包括31篇文章，分成八个类别，八类内容延续了整个系列的主题，但也有自己的独特之处。（也许作者辩解得太多。不过，当我将零散的文章编成集子时，总能惊喜地发现，刚好可以把它们以还算连贯的顺序均匀地分成几个类别，其实每一篇文章都是独立的，我在写作时没有考虑过整体结构，没有指望它们能像家具那样恰好塞进空房间里。）第1篇文章与本书英文书名同名，它独立作为一个类别，赞扬了生命的连续性，个体的生命因为传代而延续，整体的生命则通过演化得以延续。这是整本书的开始，也是整本书的结束。

第二部分是我在有意义地结合事实、方法、科学问题和人文主义原则方面所做的尝试，每篇文章都有一个主题：第2篇讲了文学，第3篇则是历史，第4篇是音乐和戏剧，第5篇是艺术。第三部分由三篇精英人物小传构成，每篇传记都有一位主人公，都涉及一条与达尔文理论相关的、引人注目的重要思想。在第四部分中，我试着沿用类似的传记手法，向读者介绍了一些太过"陌生"以至于（对我们来说）不易理解的了解自然的方法。主人公是十六世纪和十七世纪的思想家，他们处在"科学革命"（这是科学史学者常用的术语）的前夜。之后，牛顿一代学者建立了经验论和实验法，二者直到现在仍是我们熟悉的两种基本手段。通过"理性的古生物学研究"，我们可以了解智力水平和我们基本相当的人所拥有的世界观，它们引人入迷、令人信服却大多已被人遗忘。了解这些要比直接从现代观念入手更能够认识到人类思维的灵活性和局限性。

第五部分汇集了几种不同风格的专栏文章，每篇文章的字数都不到1,000。第12和第13篇针对两类群体反驳了创世论者对进化论的责难，前者刊登在《时代》杂志上，针对的群体是普通读者，后者则刊登在《科学》杂志上，面向专业读者。其余四篇短文章收录于《纽约时报》的专栏和《时代》杂志，讲述了进化论对大众生活的深刻影响，影响程度也许比所有其他科学概念更深刻（指哲学和理性层面，而非纯技术层面）。

第六部分的文章则讨论了演化理论中的基本概念和核心问题——演化所对应的英文词的本义、创世故事的性质和局限性、多样性和分类的意义、生命演化的方向性或无方向性。我采用了不同的写作策略，有传记（第21篇的林奈，第22篇的阿加西、冯·贝尔和海克尔），也有传统的生物学论述（第23篇是关于长羽毛的恐龙，也就是早期的两足走禽），还有个人的生活记录，比如我作为一名演化生物学家，为何会在2000年元旦迎接千禧年的演出中心安理得地演唱海顿的《创世记》。

第七部分讨论了社会对演化论的解读、利用与误用。人们总是试图将不同的物种分出高下，认为它们生而不同，这种错误论点令人反感。从本土植物优于外来植物（第24篇）到不同的人种存在优劣之分（后三篇文章是关于三位值得敬重的科学家，他们都曾是捍卫人种平等的少数派，对应的年代分别为十七、十八和十九世纪）。

第五部分和第八部分的短文章最初是社论或专栏文章的评论。其他部分的长文章大多来自1974年1月到2001年1月间连续刊登在《博物学》杂志上的300篇文章中的最后若干篇。例外情况有5个：第2篇关于纳博科夫的文章是为古籍商保罗·霍罗威茨撰写的展览目录；第4篇文章讲述了吉尔伯特和沙利文的故事，刊登于《美国学者》杂志；第5篇文章则来自弗雷德里克·丘奇大型风景画回顾展的展览目录，展览地点是位于华盛顿特区的美国国家美术馆；第24篇关于本土植物的文章收录于一部关于风景园林建筑的会议录，会议是在邓巴顿橡树园召开的；第26篇刊登于《发现》杂志。

最后我想说（请原谅我的絮叨），写作这些文章持续地给我带来快乐，可惜直到1973年我才开始动笔。我从每一次写作中都能获得以前所不知的重要内容，每一次写作都可以让我与读者互动。批判也好、赞美也好，读者的观点总是带着感情色彩，从来不会保持中立。愿上帝保佑你们！读者的厚爱令我无以为报。虽然很多时候，我提出的观点（因为后来的发现）被证明是错误甚至愚蠢的；但我从来没有懈怠过，至少我可以承诺不会因为投机取巧和轻信二手资料而辜负你们的信任。这些文章的参考材料大都来自最原始的文献（只有两个例外，弗拉卡斯托罗优雅的拉丁文诗句和贝林格浮华的拉丁文笔迹实在超出了我的学识范围，虽然这曾经是通用的科学语言）。

另外，由于我不愿意把这些文章写成专业论文的缩减版、派生版或者简易版，而是坚持确保它们拥有和原创性研究论文一样的理论深度（虽然两者的表述语言不同），我会毫不迟疑地将真正的发现、独有的阐释纳入这些文章中，尽管按照惯例，它们应当首先发表在学术期刊上。不得不承认，一些保守的学者会因为我没有将某些观点首先发表在传统的、经过同行评议的期刊上而不愿意，甚至直截了当地拒绝引用我的文章，这一点经常让我感到沮丧。即便如此，我仍然频繁地在专栏文章中讲述原创性发现，和发表在传统学术期刊上的若干成果相比，前者更重要，也更繁复。比如，我发现拉马克曾在他发表的第一部演化著作的个人副本上写下一条注释，我确信这个重要的发现之前一直不为人所知，但我将它写入了这个系列的专栏文集中（见前一卷专栏文集《马拉喀什的谎石》中的第6篇）；有一些学者在自己的专业论文中不愿意引用这份资料。

坚守着这些信念与做法，我至少可以告诉大家，这些文章都是独一无二的原创作品，不是派生版或者概述——尽管后人也许会骂我，或者认为我刚愎自用（再或者根本没有注意到这些文章）。在学术的语境中，我希望也相信同行们能够将这些文章视作一手资料而非二手资料。就原创性来讲，我认为有四条标准可以作为依据。下面我将从真实的新发现开始，按照说服力从高到低的顺序依次阐述。反对者大概会认为，我的第四条标准模糊化了自我陶醉的个人癖好与有意义、有启发的个性特征。

就第一条标准而论，一些文章描述了在科学史上重要文献中的新发现。或者是有人批注过的特殊副本（比如，阿加西在主要竞争对手海克尔的重要著作上用铅笔密密麻麻写下了一些令人目瞪口呆的旁注，见第22篇），或者是针对已发表数据的独特分析（比如，我计算了不同人种平均脑容量的微小差异，原作者肯定会矢口否认这样的差异，见第27篇）。

就原始文献的新发现来讲，这本书的创新之处在理性上或者理论上没有很突出的重要性。可是，我发现了一位伟大女性的题词。1849年时，她是一位年轻漂亮的准新娘，在给未婚夫托马斯·亨利·赫胥黎准备礼物时写下了这段赠言。60多年后，她成了朱利安·赫胥黎的祖母。作为一个家庭的女族长，她将这份礼物转送给了自己的孙子。这段跨越世代的爱是人类品质中最纯美的部分，也是苦难生活（良善与庄严）连续性的最好例证。这种美令我震撼，不论是伦理还是美感，它都如此恰到好处。时至今日，当我看到亨丽埃塔·赫胥黎在一个不太突出的页面留下的手迹时，仍然忍不住热泪盈眶（即便现在，刚一写到这里，我的眼泪就止不住了）。能够发现进而公开这件小小的珍闻令我十分骄傲，它记录了人类最优秀的品质，堪称无价之宝！

第二条标准在于我对一些材料进行了新的解读，这些材料大多没有经过前人的分析（或者从来没有被注意到，或者仅仅作为一条敷衍了事的补充说明）。例如，我一直非常好奇演化生物学史上的一大谜团，埃德温·雷伊·朗凯斯特为何会作为唯一一名英国本地人出现在卡尔·马克思的葬礼上（第6篇）；例如，伊莎贝尔·邓肯曾经试图调和《创世记》与地质学，是我首次对她奇特却令人叹服的想法进行了现代语境下的阐释，这个人不为大家所知，不过，她在书中所附的图很出名，被视为早期的"深时场景"（第7篇）；例如，基于生物学知识，我首次分析了拉马克学说和重演论，并据此对新发现的弗洛伊德文章中的某些观点进行了评说（第8篇）；例如，我发现布卢门巴赫添加的第五类人种（马来人种）貌似无足轻重，却从根本上改变了人种分类的结构——从不分高下地按照地理位置划分变成以两条对称的路径偏离最具美感的高加索人——并成为被人们普遍使用的人种分类法（第26篇）；再例如，我首次对鲍欣1598年出版的著作进行剖析，这部著作作为同一地区出产的化石绘图，是第一部含有大量化石图片的著作，但由于缺乏成熟的生物起源理论作为引导，它对经验对象的描述出现了不可避免的错误（第10篇）。

第三条标准渗透着我的个人喜好——寻找两类（生活时代、性格或信仰）完全不同的人群或者两起看起来毫不相干的事件之间深层次的共通性，使它们有理有据地联系起来——能够最有效地帮助我们了解超乎这种古怪关系之外的普遍性。于是，丘奇、达尔文和洪堡在1859年确乎联系在了一起（第5篇）。在十七世纪一部著名药典的前言中，作者随随便便就发表了一通反犹太主义的言论，令人摸不着头脑，这部药典与旧思维方式、鲜为人知的化石分类法以及出了名的"武器药膏"有关（第9篇）。1530年，弗拉卡斯托罗通过一段拉丁文诗歌命名和描述梅毒的特征，最近，我们解密了引起这种疾病的微生物基因组，两种表现方式呈鲜明的对比（第11篇）。1986年世界职业棒球大赛中比尔·巴克纳的腿与吉姆·鲍伊写于阿拉莫战役的信确实有着深层次的关联，只是大家熟视无睹——人们总是倾向于按照预想的方式歪曲历史，这两个故事正是典型代表（第3篇）。evolution在天文学领域和生物学领域的用法与意义完全不同，前者用于描述恒星演化的过程，后者则用于描述种系发生的历史，这显然是把两种根本不同的科学阐释方法混为一谈（第18篇）。

第四条也是最后一条，更带有自我陶醉的色彩。我只能说，纯然（往往也深厚）的个人兴趣能够帮助我们以不同的视角审视司空见惯的问题，能够温故而知新。正因为10岁的我（那时单纯地接受使全部作品进入我的永久记忆）对吉尔伯特和沙利文的爱与50岁的我不同，所以我才能从崭新的角度讨论完美作品的普遍特征（第4篇）。就博大精深的文学评论家所忽略的纳博科夫和蝴蝶的问题，我能提出自己的看法，因为他们不太了解分类学的规则和内容，而这位伟大的小说家（最初）曾经以专业的分类学研究为自己的职业（第2篇）。二十世纪末的棒球运动员与阿拉莫战役垂死抗争的英雄看起来毫无关联，但确实能够论证一个从截然不同中提取共性的重要原则，如果不是业余时间沉迷于（这是一名业余爱好者最好的表达）棒球和历史，我又如何能发现这背后的联系呢（第3

篇）？最后，托马斯·亨利·赫胥黎美丽的妻子在成为祖母之后，将两代之前的信物赠予了孙子朱利安。与此相对应的是，我的外祖父穿过埃利斯岛刚到岸不久带着慌乱与激动写下了第一句话，那年外祖父13岁。这段往事经过两代人不知不觉的"积累"才被发现——作为最年长的孙辈，我偶然发现了这段故事。虽然它带有浓重的个人色彩，但另一方面，从大众性的角度来讲，它也反映了演化和历史最重要的原则——令人敬畏的不间断性是必不可少的（第1篇，我的致敬和道别）。

最后的最后——我只能这么结尾了——如果说，这300次写作的尝试让我发现了自己，也教会了我很多，那一定是读者们赐予我的。他们通过三种不可或缺的方式支持我、帮助我，让独自写作这个最孤独的智力活动变成一场集思广益的合作。第一，与当下的犬儒主义和怀念过去时代的错误言论不同，所谓"聪明的门外汉"确乎存在，数以百万计的普通人总是在充满热情地学习（生命存在的意义其实就是能够终生学习），也许我们在美国人中只占很小的比例，但对于一个拥有3亿人口的国家来说已经不算少了。

第二，不管作者多么满意自己的作品，其他人的支持总能带来简单的快乐——知道自己的书不会很快遭到遗弃，不会令人们失望；它会出现在牙医的诊所中供人传阅，在波士顿—华盛顿往返航班的免费杂志架上供人浏览，也会出现在很多家庭的卫生间中，在阅读架（通常位于马桶的正上方）上占据一席之地。

第三点也是最予人满足的一点，就是可以与读者互动。书中的两篇文章（第1篇和第7篇）足以证明，依仗读者来解决一些自己无法解决的难题是可行的。我一次又一次直截了当地向读者请求帮助，我的请求总能得到迅速的回应（我不需要发电子邮件催促，就能及时得到那些问题的答案，这真是太棒了）。正如第1篇与英文书名同名的文章所证实的——这样的内容无法放到其他篇目——我也接到过读者主动提供的帮助，告诉我具有重要个人意义或者学术意义的信息，每当这个时候，我回报他们的仅仅是，激动得热泪盈眶。

　　在西方世界的割据时代，任何一个小国都可能与很多国家为敌，人们拥戴的对象如潮水一般迅速改变，如龙卷风一般令人摸不着头脑。学者们猜想，那时候存在"邮件共同体"（大部分邮件是用当时"通用"的拉丁文书写的），人们通过邮件慷慨地分享学术成果，不受政治、战争和种族隔离的影响。如今，这样的邮件共同体依然存在，依然强大，没有任何衰退。通过它，我得以参与到世界范围的宏伟写作计划中。为此，我爱你们，赞美你们中间的每一个人，并将这最后的专栏文集"献给我的读者"。

连续性的中止

01

我到岸了

作为一个小孩子，海阔天空的思考或许总是徒劳的。我常常在深夜清醒地躺着，思索着无穷和永生的秘密，并因我的无法理解而深感敬畏（一种懵懂却又强烈的、带着孩子气的敬畏）。时间是如何开始的？如果说，上帝在某一时刻创造了万物，那么，又是谁创造了上帝？灵魂的不灭，看起来和找不到起点的时间轴一样难以理解。宇宙又会如何终结？如果说，一群勇敢的太空人在宇宙的尽头撞上了一堵砖墙，那么，墙那边又是什么？没有尽头的墙，没有边际的星系，这都让人难以置信。

现在，我当然不会为这些单纯的想法辩解。不过，我猜，正是这些童年时代的思索，让我在自我解释的道路上略微前进了一小步。陷入哲学思考时，我简直怀疑，人类大脑的演化根本就没打算让人类拥有解答这类问题的能力（不过，这并不意味着我们不会、不该或者不能探究这些终极问题），我这么说并不是在为自己的失败寻找借口，事实上，我就没看到有谁成功解决了这样的问题。

不过，成年之后，我不得不承认，我转而相信多罗修斯[1]的格言：虽然我会漫游于永生的愉悦和无穷的宫殿（甚至死亡的阴影），但当我想要触碰或许可以理解的真实时，没有什么地方比得上家。对于这小小的、却还算宽敞的星球家园，我想要指出一个最值得敬畏，甚至可以将其喻为奇迹，而又偏偏是大部分人从不考虑的方面——生命之树的连绵不断。在至少35亿年的时间里，生命之树没有枯萎过哪怕百万分之一秒。对我来说，这和人们对于无穷和永生最为深入的灵性层面的探究具有同样的地位，又完全处于人类理解概念和掌握经验的范畴之内。

就我们通常对于可能性的认知来说，这样的连续性是难以置信的。假设某一事件在35亿年前出现，假设初始值是正的，随着时间的流逝，事件自然地进行着。假设在当前值之下存在一条零线，那么，虽然这个事件触碰到零线的可能性低得几乎可以忽略不计，但如果我们数十亿次地重复投掷与之相关的骰子，那么，这个事件早晚都会触碰零线的。

对于大多数事件来说，这样一次可能性很低的归零或许不会产生永久性的恶果，因为在一次偶然的事故（譬如，某一年，身体健康的马克·麦圭尔居然一次全垒打都没有成功）之后很快就会得到恢复，原来在零线以上的过程能够重新建立。不过，生命是一种与众不同的、非常脆弱的系统，它极度依赖不间断的连续性。对生命来说，归零意味着永久性的终结，而非一时性的中止。如果在长达35亿年的历史中，有那么一瞬，生命触碰了零线；那么，今天的地球上，什么生物都不会存在，不论是你我，还是数以百万计的甲虫。哪怕触碰贪婪的零线仅短短的一瞬，也会抹去曾经存在过的一切，再不会有后来的。

让我们来想一想，要多么大、多么复杂的环境才能够维持这么长时间的连续性，才能够确保如此多的组成部分都没有发生意外——在内心深处，我大概是个理性主义者，不过，如果说世界上有什么东西值得让我"敬畏"，那么，就是延续长达 35 亿年的生命之树。地球经历了好几次冰期，却从来没有哪一天是完全冰冻的。生命经历过全球大灭绝的波折，却从来没有触碰零线哪怕一毫秒。DNA 一直在工作着，从来没有开过小差，一直记录着从生命常青树上脱落的、代表已灭绝同胞的数以亿计枯萎枝丫上的信息。

古希腊哲学家普罗泰哥拉曾经无视标准的解释，将"人"定义为"万物的尺度"。这样的定义，隐含着人本主义的扩张与人类的局限性这两者的对立，也捕捉到了人类感觉和智慧的模棱两可。无穷和永生，对于我们自身不可避免的标准来说实在太过遥远，很难理解。但是，生命连续性又恰恰处于终极幻想的边缘：就我们的身体大小和地球时间来说，它离我们足够近，刚刚好可以被理解；但又足够遥远，遥远得可以唤起最为深刻的敬畏。

如果将生命之树所代表的宏观结构类比于家族血统所代表的微观结构，这一已知的最大尺度就可以被理解了。很多人仔仔细细、不厌其烦地追寻着自己的血脉，推动他们这么做的情感和魅力因素正是人们关注演化的动力。一代代先人连绵不断的传承记载，几乎能让人潸然泪下。人们从中获得肯定和身份，也获得了归属感和意义。我并不知这究竟是因为什么，但我相信，当我们试图将自己融入更为宏大的群体中时，就能够感受到原始的情感力量。

因此，我们或许可以判定，众多科学主题中，演化长盛不衰的一个主要原因在于：我们的大脑总是希望将一个主题单纯的智力上的迷人之处与更为强大的、情感上的吸引力联系起来；就如同寻找代表我们的小小枝丫在生命大树上的位置所获得的认同感，和追寻家族宗谱所获得的归属感之间的联系。从这个意义上来说，演化就是广义的"根"。

作为这 300 篇《博物学》杂志专栏文章的结尾，我想要讲述两个微观层面上的连续性的故事——它们可以说是绝对连续性这一最为宏大的演化主题的类比或者隐喻，而绝对连续性正是"这种生命观念"* 系列专栏文章理智和情感的中心。我要讲的故事从创立达尔文主义那一代人的一位领军人物开始，逐步缩小范围和重要度，最后讲我自己的外祖父——他是一位匈牙利移民，出身贫寒，最后成了纽约街道上的制衣工，足以温饱。

现在，我们的军队会通过甜蜜的商业广告去吸引那些"少见的好人"，或者鼓励一颗缺少成就感的心"在军队中成为所有你想成为的样子"。略有不同的是，另一方对外在拓展的强调高于内在成长：去参加海军吧，看看这个世界！

在过去事实胜于广告的日子里，这样的箴言的确经常能促使年轻人成长，让他们感到兴奋。尤其是那些初露头角的博物学家，他们没有别的方法，但可以通过当一名外科医生、做勤杂工或洗瓶子的工人，随军队出海，进行科学考察。达尔文自己就曾经随比格尔号出行，在 1831 年到 1836 年间主要在南美洲一带考察，不过他的身份是舰长的陪同（至少在最初阶段），而不是官方认可的博物学家。怀有相似爱好的托马斯·亨利·赫胥黎苦于没有门道，于是决定效仿这位稍年长的前辈（达尔文出生于 1809 年，赫胥黎出生于 1825 年）的做法，作为助理医生，在 1846 年到 1850 年之间随皇家海军舰艇响尾蛇号进行类似的环球旅行，重点考察地区为大洋洲。

赫胥黎在学徒时代的游历期对水母的一些微小细节进行了研究，与澳大利亚以及一些太平洋小岛上土著居民打交道时有过几次冒险经历。要说他比达尔文更胜一筹，那就是他在这次发现之旅中收获了长达一生的幸福：在澳大利亚，他遇到了他后来的妻子，一位酿酒师的女儿（在这充满野性的遥远部落中，酿酒师可是一项有利可图的职业），名字叫亨丽埃塔·安妮·希索恩，年轻的哈

---

* 从 1974 年 1 月到 2001 年 1 月，我每月不间断地为《博物学》杂志撰写一篇专栏文章，这篇文章是最后一篇。专栏名就叫"这种生命观念"，出自达尔文《物种起源》最后一段的那句对进化思想的诗意描述："这种生命观念何其伟大……"

尔（赫胥黎的昵称）称呼她为妮蒂。他们在一场舞会上相遇，他喜欢妮蒂丝绸般的头发，而妮蒂为他深暗的眼睛着迷，这双眼睛"闪烁着热烈的、不一样的光芒——他的举止如此迷人"（摘自妮蒂的日记）。

1849 年 2 月，赫胥黎给自己的姐姐（或妹妹）写信说："我第一次遇到性情如此甜美的姑娘，她乐于自我牺牲，她如此深情。"唯一一点让人感到疑虑的就是，哈尔提到说，妮蒂可能会因为单纯而"把幸福交给像我这样的男人，一直在努力，却前途未卜"。1850 年哈尔回国后，妮蒂等了整整 5 年。之后，她坐船来到伦敦，嫁给了这位有闯劲儿的外科医生兼初露头角的科学家。按照维多利亚时代的标准，她与这位仪表不凡、才华出众的男人的婚姻幸福而成功。（他们的七个孩子中有六个享有相当的声望，这在当时的精英阶层中都是非常罕见的。）我想，哈尔和妮蒂在晚年回望一生的时候（哈尔 1895 年去世，妮蒂 1914 年去世），或许会像这首歌里唱的那样："我们有了一大群孩子，遭遇了一大堆麻烦和痛苦；不过，上帝啊，我们希望再来一次！"

在海上打发无聊时光的漫长日子里，不知疲倦的年轻赫胥黎在掌握德语之后决定学习意大利语。（他用一年时间读完了但丁的三行体诗《地狱》，当时他在新几内亚周围漫游。）所以，1849 年 4 月赫胥黎准备向未婚妻告别的时候（1850 年他又回来呆了一段时间，之后经历了 5 年的离别，妮蒂才来到赫胥黎身边成婚），妮蒂送给他了一份实用的临别礼物留作纪念——文艺复兴时期诗人托尔夸托·塔索所著的《耶路撒冷的解放》，当然，这套五卷本原著是用意大利语写的。（这部史诗主要描述了 1099 年十字军第一次东征攻克耶路撒冷的故事，在今天看来，这部史诗的政治立场未必正确，但是塔索诗句和叙述的魅力不应被低估。）

这份礼物是妮蒂、妮蒂的姐姐奥丽娅娜和奥丽娅娜的丈夫（妮蒂的姐夫）威廉·范宁共同赠予的。妮蒂在著作的第一卷留下了稚嫩的笔迹："T. H. 赫胥黎：

来自三位好友的生日礼物和临别礼物。1849 年 5 月 4 日。"现在说到了关键之处，由于某些神奇的原因，（幸运的）我以可以承受的价格在最近的一次拍卖中获得了这套书。（如今塔索的名气不大了，人们或许没有注意到这套书的出处和涉及的历史。）

妮蒂·希索恩来到英格兰，嫁给了她的哈尔，拥有了一个大大的家庭，并且幸福美满地一直活到二十世纪。她抚育了一大群卓有成就的孩子，她的孩子们又抚育出了两位天赋异禀的孙子——作家奥尔德斯·赫胥黎和生物学家朱利安·赫胥黎。1911 年，也就是妮蒂·希索恩将塔索的五卷本著作赠予哈尔之后 60 多年，她已经成为了朱利安的祖母，她将这套在书架上呆了很久的书取下来，传给年轻的孙儿朱利安，后来正是他继承了家族智慧的火炬，赢得了很高的声誉。在最早的题词下面，年事已高的妮蒂用颤抖的手清晰地写下了这份礼物最早的馈赠地和馈赠人："新南威尔士州悉尼市霍姆伍德，妮蒂·希索恩、奥丽娅娜·范宁，威廉·范宁。"

接着，在 60 多年前青春年少时的题词上面，老人用简洁的语言写道："赠予朱利安·索雷尔·赫胥黎，来自他的祖母亨丽埃塔·安妮·赫胥黎，娘家称希索恩'奶奶'。"是的，在生命连续性的雄辩面前，任何解释都是多余的。和多年前写给哈尔时一样，她在赠言结尾写道"纪念 1911 年 7 月 28 日，荷达斯里亚，伊斯特本"，强调了神圣的连续性。

这位伟大的女性，从光彩夺目的新娘到慈祥的老祖母历经了三代，她的家庭故事象征了人性最好的一面，象征了我们人类的延续。还有什么比这更深的爱，比这更大的美能支撑我们度过满溢着泪水又满溢着迷人风景的生活？感谢这个世界上所有养育了后代的女人，有太多男人因为沉迷于自己一时的理想四处杀伐，却被后世视若仇敌。

我的外祖父母，艾琳和约瑟夫·罗森贝格，也就是乔姥姥和乔姥爷，都喜

亨丽埃塔·赫胥黎写在一部诗集上的题词。她先将这部诗集赠予未婚夫
托马斯·赫胥黎，60多年后又转赠给他们的孙子朱利安·赫胥黎

欢阅读用移居国家的语言——英语写作的读物。乔姥爷甚至还买了一套哈佛经
典（就是那套著名的西方智慧"五尺丛书"[2]）来帮助自己融入美国生活。从乔
姥爷那儿，我只继承了两本书，不过，没有什么比这更珍贵了。第一本书上带
有出售时盖的章"卡罗尔书店，出售旧书、罕见书和珍本书。富尔顿街和珀尔街，
布鲁克林，纽约州"。这本书大约本来是姥爷同胞的，因为从书中三页涂抹的
地方可以辨认出"伊姆雷"的字样，这是典型的匈牙利名字。而在这本1892年
版J. M. 格林伍德所著的《英语语法学习》的扉页上，乔姥爷用墨水笔留下了带
有明显欧洲风格的字迹"约瑟夫·罗森贝格之书，纽约"；边上还有铅笔写的"1901
年10月25日"，大概是购书的日期。在这行字下面，还有一句用铅笔写的话：

乔姥姥和乔姥爷的晚年，摄于二十世纪五十年代

"我到岸了，1901 年 9 月 11 日。"放在当时的语境下，这句话可谓意味深长。当然，你或许会觉得这句话的时态有问题，他在说明已完成的确定事件时，混淆了表示连续性动作的复合过去时和带有预期色彩的简单过去时（不过对于一个未满 14 岁、刚刚登岸一两个月的男孩来说已经很不错了）。

1901. Oct 25 th, Prof. J.

I have landed
Sept. 11 th 1901. *Joseph G. Rosenberg*
New York,

乔姥爷写在一本英文语法书扉页上的题词。那时他是一位 13 岁的移民，刚来到
美国不久就买下了这本书

在这一系列文章进入收尾期的时候，我最感失落的就是，即将失去与读者的沟通和互动。在刚开始写作这一系列文章时，自己的研究没能解决一些文本上的冷僻问题，于是我开始向读者提问——与其说是为了获取信息，倒不如说是作为强化互动的修辞设计。（长期以来，我一直崇尚细节，一些细微事实的不确定让我很是犹豫。我承认，部分原因出于秩序感，但主要原因在于，千里之行始于足下，我们根本无法预测哪棵小树会成长为参天大树。）

随着写作的进行，我逐渐建立了这样的信念——所有提出的问题都会得到大量有趣的回应，甚至得到真正的解决。这样的信念并非出于我的希冀，而是出于一贯成功带来的实实在在的快乐。比如，意大利语 *segue* 是如何从高雅的古典音乐领域的技术术语转变为日常用语中"转换（transition）"的同义词的？（这个问题得到了几位早期音乐人的解答。他们说，在二十世纪二十年代，他们在担任电台主持人和广播剧制作人的时候，将这个术语从音乐训练中挪到了新的演奏会上。）又比如，为什么十七世纪雕制科学插画的工人一般不在雕版上反向雕刻蜗牛壳（这样的话印在纸上的成品就会显示正确的蜗牛壳螺旋方向了）呢？他们明显知道倒置的原理，也都会"反向"雕刻文字，确保印出来的书可以阅读。再比如，谁是玛丽·罗伯茨、伊莎贝尔·邓肯以及另外几位维多利亚时代写作科普的"匿名"女性？甚至在《不列颠百科全书》和《国家人物传记辞典》这样的书籍中都没有留下她们的蛛丝马迹。（关于这类小谜团的解决，可以参见第 7 篇。）

早些时候，我在文章中顺带引用了外祖父的话。接着，我收到了这么一封堪称是最完美的读者来信：

我读您的书有好些年了，您的书给我带来了愉悦和智慧的启迪，谢谢您。那么，我能用什么，哪怕是一件小礼物回馈您呢？我想这周我得

到了答案。我是一名系谱研究者，专门考证乘客列表。上周日，我重读了一遍您所写的关于您外祖父约瑟夫·罗森贝格的动人文章，我注意到这句话："我到岸了，1901 年 9 月 11 日。"我想，您可能愿意看到他的名字列在所乘轮船的旅客名单中。

我欢喜得几乎就要流泪，但也不是完全出乎意料。我一直有这样的预感，我能够找到乔姥爷抵达埃利斯岛的物证，甚至还在某种程度上计划着"有时间了"努力找一找。不过，就凭着苏格拉底"认识你自己"的格言，我可以相当诚实地承认，要不是这位读者的珍贵礼物，我大抵不会找到"时间"，也不会真的努力去寻找。（不过，我引用乔姥爷的话并不是出于偷懒或者投机的"钓鱼式调查"，没有指望因此获得确切的信息。所以，当我接到这封堪称无价之宝的信件时，真的是满心欢喜，这是出于友谊的馈赠，我欣然收下却没有预先付诸努力。）

我的外祖父和他的妈妈、两个妹妹一起乘坐肯辛顿号来到美国。这是一艘美洲航线的轮船，1894 年出海，1910 年报废。这艘船一等舱可以容纳 60 人，二等舱则可以装下 1,000 余人。这很好地说明了当年旅行和运输的经济情况，那时候欧洲工人可以很轻易地移民，依靠人力的美国经济正在飞速发展，大量的血汗工厂急切需要这些工人。肯辛顿号 1901 年 8 月 31 日从安特卫普出发，9 月 11 日抵达纽约，乔姥爷准确地记下了这个日期。我获得的这页"外国移民清单"上有 30 个名字，分成了犹太人和天主教徒，分别来自匈牙利、俄国、罗马尼亚和克罗地亚。乔姥爷的母亲莱妮出现在第 22 行，她被归在没有接受过教育的人中，时年 35 岁。莱妮的名字下面是她的三个孩子：我的外祖父，登记的名字是约瑟夫，具有读写能力，14 岁；我亲爱的姑姥姥雷吉娜和古斯，登记的名字分别叫作雷吉内和吉塞拉（我一直不知道她的真名），当时分别只有 5 岁和 9 个月。

1901 年 9 月 11 日乔姥爷乘船来到美国，这是那艘客轮旅客名单中的一页。他的名字（约瑟夫·罗森贝格）和他妈妈（莱妮）及两个妹妹（我的姑姥姥雷吉娜和古斯）列在一起

莱妮带了 6.50 美元，开始了她的新生活。

之前我并不知道我的外曾祖父法尔卡斯·罗森贝格（重音在第一音节，发音为 *farkash*，在匈牙利语中意思是"狼"）是家里最早移民的，在这张清单上，他是担保人，"沃尔夫（英文"狼"的音译）·罗森贝格，东 6 街 644 号"。在我 3 岁的时候，外曾祖父就去世了，我没留下什么关于他的记忆。不过，这段珍闻对我来说非常宝贵。在最初的遭受异域文化冲击的慌乱岁月中，法尔卡斯学会并开始使用自己名字的英文译名。因为法尔卡斯这个名字的发音对很多美国人来说太奇怪了，甚至显得很好笑。后来，他将自己的名字改了回去，所以我们家没有人知道他还用过其他名字。

接着，那位善良而勤勉的读者又赠予我第二份礼物，这次是法尔卡斯所在的清单。1900 年 6 月 13 日，他乘坐同型轮船萨瑟克号抵达美国，他坐的是二等舱，和他一起的还有 800 位乘客。清单上记录的信息是法尔卡斯·罗森贝格，没有接受过教育，时年 34 岁（不过我相当肯定，他至少能够阅读甚至书写希伯来文）。他的担保人是一名叫作约什·魏斯的表兄（我们家的人都不知道这位表兄，可能只是不得已虚构的人物）。法尔卡斯的职业是木匠，他孤身一人来到美国，兜里只有 1 美元。

乔姥爷后来的故事就和千百万贫苦移民的传奇一样，他们来到了这片伟大的土地，但这个国度并不欢迎他们（事实与自由女神像著名的铭文并不相符）。当然，如果他们拥有超人的智慧，愿意不知疲倦地工作，成功也并非全无可能。在那段岁月里，谁会渴求那么多东西呢？来到美国之后，乔姥爷没再接受学校教育，依靠自己的意志四处闯荡。年轻的时候，他去西部工作了一段时间，先是在匹兹堡的炼钢厂工作，接着又在中西部的一座农场工作（我后来知道，他并没有成为我梦想的牛仔，而是在行政部门当会计）。他的妈妈莱妮很早就去世了（为纪念她，我的母亲叫埃莉诺），我在另一本提及外祖父故事的书里说到了这个情况。和很多犹太移民一样，乔姥爷最终在纽约的服装区结束了自己的打工生涯，他在切布的时候因为事故失去了自己的中指。后来，他终于发现了如何利用自己卓越的却完全没有经过培训的艺术天赋找到更好的工作，他成为了文胸和内衣的设计师，过上了中产生活（这也给他的孙辈们带来了诸多骄傲）。

ה' ממית ומחיה מוריד שאול ויעל

(Sam. I. Chap. 2 R. 6.)

Page of memory

for beloved and worthy deceased.

▽▽

My beloved Mother died Apr. 7 1911

乔姥爷的祈祷书，上面有他母亲的死亡时间 1911 年乔姥爷寄宿的时候认识了艾琳。艾琳也是一名制衣工，因为和父亲吵架，1910 年在姑姑的担保下独自移民到了美国，那年她 14 岁。当时乔姥爷正好住在艾琳的姑姑家。就客观记录来说，我们能说的就只有这些了（然而在主观层面上，我们至少可以大体上想象出许多关于人生、激情和毅力的丰富细节）。乔姥姥和乔姥爷结婚的时候很年轻，他们俩在早年拍摄的唯一一张合影上流露出希望和不确定。他们抚育了三个儿子和一个女儿，只有我母亲还健在。四个孩子中有两人读完了大学。

作为姥爷、姥姥的第一个孙辈，我一直都明白，我们这代人将要完成他们推迟了一个世纪的梦想——接受高等教育和拥有自己的职业生涯，虽然从来没有人逼迫过我。（姥姥会说匈牙利语、意第绪语、德语和英语，但对于母语之外的语言，她只会按读音拼词。记得有一次，我无意中读出她写下的购物清单，发现她不会拼写时，她表现得非常尴尬。还记得有一次，一项意第绪语广播竞答唤起了她一贯正确的记忆，让她想起了在努力成为美国公民时了解的一些旧见闻。她准确说出最胖的总统是威廉·霍华德·塔夫脱，赢得 10 美元奖励后非常开心。）

我爱乔姥姥，也爱乔姥爷。他们离婚了。虽然在更宽泛的文化中，离婚是一件需要被谴责的事情，但在他们的世界里，离婚并不是什么大不了的事情。与哈尔和妮蒂·赫胥黎不一样，我不确定他们俩是不是还想再来一次。但至少，他们曾经和睦地生活在一起，彼此尊重、彼此包容，或许还曾彼此深爱。不然，也就不会有我了——这个演化延续性上的独特枝丫让我不能不满怀最最诚挚的感激。我深爱着他们，也享受着他们不带怀疑的宠爱和始终不变的支持（当然我并不总能配得上他们的支持，比如我确实拿石头扔了哈维，姥姥却在哈维爸爸面前抛出一长串意第绪语的诅咒，宣称她的史蒂夫绝不可能干出这样的事情，然后砰地关上了我家的大门——虽然她知道我十有八九能干出来）。

乔姥姥和乔姥爷大约在 1915 年拍摄的照片，那时他们刚结婚不久

生命之树与每个家族的宗谱拥有相同的结构，它们在融合两个看似矛盾的主题上都有相同的诀窍：一个主题是绵延不绝，从未有过一瞬间的中断；另一个主题是不断变化，拥有源源不绝的潜力，这种潜力无需存于所有细节，但必须随时处于准备状态。这些特征在高度复杂的宇宙（不论是难以捉摸的永生性还是无穷性）面前似乎不值一提，甚至令人发笑，但也正是这样的复杂度才凸显出持久存在的不易（多变性也给连续存在提供了方便）。奥兹曼迪亚斯[3]的华美雕像落入荒原，很快就会变成一堆毫无生气的碎片；微生物却已经在地球的种种灾难下存活了 35 亿年，并且还将继续存在下去。

我相信这种生命观念的宏大和家族的传承，这也正是前文故事中最突出的地方：已经当了祖母的妮蒂·希索恩将塔索的著作传给了自己的第三代；乔姥爷曾经用不太符合语法的文字记录自己踏上陌生土地的时刻，作为乔姥爷的外孙，我希望，在某种程度上他会认为，我的工作是一种有价值的延续，完成了他一生中以另一种方式实现的理想。我想，大家之所以会被这样的延续性感动，就是因为我们明白，努力完成一丁点儿不言自明的家族理想，正反映了生命更加广阔的一面，我们的存在因此变得"正确"，这样的感动简直难以用语言甚或眼泪来表达。我之所以写下这一系列专栏文章的最后一篇，是因为我还有很多没有实现的允诺，还有漫长的道路要走。在我带着一两个新念头入睡之前，我大概会继续这样的旅程。这种生命观念将不断延续，而今天的我作为家族细小分支上的一位老前辈，想要停下来赞美 100 年前我所在的这一分支在崭新土地上的起点，想要纪念我们先祖将满 14 岁时留下的第一个记录。

亲爱的乔姥爷，我一直坚守着您的梦想，期待每一代有价值的生命能够巩固演化的连续性。您站在激动和恐惧交织的起点，留下了那些令人惊叹的文字；而我要先实现自己童年的梦想——成为一名科学家，通过自己的努力，为人类增添关于演化和生命历史的知识，哪怕增加的量微乎其微——才敢讲出这些文字。当年的我还是生活在皇后区花园中的一个缺乏自信的小男孩，这样的梦想对那时的我来说神秘得超乎想象。现在，我即将完成 300 步的最后一步，恰好又逢世界的新千年，也是乔姥爷您开启新生活的第 100 年，＊我想我终于可以重新写下您当年的珍贵文字，它们的鼓舞将继续点亮我的道路——我到岸了！我也同样期盼未来的故事。

＊　这篇文章是 300 篇专栏文章中的最后一篇，完成于 2001 年 1 月——按照数学上更严谨但不大受欢迎的纪年法，这正好是新千年的开端。而我的外祖父也是 1901 年从欧洲来到美国，开始我们家族的新生活的。

II

规则的关联：科学遭遇误解

02

没有缺乏想象的科学，也没有缺失事实的艺术：
弗拉基米尔·纳博科夫和鳞翅目昆虫

博学的悖论

在大家心目中，弗朗西斯·培根[1]绝不是个谦逊的人。作为英国大法官，培根扬言自己"大大复兴"了人类的认知，发誓将掌握所有知识。对于这位莎士比亚时代的伟大思想家，这样的目标似乎算不上荒唐。不过，随着知识的爆炸，随着学科分化日益严密、自洽，那些试图涉足多个领域的不安分学者遭到了大家的质疑——要么跨领域地夸夸其谈（老话说得好，"样样皆通者样样不精"）；要么在陌生领域令人生厌地不求甚解，非要将自己真正的专长生搬到其他领域的不相称主题。

如果伟大的思想家、艺术家把与自己专业不相干的活动当作无伤大雅的业余爱好，这对于我们来说还算可以接受。歌德[2]（还有丘吉尔[3]等等）或许是蹩脚的周末画家，但他笔下的浮士德和维特照样举世闻名。（那些直接接触过爱因斯坦的人告诉过我）爱因斯坦是位平淡无奇的小提琴家，但业余爱好并没有占用他太多研究物理的时间。

相反，如果业余爱好占用了太多主业的宝贵时间，就会让人倍感遗憾。多萝西·塞耶斯[4]后来致力于神学写作，这对于宗教人士来说或许是件好事，但她的众多书迷一定更想看到关于举世无双的彼得·温姆西勋爵的侦探小说。查尔斯·艾夫斯[5]兜售保险，帮助了很多平民。艾萨克·牛顿大概从《但以理书》《以西结书》《启示录》中悟到了一些什么。但不管怎样，多谱几首曲子、多做一点儿数学研究估计会对人类贡献更大。

所以，当我们意识到业余爱好占用了主业的大量时间时，我们常常会安慰自己说，小说、交响乐或者科学发现的缺失不算什么，因为杰出人物的业余爱好肯定能够启迪、丰富他们的主业——换句话说，数量的减少也许换取了质量的提高。但这样的观点大概很难得到证实。帕岱莱夫斯基出任波兰首相怎么可能提高他的钢琴演奏水平呢（或者说，演奏同胞肖邦的乐曲怎么可能让他成为更好的政治家呢）？比利·森戴的职业棒球生涯（如果说这很重要的话）又怎么能够提高他作为福音派传教士的水平呢？（据可靠消息，有时候他会像进入球场那样滑上演讲台去做布道。）

在现代的天才中，没有谁比弗拉基米尔·纳博科夫引发的评论更多了。人们间接地批评说，他为"第二"职业——蝴蝶分类写下的著述，与他为阿达、洛丽塔和所有其他角色加起来所写的文字一样多。这是一个特例，因为纳博科夫是一位著作颇丰的严肃科学家，在昆虫学方面有真才实学，而非花几个周末带着捕蝶网在树林里闲逛的浅薄涉猎者。于是，我们试图将他的两个职业联系起来，并且几乎是在自我安慰地说："纳博科夫在昆虫学上花费的时间是值得的，虽然我们少了几本小说，但是昆虫学的视角和方法肯定启发甚至改变了他的文学创作。"（当然，私以为，专业的分类学家，包括我自己，或许更懊悔没有在纳博科夫的小说中看到隐含的专业论点！）

为了打消文人学士的疑虑，我将为所有读者宣布一条科学界公认的事实：纳博科夫从来不是什么业余爱好者（业余在这里为贬义），他是一位资历深厚、具有天赋、尽职尽责的专业分类学家，在生物学领域一个大的族群——拉丁美洲眼灰蝶族，也就是蝶类爱好者通常所说的"蓝灰蝶族"的分类方面，他的鉴定意见被认为是"世界一流"的。

终其一生，纳博科夫对博物学和蝴蝶分类学倾注了最长久、最深沉的爱。在很小的时候，纳博科夫就对博物学产生了兴趣，在当时俄罗斯的上层知识分子中，这样的兴趣颇有传统（他们的经济优势也为他们提供了相应的时间、资源和机会）。在 1962 年的采访（齐默尔，第 216 页）中，纳博科夫说："我最早的英文作品就是 12 岁那年写的关于鳞翅目昆虫的一篇文章。这篇文章没能发表，因为已经有人描述过我写的那种蝴蝶了。" 1966 年的一次采访又激发了纳博科夫对昆虫学的美好向往，他提到年少时的梦想、贯穿一生的挚爱，并遗憾地表示要不是政治因素，他应该可以做更多的蝴蝶研究（齐默尔，第 216 页）：

> 我尝试赶在化蛹前去秘鲁或者伊朗采集蝴蝶……毫无疑问，如果大革命没有发生，我或许可以安享庄园主的清闲生活。要是我能够去亚洲长途旅行采集蝴蝶，我将可以更投入地进行昆虫学研究。甚至，我还能拥有一个私人博物馆。

纳博科夫发表了十几篇关于蝴蝶分类和生命史的技术性文章，其中大部分是他在哈佛大学比较动物学博物馆担任鳞翅目动物研究员（也是非正式的馆长）期间完成的。这段全职工作持续了 6 年，当时他所在的办公室比我的实验室高三层，而我在这间实验室呆了整整 30 年，它是我从事科研工作的主要场所。（在纳博科夫离开 20 年后我才来，所以很不幸地，我没能和他见上一面；不过，他在这里呆过这一点就足以让这座建于 1859 年、出自路易斯·阿加西[6]之手的建筑有了别样的味道。后来有好几位重要的美国博物学家都曾在这栋楼工作过。）

1942 年到 1948 年，纳博科夫在哈佛工作，年薪仅 1,000 美元左右。之后他获得了康奈尔大学的文学教职。在自己所钟爱的领域——昆虫分类学方面，纳博科夫是一位受人敬重的专业人士。至于人们为何常常认为纳博科夫只是一位爱好者，甚至只是浅尝辄止，那是因为他们不了解这个领域是如何定义专业的。

首先，就从"爱好者"这个词字面上的积极（而不是消极的、贬义的）意义来说，很多活跃在不同生物门类的顶级专家都可以说是"爱好者"，对研究对象的热爱赋予了他们旁人无法企及的知识，而他们的工作却没有得到足够的回报，甚至根本没有回报。（和很多科研领域不同，分类学研究所需费用不高，也不那么依赖实验室。从孩童时期就仔细、专注地关注当地生物，再辅以勤勉的阅读、学习，就足以满足专业所需了。）

其次，很不幸，较低的报酬、没有相应的头衔（却要进行全职工作）在这个领域是非常普遍的事情。纳博科夫工资很低，职位是研究员而不是教授（甚或管理员），这样的头衔显得模棱两可，但并不意味着他不具有专业水平。1968 年我在纳博科夫工作过的博物馆当研究员的时候，有些馆藏的管理者是著作颇丰的世界级专家，但他们不过是"志愿者"，拿着"一年一美元"的象征性工资跻身于哈佛大学的职员名单中。

第三点，也是最重要的一点，我认为，并非所有正式聘用的分类学家都名副其实。每个领域都有一些滥竽充数的人，他们甚至会享有很高的地位。我自己并不是专业的昆虫学家（我的研究领域是软体动物中的蜗牛），因而无法对纳博科夫的专业水准下断语。不过，专精于庞大而复杂的"蓝灰蝶族"的顶尖分类学家认可纳博科夫的杰出贡献，并且称赞他拥有一双能够识别物种级以及生物分类其他级别之间细微差异的慧眼，授予他专业内的最高荣誉（参见本文所附参考文献中的两篇文章，作者分别是最顶尖的蝴蝶分类学家雷明顿和约翰逊、惠特克、巴林特）。事实上，就像很多学者所说的那样，要不是纳博科夫创作了《洛丽塔》这样成功的文学作品，人们应当会（以收入和投入时间等常规指标来衡量）称他为鳞翅目昆虫学家兼业余作家。

除学术界认可外，纳博科夫自己也经常（通过优美的文字）表达期许成为鳞翅目昆虫专业学者的愿望，并肯定自己所做的努力。在一封1942年写给埃德蒙·威尔逊的信中，纳博科夫流露出自己对田野采集工作的喜爱（引文见齐默尔，第30页）："来试试吧，邦尼，这可是世界上最高贵的运动！"即便是像实验室日常工作和显微镜观察这样对常人来说显得愚笨、乏味的工作，他也毫不吝惜自己的热情。1945年，在哈佛大学任职期间，他在写给妹妹的信中是这么说的（见齐默尔，第29页）：

我的实验室占据了四层一半的面积。里面主要是一排排柜子，柜子里是放有蝴蝶标本的抽屉。我们有来自世界各地的蝴蝶，我就是这些精美藏品的管理员……窗户边上是一排桌子，上面摆着显微镜、试管、酸、纸、针等等东西。我有一位助理，他的主要工作就是把采集者送来的标本摊开。我有自己的研究方向……根据生殖器的结构（上面的钩、齿和刺等好似精细的微雕，只有在显微镜下才能看到）对美洲"蓝灰蝶族"进行分类，在各种奇妙装置和幻灯机的帮助下绘出素描……我的工作很有意思，但也很辛苦……发现前人没有观察过的器官，追寻人们尚未了解到的关系，全身心地沉浸在显微镜所营造的令人惊叹的世界中，安安静静地观察亮白色视野中囿于边界的物体，实在是美妙得难以用语言形容。

纳博科夫花了太多时间拼命观察那些昆虫的细微结构，他的视力因此遭受

了永久的损伤。他和历史上最著名的几位昆虫学家，尤其是十八世纪的查尔斯·邦尼特和十九世纪的奥古斯特·维斯曼一样，都因为常年过度用眼牺牲了自己的视力。在 1971 年的一次电视采访中，纳博科夫说道（齐默尔，第 29 页）：

> 我的主要工作是根据雄性生殖器的结构对某些小型蓝灰蝴蝶进行分类，为此我不得不经常使用显微镜，每天要看六个小时，视力也因此永久性地受损；不过即便如此，在哈佛博物馆度过的这几年依然是我成年生活中最快乐的时光。

之后，在 1975 年的采访中（齐默尔，第 218 页），纳博科夫最后一次真切地表达了自己对昆虫学的热爱和投入，如果不考虑现实因素，激情会让他奋不顾身地回到昆虫学的怀抱（用诗韵来表述就是"如飞蛾扑火"）：

> 自打离开哈佛大学比较动物学博物馆之后，我就再也没有碰过显微镜，生怕重新落入这个迷人的陷阱。我没能完成年青时幻想的、令人神魂颠倒的研究工作，或许不会有机会了。

由此看来，本文最开始提到的解释方法是不可取的，也就是说，我们不能认为纳博科夫的鳞翅目昆虫研究只是一项不影响大局的业余爱好，也不能认为这些研究并没有占据多少写作小说的时间。纳博科夫深爱着蝴蝶，就像他喜欢文学一样。他多年从事专业的昆虫分类工作，发表过十多篇经得起时间考验的论文。

那么，我们是不是可以采用第二种解释方法，认为纳博科夫的鳞翅目昆虫研究对他的小说创作具有促进作用，至少让他的小说显得与众不同呢？最后，让我来给出一个合理的解释，但和寻常的思路不同，我认为问题本身有语法上的错误。为此，我将首先说明"第二种解释方法"的以下两种常见思路是不合理的，博学的悖论并不存在，它会阻碍我们理解艺术与科学之间的关系。

解释假问题的两种错误思路

在文学研究者和评论家撰写的关于纳博科夫研究蝴蝶的评论中，我惊讶地发现，他们通常会采用以下两种方式之一去解释这个难题：为什么这位当代最伟大的作家会在一个完全不同的领域工作和写作这么长时间？这个领域对绝大多数有文化修养的人来说兴趣有限。

方式一，相同的影响力

正如音乐爱好者一定会悲叹莫扎特[7]和舒伯特[8]的早逝一样，纳博科夫的文学迷也会因为没能看到更多作品而惆怅。为了寻求一些合理的解释，他们安慰自己说，纳博科夫杰出的天赋让他在鳞翅目昆虫分类和文学创作上都做出了独创性的贡献。这样，虽然我们内心十分希望纳博科夫的时间分配不是这样的，但至少可以大方地承认，他在博物学领域拥有同样的影响力。坚持上述解释的人也许会有这样的论点：纳博科夫在鳞翅目研究方面极具天赋，对博物学的发展起到了巨大的推动作用。

这样的论点在熟悉分类学和进化论的生物学家看来，简直不堪一击。如上文所说，纳博科夫是一位专业能力很强的分类学专家，他专门研究一类重要的蝴蝶，并且因出色的成果在生物学领域享有很高的声誉。但是，没有哪一位博物学者认为，纳博科夫是一位革新家，人文学界称之为"先驱者"（更谈不上先锋派），科学界称之为"前沿学者"。如果说在文学领域，纳博科夫的地位大约相当于少将，那么在博物学方面，他或许只能算是一位值得信赖、训练有素的步兵。

弗拉基米尔·纳博科夫是一位专精于某类生物的保守科学家，他从来不是什么新观念、新方法的理论家或者推动者。他对昆虫进行分类和细致的描述，却从不进行整合或者概念化。（在下一节，我会解释博物学家为何做出这样的判断，而这样的判断并没有任何贬低或者不敬。）但文学评论家却不断提出下面四种观点，试图将纳博科夫描述成博物学领域的革新人物。

1. **创新的神话。**很多评论家千方百计想在纳博科夫的研究方法中找到可能被贴上创新标签的成分，但在分类学专业人士看来，这样的想法根本就靠不住。他们找到的创新点要么很常见（如果说值得赞美的话），要么就是个人偏好（所谓"奇思妙想"）——纳博科夫自己沉迷其中，但在科学层面上，很难具备关键价值。

一个突出的例子就是纳博科夫对物种命名人的强调。纳博科夫经常批评那些引用蝴蝶正式拉丁名时不说明命名人的作者，不论是公众田野指南的物种列表，还是技术文献的亚种标识。比如，齐默尔（第10页）这么写道："现在越来越多的普及读物和半专业读物不提及命名人。纳博科夫称之为'出于商业目的的可悲境况，忽略了近来美国动物学、植物学研究所付出的大量劳动'。"

根据命名规则，每种生物都应当使用双名命名法，即由首字母大写的属名（例如人属 *Homo*）加上小写的种名（例如智人种 *sapiens*）一起组成物种名称（*Homo sapiens*）。（因为物种的名称包括两个部分，所以林奈的这一命名系统被称为"双名"命名法。）习惯上，我们也会在二项命名的后面加上该物种首位命名人的名字（不用斜体），比如 *Homo sapiens* Linnaeus，不过这并不是必需的。这一习惯显然可以帮助专业人士更好地追溯物种名称的历史。但同时，这样的命名也非常耗时（确定命名人通常是一件繁琐而困难的工作，就对我的研究领域具有关键地位的数种蜗牛而言，我都无法确定它们的第一命名人）。如果需要列出数以百计的物种名称（就像公众田野指南那样），严格遵守这种传统要占用大量篇幅，收效却甚微。

因此，大众读物（特别是纳博科夫指责的那些手册）通常会略去命名人的名字。同样，技术文献也经常会略去亚种命名人的名字，只在种名中加以保留（对一个物种中通过地理分区定义的亚群采用三名命名法）。这一问题的两种观点各有各的道理，我本人更倾向纳博科夫的观点，但是这个问题无关紧要，我对此没有太大热情。

另一个例子，博伊德（《纳博科夫传：美国时期》，第 128 页）称赞纳博科夫的研究方法说："纳博科夫的表达方式是领先于时代的。其他人只是列出一种蝴蝶单个标本的一张照片，或者画出单个标本的生殖器示意图；纳博科夫不一样，他会给出满满九页印版的图像，展示某一亚种的一系列标本。"我完全同意纳博科夫的做法，他意识到了博物学的一个关键特征：在所有层面上都存在多样性和差异性。但在不同标本的阐释中，纳博科夫并没有采用任何独一无二或不同寻常的方法（我甚至怀疑，他这么做主要源于谨慎和周到，不一定是出于对差异性的创新理解）。这个问题激起了长期的讨论，也引出了分类学研究的多种方法——很多专家都持有和纳博科夫一样的观点（我将在下文说明）。

2. 勇士的神话。为了进一步（或者更好地）说明纳博科夫的创新精神，很多文学评论家认为，纳博科夫在理论研究方面是一位（具有前瞻性的）勇士，他对达尔文理论提出了质疑，尤其是针对蝴蝶翅膀拟态图案的适应性价值。

为此，人们常常会搬出《说吧，记忆》中的一段著名文字。纳博科夫曾经写过一篇洋洋洒洒的学术论文（见雷明顿，第 282 页），反驳将自然选择作为拟态形成的原因，他认为相似性并非只有适应性价值。（达尔文主义者认为：拟态——一种蝴蝶演化形成酷似另一种无关物种的外观，一般通过翅膀的颜色模式实现——是为了获得适应性优势；通常，一种"味道可口"的物种模拟另一种令猎食者望之却步的有毒物种，可以保护自己免遭威胁。）这篇未及发表的论文已经亡佚了，只留下《说吧，记忆》中的这一片段：

> 达尔文主义者所说的"自然选择"并不能解释模拟外观和模拟行为的惊人一致，"生存斗争"理论也难以说明为何这些保护性结构能够仿造得如此细致生动、惟妙惟肖，这远远超出了捕食者的分辨能力。在自然界中，我看到了艺术所追求的非功利的欢愉。两者都具有魔法的形式，都是充满魅力而令人受骗的游戏。

可以理解，学术研究带来的偏好让我们倾向于认为，那些挑战正统学说的学者往往是站在学术前沿的创新人物。但同时，学者也可能因为持有更保守的早期观点而反对当时的通行观念。仔细阅读纳博科夫提出的强烈质疑，有两点证据使我们相信，他之所以反对达尔文主义者对拟态的解释，是因为他持有更保守的观点，而非源于创新性或者勇敢。首先，纳博科夫的这篇论文是二十世纪四十年代写作的，当时，占有正统地位的现代达尔文学说还没有得到确立，在演化生物学家中，像纳博科夫这样的质疑相当普遍，特别是那些致力于解剖结构细节和地理差异研究的分类学家（关于早先的质疑，参见罗布森和理查德，1936 年；关于证明正统的现代达尔文学说出现于二十世纪五六十年代的文献，参见古尔德，1983 年和普罗文，1986 年）。所以，纳博科夫对拟态的看法代表了同时代生物学家的普遍观念，他们倾向更早期的非达尔文演化理论，而不愿意接受现代的挑战性观念。（需要说明的是，我自己就以质疑达尔文正统学说著称，也常常因此遭到批判。所以，我并没有站在护教者的立场上评判纳博科夫。）

其次，虽然我们在评价纳博科夫对拟态的看法时，已经在努力避免编史时的一大误区——用后来的观点去衡量早期的理论，但无法回避的是，纳博科夫在这个问题上的论点没能经受住科学的时间考验（用培根的话来说，就是"真理是时间的女儿"）。这里，我想引用我的同事查尔斯·李·雷明顿对蝴蝶演化生物学的总结，他不仅是世界级的专家，同时还是纳博科夫的忠实追慕者。他写道（第282页）：

现在回头看，（纳博科夫）那些令人印象深刻的论点已经不太能站住脚了。在本世纪初，很多生物学家都质疑达尔文的解释，因为拟态和其他适应性演化形成的颜色、形状实在是太巧妙、太精致了。之后，陆续有很多明确的实验结果得以发表，这些实验研究了拟态和猎食者的学习过程……以及颜色模式的遗传……专业的研究使这些质疑不攻自破。作为这个领域的专业人士，我是这么看的。不过，我推测，纳博科夫对自然选择的质疑包含了非常强烈的超自然色彩，以至于他在主观上无法接受演化观点。他是一位出色的博物学家，了解非常多完美拟态的例子，但在现代群体遗传学的复杂性方面，他所受的专业训练太少了。

最后必须说明，纳博科夫生物学研究的其他几方面内容不仅在现在遭到了淘汰而非具有先见性，即便在当时，它们也显得陈旧而缺乏新意。特别地，作为一位实践型的分类学家，纳博科夫提倡完全依据馆藏标本的特征定义一个物种。而在今天（甚至在纳博科夫那个年代的大部分时间），大部分演化生物学家坚持认为，物种是分散在自然界的"真实"存在，不能根据人类采集物的有限数据进行定义。很多物种特有的遗传学和行为学特征只能在自然种群中观察到，馆藏标本不一定能够体现出来。但纳博科夫却明确主张，这样的种群不应当得到认可——这一观点早已被几乎所有博物学家摒弃。纳博科夫在一篇论文

中写到（引文见齐默尔，第 15 页）："不管怎么说，我们当前对于鳞翅目昆虫种类的判定完全取决于死标本上可识别的结构，如果说'福斯特长毛'和'长毛蓝'看起来完全一样，区别仅仅是染色体数目，那么前者不足以成为独立的种。"

3. **艺术的神话。**纳博科夫绘制过很多蝴蝶，有些随作品发表了，有些则附在他送给亲朋好友，特别是他妻子薇拉的书本中，经常是一些充满想象力的迷人插图。这些画作讨人喜爱，明朗的线条和纯净的色彩甚至令人动容。但是，如果我们说（曾有这种提法）这样的画作具有特别的准确性或者艺术造诣很高，那恐怕只能是一种善意的理想化。想一想玛丽亚·梅里安和爱德华·利尔（他业余爱写五行打油诗，同时是一位技艺高超的专业插画师）这些伟大的博物学插画家，他们完美而细致的作品才代表着真正的艺术传统。

4. **文学品位的神话。**一些文学评论家意识到纳博科夫在分类学方面的杰出工作带有保守性，于是他们指出，他的著作即便缺乏新意，也至少是该专业领域中最具文学色彩的。比如，扎列斯基（第 36 页）赞美纳博科夫的学术论文说："这当然是蝴蝶研究领域最优美的文章。"同样，这样的评论是完全主观化的。我阅读过很多这样的技术文献，也曾经以至少是一个爱好者的身份关注过文学风格和品位。纳博科夫的叙述很流畅，但我认为，他对这种体裁高度受限的学术文体并没有什么独到的贡献，毕竟，简约、"尊重客观"的写作规则和惯例导致他难以充分施展自己的文学才能。

方式二，文学的启示

我们已经说过，对于纳博科夫"博学的悖论"，人们存在两种错误的解释方法：一种认为他的鳞翅目昆虫研究仅仅是无伤大雅的个人爱好，没有占用很多文学创作的时间；另一种则认为纳博科夫的鳞翅目昆虫研究和文学创作一样具有独创性价值。本文前半部分已经驳斥了这两种观点。那么现在，似乎只剩下一种可以让人感到安慰的解释了：虽然鳞翅目昆虫研究削减了纳博科夫的文学创作量，但多年科研生涯提供的专业知识和哲学性的生命观直接造就（或至少显著影响）了纳博科夫的文学风格和相应的文学成就。

有若干重要的例子可以支持这个观点。例如，十七世纪最伟大的昆虫学家扬·斯瓦默丹就把后半生奉献给了福音派基督教。他说，来自昆虫的隐喻引导他走向宗教：蝴蝶的生命周期就仿佛基督徒灵魂的历险，毛毛虫（幼虫）就是我们在地球上的肉体生命，蛹代表肉体死去后灵魂等待期的状态，而蝴蝶意味着壮美的复活。

再举一个当代读者更为认可的例子：艾尔弗雷德·金西曾经当了 20 年的昆虫学家，致力于瘿蜂（*Cynips*）的分类学研究，后来转向人类性学研究，最终成为二十世纪社会史上一位远近皆知的关键人物。在其第一部专著《男性性行为》（1948 年）的前言部分，他详细阐述了来源于昆虫分类学的群体特征视角——特别是个体之间的大量差异，以及正常与非正常的模糊界限——是如何直接启发了他的性学研究。金西写道：

> 这一研究采用的方法属于现代生物学家所认定的分类学范畴。它植根于这位资深作者对昆虫分类学问题的长期体验。从昆虫到人类，这一转变并非毫无逻辑，因为这相当于将一种适用于研究所有多样化群体的方法迁移到了另一个领域。

我们知道，纳博科夫在他的文学作品中不断提到昆虫，特别是蝴蝶——有的详细精确，有的隐晦神秘，还有的宽泛笼统。有些学者罗列了纳博科夫提到的昆虫并加了注解，于是，评论家们难免要提出这样的假设，即纳博科夫的鳞翅目昆虫研究对他的文学创作直接起到了关键的作用，就像前面列举的斯瓦默丹和金西一样。

文学研究者常常持有上述观点。特别地，他们认为纳博科夫的昆虫学知识构成了作品中隐喻和象征的资源库，甚至断定几乎所有对蝴蝶的引用都传达了深层的象征意义。比如，琼·卡尔格斯在她的一本有关纳博科夫与鳞翅目昆虫的书中写道（引文见齐默尔，第8页）："纳博科夫笔下的很多蝴蝶，特别是那些浅色的、白色的蝴蝶，正是灵气、心灵或者精神的永恒象征……它们意味着，那些离开肉体或者正在离去的灵魂逐渐消散。"

然而，不论是从象征研究的角度来看，还是从更为宽泛的科学与艺术的层面来看，人们最后一丝聊以自慰的希望，即纳博科夫投身科学的大把时间显著影响了他的小说，都很难成立。首先，一个（决定性的）证据就是，纳博科夫自己极力强调，他没有任何兴趣将蝴蝶作为文学象征，且这种观点误读了他的真正意图。（虽然艺术家乃至所有人都会掩饰自己，但我没有理由去怀疑纳博科夫这一发自肺腑的针对性评论。）在一次采访中，纳博科夫说（引文见齐默尔，第8页）："有时候蝴蝶可以象征一些什么（比如心灵），不过这跟我的兴趣所在毫不相关。"

纳博科夫反复强调尊重事实的准确性是首要标准，而不应进行象征性的解读。他批评坡[9]使用骷髅蛾作为象征的写法，因为坡不但没有描述这种昆虫，还弄错了骷髅蛾的分布区域（见齐默尔，第186页）："他［坡］根本就没见过这种昆虫，还错误地认为美洲存在骷髅蛾。"更坦露心迹的表白是，在《阿达》的一段典型的纳博科夫式叙述中，他以玩笑的口吻批评了希罗尼穆斯·博斯[10]的画作《尘世乐园》，博斯在画中使用蝴蝶作为象征物，但他画反了图案：蝴蝶收起翅膀时，应该出现在背面的绚烂图案被博斯画到了上表面！

中间那幅画作之中有一只玳瑁色的虫子，看起来仿佛是停在花朵上——注意这里的"仿佛"，有两位女孩用可靠的知识告诉我们，画面上的虫子翅膀是错的。如果虫子这样停在花朵上，那么我们在画作上看到的应当是翅膀的背面。博斯显然是在自家窗棂角落的蛛网上发现了一两个这样的翅膀，于是把更漂亮的图案画到了上表面，这对于收起翅膀的虫子来说是错误的。我不想了解这幅画作的深层含义以及虫蛾背后的秘密，也没兴趣探究当时是哪位杰出人物诱使博斯表达了这些想法。我很不喜欢讽喻的手法。

最后，哪怕纳博科夫在隐喻中提到了蝴蝶，也不具备任何象征意义，他不过是描述了一个准确的事实，为更加宏观的形象服务。正如他在《玛丽》中所写的那样（引文见齐默尔，第 161 页）："他们的信件艰难穿越当时可怕的俄国——就像菜粉蝶飞越沟渠。"

而且，如果我们真的相信纳博科夫的鳞翅目昆虫研究为他的文学作品提供了资源或者确立了他的文学范式，那么就会遇到另一个问题：纳博科夫可能会因为寻求最好的联系而陷入严重错误。（我完全不能同意某些科学家自以为是的偏见，他们觉得写小说的人应该老老实实写作，而不应该触及任何科学领域，因为脱离现实的臆想和逍遥将毁掉科学的准确性。）一个直接的例子就是纳博科夫艺术视野对科学研究的影响，而不是反过来——不幸的是，这对博物学来说不是什么正面影响。纳博科夫经常提到，他对于拟态的非达尔文解释直接来源于文学观念，因为他一直在自然界中试图寻找"艺术所追求的非功利的欢愉"（完整的引用请参见本书第 30 页）。正如前文所说，这一观念正是纳博科夫科学著作中最要命的常识性错误。

思路在于追求精准

一般在科学研究中，一旦发现某个假说站不住脚，或者研究碰了壁，那么另辟蹊径的最好办法就是重新检查研究记录，特别是基础数据，从中寻觅蛛丝马迹，尝试形成另一种假说。在纳博科夫的事例中，基础数据就是他自己的直接陈述和前后一致的文学式写作。据此我们可以给出另一种解释。前人也注意到了这一点，毕竟，纳博科夫极力强调的内容很难被忽略。但是，在我看到的评论文章中，多数作者都没能意识到这一主题在理解纳博科夫文学与科学关系中的核心地位。我猜想，最重要的原因就是，我们受困于诸多刻板印象，认为人类理解世界的这两大领域互相冲突、差异巨大。

传统的解释之所以行不通，就是因为它关注的层面过于狭隘——仅仅局限于一个领域，比如科学，是如何影响另一个领域的。但两者共通的根源可能隐藏得很深（这里的深只是几何意义上的深，并不是指思想层面或者关键程度），就纳博科夫来说，科学和文学的主要关联或许就在于某种独特、潜在的方法，这种方法通用于两个领域——该工作模式赋予纳博科夫的所有著作以同样的特质。我们不应先入为主地认为一个领域会对另一个领域产生直接而重大的影响，相反，我们可以试着寻找那些令他的艺术创作和科学研究都受益的方法和思维模式，这或许能够阐明纳博科夫独特天赋的根本特征。

博物学家们都知道，"有差别地重复"是检验一般性的最好方法：如果不能将一条假说应用于多个事例，我们如何证明假说的普适性？如果这些事例所处的环境没有显著差异，我们又如何能够自信地说明这样的普适性来自适用于不同对象的同一思维方式？在二十世纪的伟大人物中，纳博科夫无疑是一个极好的例子，借此我们可以看到，潜在的思维风格的统一（作为天才值得赞美的特点）是如何让他在两个完全不同的领域达到如此成就的。如果将不同领域的成功归功于一致的独特思维方式，而不是陷入某一领域影响另一领域的传统观念，那么，通过纳博科夫，我们将看到创造力背后的一致性，将意识到将科学与艺术互相割裂、彼此对立的传统观念是错误的（或至少不应是必然的）。

最重要的是，为什么我们不去按照纳博科夫自己的意愿来评判他呢？纳博科夫曾强烈表示，他追求精准，希望准确性能够成为他所有作品的关键特征（第35页对《阿达》的引用说明了这一点）。所有评论者都注意到了这一点（因为纳博科夫强调得实在太频繁了）。也有评论家发现，精准不仅贯穿了纳博科夫丰富多彩而行文谨慎的散文，也是他描述蝴蝶的专业化工作的价值所在。不幸的是，大部分评论者随后落入了对科学的刻板印象中（特别是对于如博物学这般"初级"的描述性学科），他们认为，追求准确性导致纳博科夫的文学创作和科学研究表现出完全相反的品质——这又一次可悲地陷入了科学和艺术截然不同甚至互相对立的传统区分之中。按他们所说，这样的细节固然可以丰富纳博科夫的文学作品，但也同时使他的科学研究平淡无奇、缺乏想象力，"仅仅"限于描述（就像俗语所说，只见树木不见森林）。而分类学家眼界狭隘、死气沉沉的书呆子形象也进一步强化了前述偏见。比如，扎列斯基（第38页）就将他对纳博科夫鳞翅目昆虫研究的看法总结成这么几句：

> 在对细节的追慕中和对生物体及其隐喻的精巧构建中，纳博科夫从文学作品和蝴蝶研究中收获了狂喜，甚至更多……他很适合成为小说大家，但只能当一名实验室的苦力。

扎列斯基继续说道，纳博科夫曾经用这样一条直白的座右铭来劝诫康奈尔大学的学生："拥抱细节吧，神圣的细节！"他声称："在高贵的艺术和纯粹的科学中，细节就是全部。"纳博科夫甚至经常赞美精确严谨的分类学语言，认为那些令人惊叹的细节天生具有文学的美感，"分类学叙述中（有着）诗歌般的精准"（见齐默尔，第 176 页）。当然，纳博科夫也很看重解剖学描述的准确性。1959 年，在一封寄给派克·约翰逊的信中，他抱怨了一通《诗歌选集》的封面设计（引文见雷明顿，第 275 页）：

> 我喜欢封面上那两只彩色的蝴蝶，但它们的躯干是蚂蚁才有的，这样显而易见的谬误不可以用造型设计来开脱。设计者必须充分了解创作的对象才可以进行完美的设计。要是我的昆虫学同事看到这样的杂交生物，一定会取笑我。

在为写作这篇文章做准备时，我通读了纳博科夫所有（文学作品中）关于蝴蝶的注解，最令我印象深刻的就是他对细节的极度追求，不论是解剖学、行为学，还是昆虫的地理分布。哪怕是诗意的、隐喻式的描述，都呈现出足以作为样板的视觉形象。例如，在创作于 1930 年的故事"昆虫采集家"中，纳博科夫写道："夹竹桃鹰［一种蛾子］……的翅膀快速颤动着，看起来就好像一圈奇幻的光晕笼罩在它流线型的躯体周围。"即便是偶尔的想象和圈内的玩笑，也永远是以严格的真实性为基础，况且这样的玩笑只有熟悉情况的内行（以及阅读过齐默尔所写的指南或其他同类书的读者）才能看懂。举个例子，纳博科夫还是小孩子在俄罗斯的时候以为自己发现了一种新的蝴蝶。于是他用英文进行描述并寄给了英国的一位昆虫学家，希望能够发表。不过，这位学者发现，早在 1862 年，就有一位德国的业余收藏家克雷奇马尔命名过这种蝴蝶了，刊登在不太著名的刊物上。很久之后，纳博科夫终于找到一个报复的机会：在小说《黑暗中的笑声》中幽了一默（引文见齐默尔，第 141 页）："很多年后，我伺机报复了这位先于我发现那种昆虫的人（我知道其实我不该把这件称意的事说出来），我用他的名字命名了小说中的一位盲人。"

文学评论家有时指责纳博科夫太过注重细节。而纳博科夫则借助分类学的术语巧妙（同时较隐晦）地回应了这些批评，在《独抒己见》（引文见齐默尔，第 175 页）中，他写道：诋毁者"指责我更关注亚种和亚属，却不甚关心属和科"。（亚种和亚属是种和属下面的精细分类。就命名规则来说，可以出于方便使用这样的分类，但并不是研究所必需的。也就是说，种不必细分成亚种，属也不必细分成亚属。但科和属是体系中应包含的基本分类，每种生物都必须指定相应的科和属，即每个种都必须归入某一属，而每个属又必须归入某一科。）

不仅仅是博物学和文学，纳博科夫甚至将追求细节延伸到了一切涉及知识的活动中。在 1969 年的一次采访中，他对那些认为强调细节不过是卖弄学识的评论家表示不屑（我从纳博科夫的法文原文译出，引文见齐默尔，第 7 页）："我不明白为什么那些生物知识，或者说那些自然界的基础常识会被贴上卖弄学问的标签。"纳博科夫在评注《阿达》法文译本的时候，提出了三条界定优秀译者的铁律：精通源语言的各类知识；能够使用目标语言写作；（第三条非常强调细节）"了解如何用两种语言定义某一具体对象（不论是自然还是文化，不论是花朵还是服饰）"（我从纳博科夫的法文原文译出，引文见齐默尔，第 5 页）。

齐默尔（第 8 页）概括了纳博科夫笔下蝴蝶的关键特征："这些都是真实的蝴蝶，哪怕其中有些是虚构的，也是对真实存在的逼真模仿。通常来说，它们并非只是一般意义上的蝴蝶，而是生活在特定地点的特定品种，它们的行为就和真实的蝴蝶一模一样。正因为这样，纳博科夫的描述性文字具备相当的准确性。"齐默尔（第 7 页）总结了纳博科夫文学作品中出现的生物学叙述，用一段富于洞察力的文字概述出纳氏的一个重要准则，并将美学和道德因素囊括了进来：

作为小说家，或者作为博物学家，精密的比较观察都能带来无穷的乐趣。对纳博科夫来说，自然的创造就和艺术作品一样。甚至，"演化"是最伟大的艺术家，它创造的无比精湛的艺术作品，和莎士比亚的十四行诗一样带给我们愉悦、让我们思考。所以，我们理应像对待艺术一样对待科学研究，永远注重细节、保持耐心。

不过，纳博科夫对精准细节的强调，或许在下面的诗句中得到了最好的概括，这首题为《发现》的短诗写于1943年：

灰暗的图画、上帝的御座、朝圣者轻吻的石头

流存千年的诗歌

所有这一切的不朽就仿佛

小小蝴蝶身上的红色标签

（我们不得不从分类学角度做一些解释，才能够大致了解这位杰出人物。纳博科夫对读者来说常常显得深不可测——考虑到他的社会背景，这并不令人惊讶。博物馆的工作人员通常只在"正模"标本上粘贴红色标签，这样的标本来自官方确认作为新物种命名的个体。之所以要这么做，是因为分类学研究中经常发生这样的情况：后来的科学家可能发现，某个种的原始命名定义得过于宽泛，夹杂了其他种的标本。那么，哪些标本可以保留原有名字，哪些标本应当区分出来进行新的命名呢？按照规则，指定的正模标本保留原有名字，新识别的物种标本则使用新的名字。所以，纳博科夫的意思是，没有哪件人类文化的产物能够像自然界实际的物种那样拥有永远不变的名字。当然，物种或许会

40

消亡，但物种的名称将继续存在，告诉人们地球上曾经生活过这样的一群生物。于是，正模标本也就成为了永存物体的最好例子。在规范的博物馆中，正模标本会带有一个红色的标签。）

极度谨慎、极度追求细节使他的文学作品和分类学描述都受益，两条截然不同的职业道路因为他独有的超人智慧和杰出技艺汇聚到了一起。他对真实性的坚持既植根于学术道德的原则，也是艺术价值的保障和基本准则。就这样，科学和文学在真实事物构成的可触知王国里得到了统一，两者对精确性的追求，甚至触及最细微的细节，将指引我们的生活、我们的挚爱和我们的价值观，并成为它们的奠基石。

这样的态度正是科学的普遍信仰和学术规范（至少是理想，无可否认，由于人性的弱点，这样的信仰并不一定能够得到坚守）。在所有科学领域中，纳博科夫所选择的对小而复杂的生命的分类学描述是最强调细节准确性的。作为鳞翅目昆虫系统分类研究的佼佼者，纳博科夫别无选择，必须关注细节，也必然会尊重自然界的无穷可能。

但另一方面，追求细节和精确性在文学创作中并不是必需的，纳博科夫一贯的技艺和特质因此让他的第二职业表现出特别的风格。职业分类学家普遍具有的典型品质催生了独特而（就纳博科夫而言）卓越的作家。的确，连篇累牍的细节描写并不见得符合所有人的文学口味。有些人觉得《尤利西斯》[11]是二十世纪最伟大的小说，而另外一些人简直无法忍受小说没完没了的心理描写，这些细枝末节不过是利奥波德·布卢姆生活中的一天。我个人属于前者，同样，《帕西发尔》[12]和纳博科夫的作品也让我爱不释手。在内心深处，我一直是个分类学研究者，没有什么比准确而精巧的细节更神圣、更令人着迷了。如果你不珍视每一块砖头，如果你不能领会建造过程中的血汗、泪水和辛劳，你又怎

能真正地欣赏一座城堡？[*]

我完全同意纳博科夫的观点：细节的精确性和可靠性具有美学和精神价值，而不仅限于实践和现实层面。这样的感受、这样的挚爱固然不能大张旗鼓地推及所有人（就像所有分类学家都清楚的那样，智人种的个体之间表现出尤为宽泛的多样性）。但这样基本的美学观念，即便不是普适的，也必然在人类的天性中占有相当的比重，必然在最深处唤起我们这个社会的继承和演化的传承。或许这件真实的逸事就可以说明我的观点：华盛顿特区国家航空航天博物馆馆长曾接待一群盲人，和他们讨论怎样改进展览为盲人提供更好的服务。博物馆收藏着一些历史上最著名的飞机，比如来自小鹰镇的莱特兄弟双翼飞机，还有林德伯格¹³的圣路易斯精神号。这些飞机悬挂在天花板上，盲人无法触及。博物馆馆长为此道歉，并解释说，这些飞机太大了，很难腾出足够的空间安放。馆长随即问他的客人：如果按比例制作圣路易斯精神号的缩微模型供盲人触摸，是否会有帮助？盲人们经过讨论，回复了一个绝妙的意见：是的，我们很希望有这样的模型，不过，它应当安放在原始展品的正下方。真实展品的美学价值和精神价值将深深震撼我们，哪怕不能直接触及，它也需要矗立于此，确保我们面对的就是真实存在的物件。无可否认，真实性是人类灵魂的基本需要。

对于文学，我们同样需要强调这一艰难而必须坚持的主题（就像独具只眼且绝不妥协的纳博科夫意识到的那样），特别是针对现在的年轻学生。要知道在当下，有一股反智的古老风潮正在创意艺术界产生比以往更大的影响：它鼓吹人类的创造精神，将其与严格的教育和观察对立起来，后者注重真实的细节，

---

[*]　顺便说一句，对我而言，纳博科夫曾经是一个难解的谜，直到我了解到他生而会说三种语言：俄语、英语、法语——在他那个时代，这种情况在俄罗斯的上层阶层很常见。年少时读《洛丽塔》，我简直难以想象一个母语不是英语的人竟对语言细节如此精通。实际上，这是不可能做到的。康拉德能讲很漂亮的故事，但这位波兰出生的英国作家对语言的运用怎么也比不上把英语作为母语之一的纳博科夫。

教给我们足够的知识，教导我们利用人类已有的成就和自然界的奇物。

人们常常以为，建筑于最基本常识之上的无拘无束、自由散漫（特指无知、没有经过教育）的思想更能让我们深刻领悟生命的意义，了解真实世界的结构。这简直是流毒最广的谣言。正如纳博科夫推断的那样，如果我们希望艺术品制作精良又富于启迪，那么我们必须摒弃这种诱惑人的庸论，转而强调细节准确性的艺术价值和精神价值。［如果有人觉得革命性创新完全可以自成体系，不需要基本技能和受教育，那么，他应当去参观一下伦敦泰特美术馆特纳副馆的第一间（最早期藏品）展室，看看特纳在严格的古典透视和表现手法训练下绘制的早期作品，只有完全掌握这些才有可能实现个人创新。］

相对创意艺术师，科学家或许更熟悉纳博科夫的观点，即充分的训练和创新潜力是严格正相关的（和门外汉认为的负相关相反）。但即便如此，我们仍然需要在科研中不断强调这是达成专业成就的必要条件。在一些缺乏思考的科学家中，经常流传着另一个版本的谣言，认为关注细节和创新能力没有关系。从扎列斯基的言论（引文见本书第37页）中就可以看到这一谬误：他认为，正因为热衷于细节，纳博科夫顶多算是"实验室的苦力"，虽然这对他的文学创作颇多裨益。

这一错误（包括没有明说的）观念其实隐含了这样的判定：杰出人物所拥有的脑力"容量"是固定的，能够分配到不同方面的才华是有限的。挑明这一点，恐怕很多支持者就会摒弃这一观念了。按照他们的想法，如果分配过多精力关注细节，那么就没有足够的脑力研究普适的理论和创新了。这种愚蠢的心智作用模型只能认为，人类在不相关领域的创造力源于总量固定的容器，就像储蓄罐中的零钱，或者罐子里的饼干。这样的类比显然大错特错。

在科学史上，许多最杰出、最具有革新意义的理论家也很注意积累细微的证据。达尔文在1838年就建立了自然选择学说，但直到1859年《物种起源》

出版才被世人所重视，因为在这期间，达尔文搜集了第一批可靠的事实证据（这些证据具有相当的广泛性和多样性）作为演化学说的基础。（所有在这之前的演化理论，甚至包括拉马克的，都以推测为主，不论理论基础看起来多么可靠、多么复杂。）许多伟大的理论家之所以能够做出重大发现，正是因为他们注意到了别人所忽略的细节。举一个大家最熟悉的例子。开普勒认识到，第谷·布拉赫[14]的观测数据和圆周运动理应得到的数据存在细微差别，于是发现行星轨道是椭圆形的。当时大多数天文学家对这样的差别视而不见，认为已经"足够近似"了，只有开普勒明白，第谷的观测结果十分精确，足堪信任。

我不否认有些科学家存在只见树木不见森林的问题，他们可以是可靠的、专注于细微事物的专家，却对处理更为宏观、更为理论化的问题缺乏兴趣或者缺乏技巧。我也不否认纳博科夫对于蝴蝶分类的研究就属于这一类。但我绝不接受，宏观理论建树的缺失是因为纳博科夫过于专注描述细节和过于追求细微的真实性。我不太了解纳博科夫的性格和成长环境，无法以此解释为何他会偏于保守地处理理论问题以及为何他不愿意关注演化生物学中的问题。大概我们只能再次感叹世界如此宽广（科学领域也是如此），感叹擅长不同技术的人适应的领域各不相同。

所以，我强烈反对任何因纳博科夫沉迷细节、不关注理论而将其视作实验室苦力的观点，分类学永远尊重那些顺着纳博科夫的道路致力于某类昆虫细节研究的专家，尊重那些创立技术、拥有"慧眼"，从自然界的杂乱特征中发现规律的人。当然，如果纳博科夫终其一生完全献身于蝴蝶分类研究，那么他的声名将局限在很窄的专业领域，不会像现在这样举世闻名。但是，难道我们就不应该尊重那些冷门领域的顶尖人才吗？毕竟，如果麦克白真的满足于当一名足够尊贵的考德爵士[15]，就不会有后来的生灵涂炭，也不会有那么多悲苦。但是，我们又会因为失去一部杰出的戏剧而感到遗憾。所以让我们赞叹纳博科夫在博物学方面的杰出成就，也让我们赞叹他在全新的领域用相同的思想和观念获得了巨大成功。

关于科学与文学主题的收场白

大部分学者支持科学工作者和艺术工作者之间的对话。但我们又常常假定这两个主题代表着人类知识中对立的两极，两类工作者不得不通过互相接触来了解对方，这构成了科学与艺术对话的基本语境。我们希望的不过是消除偏见、化敌为友（或者至少消除敌对态度），从而能够搁置双方的差异，暂时团结起来，应对一些涉及面宽、需要所有有识者共同参与解决的实际问题。

在这两个领域中，一些固有的成见仍然左右着我们对"他者"的认知——这样的想象充满着狭隘和无知的恐惧，但却异常强大。科学家重复着缺乏灵魂的工作，而艺术家不过是一群狂妄自大、毫无逻辑、自我感觉良好的夸夸其谈者。对话固然是个好主意，但这两个领域以及它们所吸引的人群之间仍然横亘着巨大的沟壑。

我并不希望通过看起来美好的手段强行将两者结合起来。科学和艺术确实存在差异，不论是研究对象还是验证的手段，都彼此不同。科学的职责（训诲权）是了解自然世界的真实面貌，并通过建立理论解释为什么用这些因素，而不是那些因素来表征我们这个世界。而艺术和人文学科的职责则是解释关于道德、关于风格、关于审美的伦理学问题和美学问题。自然界的事实并不能有理有据地给出伦理学或者美学定律，所以科学和艺术在这些方面必然存在差异。

但是，涉足两个领域（假设算上业余爱好的话）的许多人都深切感受到，即便两者所处理的主题存在差异，指导思想的一致性仍然让这两个领域拥有深层次的相似性。人类的创造力就像复杂零件协调工作的整体，不同的对象需要有不同的着重点，但如果我们仅仅强调外部对象的差异而忽略了内部过程的一致性，那么潜在的共通性就会遭到忽视。如果我们不认可人类所有创造性活动都具有某些共同的特征，就无法了知人类智慧的若干重要方面——包括学术上的想象和观察（理论和实证）必须互相支持，精神上的美感和真实也必须协调一致——只不过在通常情况下，一个领域的工作只会呈现一面，而掩去另一面。

如果我们想要探究、了解人类活动的精华所在，就必须使用"有差别地重复"的方法。了解艺术和科学思维过程的深层相似性，正是抽提人类创造力中普适元素的最佳例子。

没有谁比弗拉基米尔·纳博科夫更了解其中的一致性，作为在科学和艺术领域都获得了巨大成功的专业人士，他经常强调文学创作和他的昆虫学研究存在着共同的精神和思维基础。《阿达》中提到"昆虫"的一个常见变位词[16]时，纳博科夫借助其中一位人物，用优美的语言表达了创造性冲动和美感的一致性："'如果我能够写作，'德蒙沉吟道，'那么我将不吝笔墨告诉你们，科学和艺术是如何激情、如何炽烈、如何乱伦（就是这个词）地交会于一只昆虫的。'"

让我们回到纳博科夫的核心观点：科学细节的外在表现和内在原理都呈现出艺术美。他在 1959 年写道（引文见齐默尔，第 33 页）："观察一只蝴蝶会让我因为美而愉悦，了解它是什么又让我获得科学探索的愉悦，我无法区分这两种愉悦。"当纳博科夫提到"分类学叙述中（有着）诗歌般的精准"时，他显然是在试图弥合科学与艺术彼此对立的误解，通过文学语言大方地向对方示好（在所有尝试和解科学与艺术的努力中，这样的大方难能可贵）。为此他试图解释这两个他所从事的领域的共同基础，阐述整体观点下必然会成对出现的元素，这样的观点当得起我们对功德圆满——圣经中理想的"智慧"——最古老、最热忱的向往。1966 年，在一次采访中，纳博科夫打破了科学与艺术的边界：他说，每个领域中最值得追寻的东西也必然会是另一个领域的珍宝；换句话说，真实是美的，而美的东西同样真实。没有什么比引用下面的话更适合作为本文的标题，也没有什么比引用下面的话更适合作为本文的结尾：

准确描述中触手可及的快乐、投影描图器下的静谧天堂、分类学叙述中诗歌般的精准，是不断积累新知识的过程中令人震撼的艺术；对于外行来说绝无任何用处，但令开创者兴奋至极……没有缺乏想象的科学，也没有缺失事实的艺术。

参考文献

Boyd, B. 1990. *Vladimir Nabokov: The American Years.* Princeton, N.J.: Princeton University Press.

Gould, S. J. 1983. The Hardening of the Modern Synthesis. In Marjorie Greene, ed., *Dimensions of Darwinism.* Cambridge, England: Cambridge University Press.

Johnson, K., G. W. Whitaker, and Z. Balint. 1996. Nabokov as lepidopterist: An informed appraisal. *Nabokov Studies.* Volume 3, 123-44.

Karges, J. 1985. *Nabokov's Lepidoptera: Genres and Genera.* Ann Arbor, Mich.: Ardis.

Kinsey, A. C., W. B. Pomeroy, and C. E. Martin. 1948. *Sexual Behavior in the Human Male.* Philadelphia: W. B. Saunders.

Provine, W. 1986. *Sewall Wright and Evolutionary Biology.* Chicago: University of Chicago Press.

Remington, C. R. 1990. Lepidoptera studies. In the *Garland Companion to Vladimir Nabokov,* 274-82.

Robson, G. C., and O. W. Richards. 1936. *The Variation of Animals in Nature.* London: Longmans, Green & Co.

Zaleski, P. 1986. Nabokov's blue period. *Harvard Magazine,* July-August, 34-38.

Zimmer, D. E. 1998. *A Guide to Nabokov's Butterflies and Moths.* Hamburg.

03

吉姆·鲍伊的信和比尔·巴克纳的腿

佐治亚理工学院球队的前球星查利·克罗克最近成了一名宣告破产的新亚特兰大建造者。新亚特兰大到处是毫无生气的劣质办公楼，这些楼宇大多空空如也，无谓地浪费着钱财。随着现实世界的崩塌，查利·克罗克转而试图从有限的精神世界中寻找寄托。他发现了一幅画，画手是韦思 [1]，这幅画原本是童书（"这是查利记忆中父母拥有的唯一一本书"）的配图，画的是"吉姆·鲍伊拖着病重的躯体在阿拉莫之战中奋勇抵抗墨西哥人"。于是在"生命中最愉快的一天"，查利花费 190,000 美元在索思比拍卖会上买下了这幅描绘行动主义者的画作，并把它放到了我们这个时代成功人士最顶礼膜拜的地方——私人飞机华美的书桌上。

汤姆·沃尔夫描述过这位红脖子大人物的原型（见小说《完美人生》）是如何从绘画中汲取力量的：

飞机轰鸣着不断爬高。查利同往常一样紧紧盯着插画中的吉姆·鲍伊……垂死的鲍伊躺在床上……用一只胳膊勉强支撑自己，另一只手挥

舞着著名的鲍伊刀，向一群墨西哥士兵砍去……鲍伊的大脖子和下巴伸向墨西哥人，眼睛里放射出宁死不屈的光芒。这正是这幅插画的伟大之处：绝不言败，哪怕已经走到生命尽头……查利注视着勇敢无畏的鲍伊，等待着勇气的注入。

国家需要英雄。吉姆·鲍伊在阿拉莫之战中死去了，同他一起牺牲的还有戴维·克罗克特和大约 180 名为得克萨斯独立奋战的士兵。他们的司令威廉·特拉维斯[2]是一名富于辩才、无所畏惧、勇于牺牲的律师，年仅 26 岁，不论他的判断是否得当，这些优秀品质都不应当被忽略。事实上，我无意讨论鲍伊是否称得上阿拉莫战役中的英雄，但我希望通过拆穿查利·克罗克与这幅画之间的故事解释他所起的作用。对于那些虽然为大家所熟知但因为传奇色彩而被人遗忘的故事，同样值得我们赞誉。

揭秘典型的传奇故事是人们最喜爱的智力活动之一，原因稀松平常：这样的活动既显得胜人一筹，又颇有探索性；但人们常常忘了揭秘本身不过是相互较量的表现，关注细节才是简单快乐的源泉。不过，揭秘也可以成为至关重要的学术研究，最大程度地发现并纠正人类推理过程中的致命陷阱。理由如下。

脊椎动物的大脑类似一种用于模式识别的装置。当演化赋予人类这一物种意识的时候，人类从古就有的对模式的本质追求演变成了将模式组织成故事的倾向，随后用故事中的叙述来解释周遭世界。由于与文化特殊性无关的普适原因，人们喜欢根据有限的主题和途径构建故事，从而让生活于复杂世界的迷茫（常常是悲剧）呈现出有用的、令人满足的意义。

换句话说，故事只能朝人们强烈期盼的几种有限方式"发展"，并受到两大深层需求的推动。其一是方向性（相关事件按照确定的缘由有序发展，而不是漫无目的地徘徊）；其二是动机，或者说推动故事有序发展的明确理由（不论结果是好是坏）。对于涉及人物的故事，这样的动机直接来自人类的意图。但在有关无意识动物或非生命体的故事中，同样需要一个承载勇气（或反乌托邦故事中令人不快的意图）的代言人。正如演化的原则总体上来说是增加生命的复杂度，而热力学定律则毫不留情地决定了太阳终将燃烧殆尽。总之，尽管有过度简化的嫌疑，我们仍旧喜欢用方向性来解释模式，用勇气来解释因果关系。因此，所有叙述中的两个核心要素——模式和原因将依照我们的心理偏好发生偏移。

我将一小部分根植于深层要求的原始传说命名为"典型故事"。如果意识和物质这两种属性不会导致原本无害的偏好变成普遍的偏见，不会扭曲我们对事件的理解，那么，人们用典型故事表达所有历史事件的强烈偏好，不论对象是人类、生命还是宇宙，都不会产生什么严重的科学问题，不过在展现智人种的小缺点时或许有一点儿滑稽可笑。（在科学领域，阐释时间顺序是很多学科的主要任务，比如地质学、人类学、演化生物学、宇宙学等等"历史性科学"。所以，如果"典型故事"的诱导破坏了我们对历史顺序的一般理解，那么很多所谓的"科学"都将遭到严重的阻碍。）

对于复杂的物质世界，很多表面上富于秩序的模式和顺序都不过来自随机系统的偶然。平均尝试 32 次，可能会出现硬币连续 5 次正面朝上的情况。天空中的星星正因为相对地球完全随机分布，所以呈现出各种图案（当然受到了银河系外观的影响）。如果星星完全平均分布，当然不会形成什么显见的图案，但显然，决定其分布的规律是不可能实际存在的，最多存在于幻想中。所以，如果我们非要总结出若干模式，然后用典型故事中的因果关系来解释这些模式，那么，我们对秩序来源（通常是随机的）的理解将会受到阻碍。

对于意识，即便我们可以将某个模式归结于传统的非随机原因，也往往不能厘清诱因的复杂性和本质，因为典型故事的诱导会使我们仅仅注意到解释历史事件诸多可能情况中的很小部分。更糟糕的是，由于我们无法观察到复杂环境中的每一个细节，于是典型故事的结构使我们忽略了原本很容易注意到的重要事实，而对记录下来的信息产生误解或者误读。用一句话总结我的主要论点，那就是，可以预言典型故事会"驱使"事实按照确定的路径发生畸变，以便符合这些原型传说的框架和要素。因此，即便事情的实际情况留存于记忆深处，我们仍会忽略那些显而易见的重要因素，并按照预设的思路误读其他事实。

在这篇文章中，我将通过美国历史上两位重要人物的传说来阐释典型故事是如何可预见地解构、湮灭重要信息的。所以文章标题看起来很奇怪（也许念起来还算顺耳）《吉姆·鲍伊的信和比尔·巴克纳的腿》。随后，我将推而广之，用证据说明典型故事的诱导是理解"历史性科学"——人类智力活动中最大、最重要的领域之一——的巨大障碍。

吉姆·鲍伊的信

关于"弟兄们英勇无畏，姐妹们纯洁善良"的典型故事是如何掩盖了显而易见的关键文本的。（这句耳熟能详的话最早出自纽卡斯尔公爵夫人的墓碑上。夫人死于1673年，现在长眠于威斯敏斯特教堂。）

得克萨斯州圣安东尼奥的阿拉莫，原本不是堡垒，而是十八世纪时由西班牙人建造的一座教堂。如今，阿拉莫有一些展览和手工艺品能让很多人回想起在圣安纳将军[3]发动的袭击中不幸死去的得克萨斯守卫者。这场战斗爆发于1836年3月6日，当时敌军的数量十倍于守卫者，而且守卫者已经被包围了近两周。这场惨烈的失败令得克萨斯人震惊。在不到两个月后的4月21日，萨姆·休斯敦率领的部队在圣哈辛托战斗中活捉了圣安纳，并强迫墨西哥总统用得克萨斯州换回圣安纳和他的一瓶鸦片。

阿拉莫展览会是由得克萨斯共和国女儿会建立并维护的，相对于国家公园管理局提供的类似展览，前者的资料显然比常规情况（据我看来这是正确的做法）更主观一些，它呈现了流传下来的故事，就像我下面要讲的那样。（毫无疑问，墨西哥人的故事视角肯定不一样，但同样是传统的叙述方式。）我将以鲍伊和特拉维斯的关系为重点进行讨论。令我疑惑的是，典型故事以鲍伊写的一封引人注意的信为主线展开，这封信陈列于阿拉莫博物馆的显著位置。但很奇怪，在官方叙述中，这封信被抹去了。

1835年12月，得克萨斯军队和科斯将军率领的墨西哥军队进行了一场恶战，成功控制了圣安东尼奥市。1836年1月17日，萨姆·休斯敦命令吉姆·鲍伊率领约三十人进入圣安东尼奥把阿拉莫毁掉，同时将得克萨斯军队撤到更利于防守的地带。但是，经过考察，不论从战略意义还是从象征意义考虑，鲍伊都不同意这种做法，相反，他决定加固阿拉莫。2月3日，威廉·特拉维斯带领另外三十名士兵前去帮助鲍伊。

不可避免地，这两位风格迥异的领导者的关系变得紧张起来。鲍伊当时已经40岁了，他酗酒成性、特立独行，但又非常注重实际、富于经验；特拉维斯只有26岁，思想多变、甚是自负，他把妻子和财产留在亚拉巴马，自己却在得克萨斯前线冒险、争取声名。（1824年，墨西哥鼓励宣誓效忠自由主义宪法的人们来到得克萨斯荒原进行开垦，但是随着美国白人渐渐成为得克萨斯的主要人口，反抗也随之出现。反抗者一面追求更多的掌控权，一面又崇尚自由。于是，愤怒的圣安纳逐渐废止了这一宪法。）

鲍伊领导着志愿军，而特拉维斯则率领着"官方"军队。志愿军中投票由鲍伊继续领导的人占据压倒性优势，于是他们俩不得不达成共同掌权的协议，所有命令都需要经过两个人签字。2月23日，包围开始。就在这时，鲍伊病倒了，他不仅患有终末性肺炎，还有一大堆其他小毛病。于是协议失效，特拉维斯掌握了全部的指挥权。其实，就查利·克罗克画中的场景而言，也就是3月6日墨西哥军队冲进来的时候，鲍伊很可能已经昏迷，甚至死去了。他或许的确做出了最后的"反抗"（以躺着的姿势），握着手枪勉强从床上支起身子，但这样的挣扎仅仅是象征性的，他的那把充满传奇色彩的刀也不可能冲破墨西哥人手中的刺刀。

在阿拉莫，有关英勇事迹的典型故事包括了两起围绕特拉维斯展开的事件。其中一起被所有严肃历史学家认为是传说，另一起则以一封激动人心的信件为蓝本，自那儿以后，几乎所有得克萨斯的孩子都能背诵这封信。传说，当时特拉维斯意识到不会有援军到达，如果继续守卫阿拉莫，所有的将士必将牺牲（圣安纳明确表态，如果他们拒绝无条件投降，他将毫不留情地将他们消灭）。于是，特拉维斯召开了一次会议，他在沙地上画了一条线，邀请所有愿意守卫阿拉莫的士兵跨过这条线来到他身边，而心存疑虑或者惧怕死去的士兵则可以爬出城墙，不光彩地离开（有一个人确实这样做了）。在这个感人的故事中，已经虚弱得站不起来的吉姆·鲍伊让手下抬着他的病床跨过了那条线。

当然，在恰当的时刻，特拉维斯很可能进行了一场演讲，不过未曾有目击者或幸存者（有几名妇女和一名俘虏活了下来）报告过这个故事。（这个故事貌似40年后才传开，可能是那位接受特拉维斯的意见逃走的人讲出来的。）

说起那封耳熟能详的信，很少有人读了之后不为之垂泪，哪怕是最具有怀疑精神的阿拉莫历史学家都对它赞不绝口。这封信是2月24日写的，一名通讯员带着信突破了墨西哥军队的包围，希望能够得到增援，但信的收件方是"得克萨斯人和所有美国人"。例如，本·普罗克特把特拉维斯描写成一名"自负的、狂妄的、虚荣的人，非常看重自己的目的、荣誉和个人使命……在很多方面令人苦恼"，但他同样认为这封信是"历史上值得被铭记的文字，全世界热爱自

由的人都会珍视它"。〔参见普罗克特的小册子《阿拉莫之战》（得克萨斯州
历史学会，1986 年）。〕

　　我被圣安纳率领的一千多名墨西哥士兵包围了。我们用炮弹连续 24
小时轰击，目前还没有人员伤亡。敌军要求我们立刻无条件投降，不然，
一旦堡垒被冲破，所有人都将遭到屠杀。我已经用一发炮弹回应了他们
的要求，至今我们的旗帜仍在堡垒上高高飘扬——我绝不撤退，也绝不
投降。现在，让我以自由的名义，以爱国的名义，以一切流淌在美利坚血
脉中的优秀品质的名义，请求你们以最快的速度前来增援。敌军数量每天
都在增加，不出四五天，一定能达到三五千人。即使没能得到援助，我也
将抵抗到底，为了自己的使命，为了国家的荣耀——要么胜利，要么死亡。

　　虽然有一支三十人的小队确实来到阿拉莫增援特拉维斯，但在炮弹和刺刀
的肆虐下，他们的援助无法改变战局。而在不远处的戈利亚德，好几百名原本
可能改写历史的驻军，却对特拉维斯的求助置之不理。其中的原因很复杂，至
今仍是历史学家们讨论的热点问题。3 月 6 日，在圣安纳的攻击下，所有得克萨
斯战士都牺牲了。按照通常的说法，所有士兵全部战死。事实上，有证据表明，
在毫无希望的最后时刻，似乎有六名战士投降了，但圣安纳立刻下令将他们击毙。
戴维·克罗克特可能就是其中之一，这会削弱这一故事的影响和情感力量。

　　不过，阿拉莫的拥趸、经常到访圣安东尼奥的我却一直对一份重要文件感
到好奇和困惑，那是阿拉莫之战的另一位领导者吉姆·鲍伊写的信。这封信似
乎以完全不同的视角描述了围城事件，却不满足典型故事的要求，也几乎没有
受到官方的任何关注。于是，尽管鲍伊的信陈列在阿拉莫博物馆主厅显眼的玻
璃柜中，但仍宛如"大隐隐于市"。长达 20 年时间里，"突出展示却无人关注"

这一令人困惑的现象在我心头挥之不去。我先后三次来到阿拉莫，在礼品店购买了所有方便买到的战争记录。我着迷地阅读了这些文件，可以肯定地说，虽然人们普遍知道鲍伊的那封信，但在大部分常见叙述中被忽略了。

让我们回到特拉维斯的这封著名的信上，补充一下当时的背景事件："敌军要求我们立刻无条件投降……我已经用一发炮弹回应了他们的要求。"基本情况毋庸置疑：2月23日，圣安纳率军闯入小镇，开始包围之后，在圣费尔南多教堂的塔楼上升起了一面血红的旗子。这是传统的示意方式：如果拒绝立刻投降，将面临屠杀。特拉维斯没有和另一位指挥官商量，就用当时阿拉莫最大的18磅的加农炮发射炮弹，作为趾高气昂的回应——正如第二天他在那封著名的信中所夸耀的那样。

现在，典型故事遇到了复杂情况。虽然圣安纳的确在公开场合表明过自己不让步的恐吓性决定，但很多细节各不相同的记录都指向一个可信的情况：他同时表明了可以和阿拉莫守卫者谈判的立场。（就算圣安纳没有直接表明这一立场，典型故事出于震撼人心的需要，也提到了一个无可争辩的事实，即不知什么原因，鲍伊认为，墨西哥人提出可以协商。不同版本的故事提到，圣安纳的部队同时还升起了一面白旗，这是愿意协商的传统信号。或许无意，或许有意，或许在特拉维斯射出炮弹之前发生，或许在之后发生。也有故事说，墨西哥军人吹响了标准的军号，作为愿意协商的官方信号。）

无论怎样，大部分报道提到，鲍伊对特拉维斯的这一冲动做法很是不满。显然，这一发有象征意义的炮弹并没有起到任何正面作用。鲍伊抓过一张纸，用西班牙语写下一段文字，并用颤抖的手签署了自己的名字（当时鲍伊已经病倒，但还没到卧床不起的程度，仍然具备领导能力）。这封信没有被纳入典型故事，它就"隐形"地躺在阿拉莫博物馆的显著位置［这里全文引用鲍伊的信，使用的译文来自霍普韦尔所写的传记《詹姆斯·鲍伊》（埃金出版社，1994年）］：

当我们看到塔楼上出现红旗时，就发射了一发炮弹；不过很快有消息称，你们愿意协商，得到这一消息时炮弹已经发射出去了。我希望知道，你们是否真的愿意协商。为此，我派出副官贝尼托·詹姆斯，在白旗的保护下，我相信他将得到您和您手下军队的尊重。上帝与得克萨斯。

我不想夸大这封信的意义。如果鲍伊足够强壮，能够继续领导军队，如果圣安纳同意进行谈判，我也不能保证事情会有不同的结局。有些事实决定了这起事件不太可能会有更好的结局，在军事结果早已注定的情况下，我们或许并不能避免将士的无谓牺牲，也无法拯回 180 名得克萨斯人的生命（墨西哥人战死的数量大概是这个数的两倍）。例如，鲍伊在短笺中没有表现出任何靠谱的外交手段。在签名处，他最开始写的是"上帝与墨西哥联邦"（这说明他支持1824 年宪法，并且愿意效忠早期的墨西哥政府），但之后，他划去"墨西哥联邦"，写上了"得克萨斯"，这一举动无疑是具有挑衅意味的。

更重要的是，圣安纳回绝了鲍伊派出的信使，并正式回应说，如果他们拒绝无条件投降，将遭到无情的屠杀。而且，就算阿拉莫的士兵不做抵抗直接投降，我们也不能保证得克萨斯人能免遭厄运。毕竟，在攻陷阿拉莫之后不到一个月，圣安纳就处死了好几百名在戈利亚德投降的囚徒，他们可能是赶来帮助特拉维斯的。

就在两种意见处于胶着状态的时候，特拉维斯派出自己的信使，得到了相同的回应。但是，根据某些来源的说法，当时还得到了一份"非正式"声明。这份至关重要的材料称，如果得克萨斯人在一小时内放下武装，那么他们的生命和财产可以得到保全，但这样的投降在法律意义和官方层面上必须是"无条件"的。毕竟，战争的方式通常就是如此，好的指挥官会协调鼓舞士气的需要和更重要的道德和战略意义的需要，避免落入注定死亡的"荣誉陷阱"。有能力的领导者往往明白官方声明和私下协商之间的重要区别。

所以，我认为，如果鲍伊没有病重到无法领导军队的程度，他和圣安纳之间的私下协商很可能会形成更体面的解决方案，只要这两位经验丰富的老兵能够放下私人恩怨，互相尊重对方；当然，我觉得，圣安纳更可能厌恶自命不凡的特拉维斯。假如事情真的发生了转机，那么大部分弟兄的生命将得到延续，同时他们仍然被人们认为是英勇的战士。就通常意义的道德和人类尊严来说，想一想什么样的解决方案是最好的：400余人死于一场结局注定的战斗，只为了给哗众取宠的典型故事提供范式，以尊贵的生命为代价空洞地夸赞勇气；或者一项放弃英雄主义但讲求实际的解决方案，我们的书本会失去一段伟大的故事，但数以百计的年轻人能够继续生活，能够亲口向他们的孙辈讲述曾经的峥嵘岁月。

最后，关于阿拉莫还有一条显著的事实，尽管很少被提及，但可以为如下论点提供强有力的支持：智慧的军事家通常会通过私下协商避免不必要的牺牲。1835年12月，也就是三个月前，科斯将军在完全相同的地点——阿拉莫与得克萨斯军队对抗。在难以为继的时候，作为一名职业军人，科斯升起白旗，同意与得克萨斯人协商：他将投降，解除武装，带领部下向西南方向撤退到格兰德河，并不再发起战斗。科斯信守了他的诺言，但是他刚跨过格兰德河抵达安全地带不久，圣安纳就命令他重新发起进攻。于是，这位依然充满战斗力的科斯将军带领一支部队在3月6日重新占领了阿拉莫。特拉维斯本来是有机会在圣哈辛托击败这位有闯劲儿的将军的！

比尔·巴克纳的腿

"要不是这样"之类的典型故事如何做到将我们每个人都很容易回忆起的事实改头换面，以便符合叙事的需要。

所有波士顿红袜队的球迷都能说出一段令人悲伤的传说，这个典型故事流行于盛产豆子和鳕鱼的土地，叫作"圣婴诅咒"。二十世纪初，红袜队是职业棒球大联盟中最成功的队伍之一。但是，红袜队上一次赢得世界冠军还是在1918年。之后，所有的世界大赛都铩羽而归，以至于波士顿红袜队球迷认为，他们的队伍一定遭到了邪恶的诅咒，而这一诅咒正是从1920年1月开始的。当时，波士顿红袜队的老板哈里·弗雷齐狠心地卖掉了队内最好的球员，仅仅为了挣钱资助百老汇的一场演出，而非用来提升球队实力或者补充新选手。他卖掉的球员是棒球史上最伟大的左撇子投手，之后这位球员迅速创下了左手本垒打的记录。更糟糕的是，弗雷齐将这名波士顿的英雄卖给了球迷深恶痛绝的对手——纽约扬基队。而这名球员也很快赢得了全垒打之王、圣婴、乔治·赫尔曼·（"宝贝"）鲁思的称号。

之后，红袜队参加了四次世界大赛（1946、1967、1975和1986年）和数次季后赛，但大都以惜败收尾——就好像在快跑到终点线的时候自己摔倒。在1946年世界大赛的决赛之中，圣路易斯红雀队的伊诺斯·斯劳特靠超前分击败了对手。1975年，红袜队在第六场比赛大获全胜之后输掉了第七场，当时，伯尼·卡尔博用一记三分本垒打追平了比分，但在加局赛中，卡尔顿·菲斯克用身体语言克服了物理规律，一个显然会出界的球竟然飞回了本垒打的左外野界杆（当时已经是后半夜了，芬威球场⁴的风琴演奏者齐声欢呼"哈利路亚"）。

这样的奇闻一个接一个。但红袜队的球迷一定会认为1986年的世界大赛才是最糟糕的时刻——令人不可思议的是，这样的失败简直无视自然界的所有因果规律，一定是诅咒在作祟。（看，就连我这种路人观众，都不想让别人当着我的面提这场比赛，真是太令人心痛了！）当时，红袜队已经赢下了五场比赛中的三场，只需再赢一场，就能够获得继 1918 年以来的第一个世界冠军。最后一局似乎很顺利，红袜队领先两分，投手又很快打出了两出局。当时，红袜队的成员已经剥开了香槟瓶口的铝箔（但是，想起诅咒的存在，他们还没打开软木塞），大都会球队的经理也已经友善地在记分牌上亮起了"祝贺红袜队"的标语。但是，有"红袜国度"之称的铁杆球迷们仍然目不转睛地盯着电视，心中忐忑不安。

接着，诅咒应验了，这一次诅咒的残忍程度尤其令人心惊。经过一串意外的安打、糟糕的投球和可怕的判断，大都会球队得了一分。（我想说，就算正在练习击球的投手，甚至像我和你这样的球员，都可能改变战局！）接着，替补投手鲍勃·斯坦利出场了，这位总被坏运气纠缠的无辜球员投出了一发暴投，导致比分被扳平。（有些人，包括我在内，可能会认为这是捕手漏接球，但且让我们把这个与主题无关的争议暂放一边。）现在，双方比分相平，两人出局，二垒上有一人，该穆基·威尔逊登场了。

这边红袜队的一垒手是身材魁梧的比尔·巴克纳，这位球员资历深厚、成绩显赫，不过，他真不该出现在这个球场上。几个星期以来，经理约翰·麦克纳马拉一直不让巴克纳与主角们一起上场，只让他在最后几局比赛中充当防守球员的角色。原因是，经过漫长而艰难的赛季，巴克纳的腿受伤严重，甚至只能跛足前行，实际上他连腰都很难弯下来。但是，在这个看起来已毫无悬念的伟大时刻到来之时，感情用事的麦克纳马拉希望老球员能够出场，于是巴克纳站到了一垒。

接下来的一幕我想所有棒球迷都很熟悉了，我简直不忍心说出来。斯坦利是一位伟大的下坠球投手，他也确实充分利用了这一长处。斯坦利投出了一个狡猾的下坠球，威尔逊只能敲击地面，将它推向一垒，试图让这局结束时比分仍然持平，然后等待红袜队的击球手大获全胜。但是，球灵巧地穿过巴克纳的双腿进入外场，雷·奈特急速跑回本垒，得到了关键的一分。球既不是从巴克纳两腿的侧边滚过，也不是从他左扑右挡的手套下面溜过，而是从他的两腿之间直直滚过！第七场决胜的比赛已经不重要了。无论什么样的豪言壮语也不能让球迷们指望红袜队可以赢（希望归希望，但对胜利已经没有想法了）。红袜队再次失败。

虽然叙事带有感情色彩，但我的确是照实说的。如此准确的叙述太过辛酸，但对于相关的典型故事来说，仅陈述事实是不够的。巴克纳的痛苦必须按照"要不是这样"的剧本进行。在很多个版本的故事中，就是因为一个看似不重要的小节点由于人员的失误或者渎职没能顺利完成，于是一个万众期待的结果不幸流产，结局走向了完全相反的一面，无论是从物质上还是从精神上。"要不是这样"的核心思想和悲剧性在于，整个不好的结果都被认为是由一件细微的偶然事件导致的，从不考虑事情的微妙之处和复杂之处。

于是，"要不是这样"将比尔·巴克纳双腿的传说改造成了唯一符合典型故事需要的版本。简言之，可怜的比尔成了比赛最终失败或成功的唯一原因、唯一焦点。也就是说，如果巴克纳能够成功接住那个球，红袜队就会拿下1918年以来的第一个世界冠军，圣婴诅咒也会宣告失效。但如果巴克纳漏了那个球，大都会球队赢得比赛，圣婴诅咒就会愈发猖狂和可怕。作为一名值得尊敬的球员，巴克纳的一个最不可能发生也无足轻重的失误遭到了如此不友善的回应。上帝到底想干什么？

如上文所说，巴克纳微不足道的失误并不会决定世界大赛的结果，但这样的理由很容易遭到遗忘。事实上，当威尔逊的地滚球蹦过巴克纳的双腿时，比分就已经追平了！（更不要说这不过是第六场，仅仅是世界大赛的倒数第二把，不是第七场决胜的比赛。不论上帝和撒旦将第六场比赛的比尔·巴克纳塑造成什么现代化身，红袜队其实都可以赢下第七场，成为世界冠军。）就算巴克纳很好地接住了那个球，红袜队也不会立刻得到冠军。他们不过是占了先机而已，只有击球手能赢下加局赛才算胜利。

不具备专业历史素养的爱国者和临时的访客会相信阿拉莫之战的典型故事——弟兄们英勇无畏，他们不了解，如果健康情况允许，鲍伊或许会谈判促成一次体面的投降，从而挽回一大批得克萨斯人的生命。这些都是很容易理解的，毕竟，最后一位辞世的潜在目击者已经离开我们100多年了。除了书面记录，我们一无所有。历史学家不可能相信任何目击者的叙述，因为所谓的目击记录有矛盾、揭短、利己、夸大的倾向，这也正是人类编造荒诞故事的典型手段。

但是，所有那些能够合法坐在酒吧捧着一大杯饮料争论事务的棒球迷，理应毫无困难地回想起比尔·巴克纳事件中简单明了、无可争辩的事实，这种记忆常常带有目击证据的色彩。他们坐在电视机前，因为突如其来的快乐而欢欣鼓舞，因为绝望和怀疑而抱怨。（要坦白的是，那时我本应在华盛顿参加一场高档晚宴，却因为"生病"呆在了宾馆。现在回想起来，我真不该躺在床上。）

这一现象极大地引起了我的注意，因为在事件发生后不到一年时间，铺天盖地的评论开始呈现同样的模式，持续15年依然没有衰退的迹象——原因是，巴克纳的故事几乎可以类推到当代作者笔下的各种不幸遭遇，而上帝恐怕只晓得我们的痛苦源源不断。一个又一个报道不断地叙述事件的情况——既然真实的故事足够有冲击力，为什么球迷们没有从活生生的记忆中复现出准确的事实？但我同样注意到，有相当比例的报道发生了微妙的甚至不自觉的变化，将实际事件改写成了特定的错误版本，这正是典型故事"要不是这样"所需要的悲剧结果的"要素"。

我读到的错误报道越来越多，它们都遵循典型故事的要求：要不是巴克纳的腿，红袜队就能够赢得世界大赛。这种说法没有考虑，在巴克纳犯下失误的时候，比分是追平的，甚至忘了这不是世界大赛的决赛。这样的曲解比比皆是，有时出现在匆忙写就的日报上，有时出现在精选的书籍中，形形色色的诗人和学者喜欢将棒球作为人类生活乃至宇宙历史中重要事物的隐喻。［我写信给一些作者指出错误，他们都如此这般做了体面的回应："天哪，我真蠢！那时候比分确实是追平的。哎呀（有时候还要请出玛利亚、约瑟夫之类加以感叹），我只是忘了嘛！"］

例如，《今日美国》日报 1993 年 10 月 25 日的头版讨论了 1993 年世界大赛中米奇·威廉斯的滑稽动作，并与无辜而不幸的比尔·巴克纳进行了一通很不公平的比较：

至少就现在，威廉斯大概可以取代比尔·巴克纳的位置成为替罪羊了。1986 年 10 月 25 日对巴克纳来说是梦魇一样的日子，他所效力的波士顿红袜队只差一步就可以夺下自 1918 年以来的第一个世界冠军，但巴克纳却放任穆基·威尔逊的地滚球从两腿中间溜过去了。

又比如，1999 年 10 月 13 日《纽约邮报》列举的红袜队的不幸，当时红袜队正要和扬基队进行季后赛的第一场比赛（毫无疑问前者输了）：

在 1986 年世界大赛的第六场比赛中，穆基·威尔逊的地滚球从比尔·巴克纳的双腿之间滚过。而当时，红袜队距离世界冠军仅一步之遥。

再比如，我们可以从精装书中举出一个更富于诗意的例子。一位真正的诗人，也是忠实的球迷，在一篇优美散文的结尾，用优雅的笔调改写了一首描述棒球

比赛失败的经典诗歌《凯西在击球》：

胜利的巨大喜悦转瞬即逝，失败的苦涩却久久难忘，这是逐渐养成的人类的共性。随着凯西的失败，我们一起出局了。虽然比尔·巴克纳用他的平直球和完美防守赢下了一千场比赛，但我们只记住了世界大赛第六场的第九局，在那次失利中，球莫名其妙却无可回避地从他的双腿间滚过。

接着，人们喜爱的典型故事遭到了小小的破坏，语气变得不那么甜蜜了："但我不知道之后会有多少次出局，也不知道谁会赢。红袜队失去了领先地位，比分被追平了。"事实会呈现出属于自己的雄辩，在叙事上勇敢地增加复杂性往往比典型故事单纯而刻板的要素更加多彩。但我们内心深处的某种力量仍然会将杂乱的事实改造成典型故事，用意识强加于这个世界。

有读者会问，为什么我要在一本博物学著作中加入这样两个看起来与科学问题毫不相干的美国历史故事？我简单重申一下开篇提到的一般性观点，人类是一种寻求模式、喜欢讲故事的生物。这一思想倾向大部分时候可以起到很好的作用，但也常常会妨碍我们对各类时序事件的思考，比如自然界的地质变化、生物演化和人类历史。我们会因此忽略生活的真实性和繁乱的复杂性，按照人类故事"发展"的若干方式进行简化。我把这些发生偏离的叙事归入"典型故事"。同时认为，因为宣扬勇气等动机（以解释这些模式形成的原因）而赋予故事目的性（以解释模式）会歪曲我们对复杂现实的理解，实际上，不同模式和不同秩序常常交替占据优势地位。

我有意选择鲍伊的信和巴克纳的腿这两个故事，借以说明典型故事可以通过两种方式曲解我们对实际模式的理解：首先，在吉姆·鲍伊的信这一传说中，人们忽略了无法纳入典型故事的重要事实，这样的忽略甚至无需隐藏真相，真相可以近在咫尺（正如阿拉莫博物馆中陈列的鲍伊的信）；其次，在比尔·巴克纳的腿这一传说中，我们按照可预见的方式错误解读了很容易想起和探明的真相，因为这些真相不符合典型故事发展的需要。

熟视无睹、误解事实以满足典型故事需要是常见错误，这些错误不仅在历史追溯中出现，也频繁发生于科学研究中。最后举个显而易见的例子。在对生命发展历史的典型误读中，我们对自然的大部分多样性视而不见，却围绕复杂性的增加编织故事，将之作为演化理论、生命发展历史的核心主题和构成原则。就这样，我们将特权不正当地赋予了一种刚出现不久的、历史短暂的物种，显然，这种生物演化出了思考这类问题的非凡智力。

这一愚蠢而狭隘的偏见让我们对生物演化最主要、最成功的产物熟视无睹：难以摧毁的细菌在过去 35 亿年的化石记录中一直是生命形式的代表（最常见的生物）［而现代人（智人）的存在时间甚至不足 50 万年，别忘了 1 亿年中有 200 个 50 万年］。更不要说多细胞的动物了，昆虫占据了所有多细胞物种中约 80% 的门类，我想只有傻瓜才会相信 10 亿年后仍然生活在地球上的是人类而不是昆虫。

对于生命发展历史上更复杂的模式，典型故事的曲解倾向于制造围绕勇气展开的故事，还用我举我们从小阅读的关于脊椎动物演化的经典故事和亚瑟王神话中讲述的古代骑士、勇武之人的例子吗？当我看到陆地脊椎动物最早的外观、看到最早飞起来的昆虫时，我几乎是战栗的。它们被描述为"征服者"，虽然在我们的通俗文学中，这个修饰语显得傲慢矜持。

我们还固执地认为，恐龙是天生的失败者，它们被更高级的哺乳动物取而代之。但我们同样清楚，从哺乳动物开始出现的那一天起，恐龙就比哺乳动物繁盛，这样的情况持续了 1.3 亿年之久。直到地球遭到天外物撞击，大灭绝清除了恐龙，哺乳动物才等来自己的机会。其中的缘由我们还不太清楚，但这样的事件恐怕和人类所谓的勇气没有明显的关联。哺乳动物的机会来自宇宙中的偶然事件，而不是什么本质的优越性（这理所应当地被类比为勇气）使它们能够挺过这场灾难，有可能在很大程度上还得益于哺乳动物较小的体型。在适于大型生物存活的环境中，哺乳动物无法与恐龙抗争，但也正因为此，它们幸运地隐藏在安全地带存活下来。

要理解脊椎动物演化的形态和复杂性，就必须抛弃这种愚蠢的想法：最早的两栖动物能够征服陆地，某种程度上因为它们比至今生活在海洋的大多数鱼类更大胆，所以取得了更大的进步。不管怎么说，在今天的脊椎动物中，鱼类仍然占据了一多半，它们完全可以被认为是脊椎动物中顽强存在的最成功的种类。所以，我们是不是应当采用"没有哪里比得上家"这样的典型故事来取代那些充斥着帝国主义商业扩张意味的征服故事？

假使我们一定要通过讲故事来解释周遭世界（我想我们的大脑就是以这种特殊的方式工作的），那么，至少要让我们的故事超越典型性达到曲折性，只有这样，我们才可能了解到苍白偏见以外还有那么丰富多彩的内容，同时仍可以用人类的语言实现我们的需求。罗伯特·弗罗斯特[5]领悟了故事的角色和必要性，以及非典型故事的自由度，于是在 1942 年，他提前为自己撰写了墓志铭，作为他深沉智慧的缩影：

如果要用墓志铭讲我的故事

那么短短一句话就够了

请在墓碑上刻下

我和这个世界有过情人般的争吵

04

真正的完美

1889 年 12 月 8 日，英国喜歌剧舞台上两位黄金搭档最后一部成功合作的作品《贡多拉船夫》首演的第二天，威廉·施文克·吉尔伯特写信给老和自己闹别扭的阿瑟·沙利文爵士，语气一如既往地轻松平常："我得再次感谢你对这部作品的杰出贡献，这部作品或许会因此一直闪耀到二十世纪。"在他们成功创作的第一部大型喜歌剧《魔法师》（1877 年）中，剧中人物约翰·韦林顿·韦尔斯能够召唤一位"蛰居的灯神"，他只要"眨眨眼睛就能预测未来，窥见让未来免遭危险的信物"。不过，人们怎么也想不到他的缔造者也有同样的才干。

一百年后，迈克·利拍摄了电影《酣歌畅戏》*。这部电影围绕 1885 年创作和首演的《日本天皇》展开，《日本天皇》是吉尔伯特和沙利文最具声望的作品，这部电影极好地展现了两人复杂的合作关系、维多利亚时期的戏剧界和创造力的本质。就在新千年的前几天，这部电影在纽约首映，完美印证了吉尔伯特的

---

*   这篇文章是受 1999 年 12 月利的电影的首映式启发写成的，但文章绝不是影评（一种最短命、最不值得重复发表的文学体裁），也没有提及电影。确切地说，是我厚着脸皮借用利的精彩电影来写这篇基于自己过往情感体验的文章。这篇文章最早发表在《美国学者》杂志上。

吉尔伯特笔下的魔法师——约翰·韦林顿·韦尔斯

预言。吉尔伯特在寄给沙利文的短笺中曾提到剧中人韦尔斯先生的灯神，不过他想到的仅仅是"给我们带来无限回报的小小预言家"。

必须承认，因为个人原因，我为吉尔伯特和沙利文作品再度流行、再度受到关注而欣慰——他们的十三部喜歌剧（第十四部作品的乐谱已经失传了）一直被认为是维多利亚时代（稀少）的遗产中最不值一提、最陈腐的部分，骄傲的现代知识分子甚至耻于提起它们。而现在，经过几十年的（相对）沉寂，我终于可以大声宣布：我发自内心地喜爱他们的作品，这些作品能够帮助人们了解人类潜能最隐秘、最难以捉摸的角落，是绝对完美的缩影。

在我 10 岁到 12 岁的懵懂年纪，吉尔伯特和沙利文就点燃了我生命的激情。我会花好几个月时间，五分一毛地攒起 6.66 美元，去山姆古迪商店购买每部歌剧的伦敦老唱片，听上一遍又一遍。靠着年少时的死记能力，我不知不觉就记住了这些歌剧的所有台词和曲调。（现在，我试了各种方法也无法抹去这些记忆，但我有可能完全想不起来上周学了什么——人类的精神世界真是又奇特又矛盾。）

自然而然地，这一时期过去了。13 岁那年，我观看奥利维娅·德哈维兰饰演梅德·马里安的演出（当然是和埃罗尔·弗林饰演的罗宾汉[1]搭档）。透过白色绸缎，她若隐若现的乳房牢牢吸引了我，唤醒了我朦胧的青春。（几年前，我遇到了德哈维兰女士，岁月为她带来了不一样的韵味，却又一如既往地美丽。我告诉她我的故事——不过我隐去了乳房的遐想。与想象中的她不同，德哈维兰女士非常和蔼，令我肃然起敬。这是我生命中值得纪念的一件大事。）自此之后，我就不像以前那样沉迷吉尔伯特和沙利文了。不过，那份热爱从未褪去，那些记忆也丝毫没有泯灭。

于是，和众多萨瓦歌剧[2]爱好者一样，我陷入了持续数十年的矛盾：自诩为知识阶层的一员，却沉迷于这种低级、最多抬高到中级的典型老旧娱乐方式，我有点儿不安，甚至觉得内疚。我担心这样的热爱不过是对年少时光的执念，只有无聊的现实像疯长的野草一样散布于青春壮丽的草原时，这些不值一提的花朵才显得光鲜夺目，而我不过是拒绝承认这样的事实。还有两个因素也导致我的担忧不断加深。

首先，吉尔伯特的一些文本对现代听众来说确实显得笨拙而不自然。比如，在《彭赞斯的海盗》中，他没完没了地使用"孤儿（orphan）"作为"常常（often）"的双关语[3]；更糟糕的是《尤利乌斯·凯撒[4]》，在讨论修补工作的开场白中，吉尔伯特又使用"灵魂（soul）"作为"孤独（sole）"的双关语，使用"钻子（awl）"作为"所有（all）"的双关语。或许，吉尔伯特的所有剧本都或多或少表现出这样的稚拙。而这些疑虑也会导致我们对沙利文的音乐产生怀疑：虽然对于维多利亚时代的听众来说，这些乐曲诙谐而动听，但现在，人们却批评他的音乐矫揉造作（比如《丢失的和弦》曾被誉为史上最伟大的歌曲，如今却遭遗忘）、华而不实（比如《前进的基督战士》）。

其次，公众关注度的下降也会加剧人们对作品质量的怀疑。一方面，吉尔伯特和沙利文的作品已经渐趋消亡，至少对于数量庞大的业余演出来说，他们的歌剧被挤到了边缘地位；另一方面，富于声望的专业人士又时不时涉足这些作品，为增添趣味性常常进行较大的改编（比如约瑟夫·帕普制作了《彭赞斯的海盗》的摇滚版，再比如二十世纪三十年代改编的《火热的天皇》，后者很受欢迎，在极具历史意义的华盛顿福特剧院上演）。吉尔伯特和沙利文曾经供职的公司——英格兰多伊利卡特歌剧院，经过 100 多年的运营后，因为缺乏关注、演出质量堪忧，在大概 10 年前就倒闭了。而美国最好的专业演出团体纽约吉尔伯特和沙利文剧团（New York Gilbert and Sullivan Players），似乎也在用首字母缩拼词 GASP 调侃自己不断下降的地位。

即便如此，除了偶尔的疑虑，我仍然相信，吉尔伯特和沙利文的喜歌剧在当时（乃至后来）的诸多作品中出类拔萃，相较而言，那些批评不值一提。就算是像维克托·赫伯特[5]和西格蒙德·龙伯格[6]这样的天才作曲家也不能掩盖他们的光芒。他们的作品展现了绝对完美难以表述的品质，实现了所有创造性工作的目标，使得最难培养甚或定义的人类属性具体化。

彼得·雷纳在为《纽约》杂志撰写的《醋歌畅戏》影评中称赞说："吉尔伯特和沙利文的艺术之美在于，这些作品不那么重要，却获得了超越很多重要作品的生命力，令人深深陶醉，这也是他们艺术的神秘之处。"不过，假设我们继续把艺术分成主要和次要两大类，我们将无法真正了解完美。

我们所处的世界是分形的，区别主要（比如在纽约大都会歌剧院演出的男高音）和次要（通常被认为具有世俗意味，比如在乡村小院自学成才的班卓琴手）的尺度并不代表内在价值的优劣。每个尺度都有一个形状完全等同的围栏囊括其中的所有作品，每个围栏内都有占据着极少数作品的一个小角落是绝对完美的。也就是说，假使我们裁取"次要"艺术的一角，得到它的放大图像，和通过倒置双目镜观察"主要"艺术的相同部分，看到的图案其实是一样的。将这两种情况下的图像贴到同一面墙上，"主要"和"次要"的区别就不复存在了。所以，我们必须采用另外一种标准衡量与尺度无关的优劣。

接受过达尔文主义训练的我，免不了赞同这样的观点：生命力顽强是判断物种是否完美的首要标准。小时候，我和弟弟打赌说，贝多芬的乐曲肯定会比名噪一时的摇滚《超越贝多芬》[7]活得更长久。虽然没拿到赌资，但我当时的看法很有远见。不过，一旦我们承认，主要艺术不等于持久，次要艺术不等于短命，甚至进一步地，我们取消主要艺术和次要艺术的分野，那么，吉尔伯特和沙利文作品的强大生命力就不会因为归属于次要艺术而显得神秘了。然而，在去除了这种习惯上的分野之后，神秘感不但没有消失，反而加强了：为什么是他们的作品，而不是同时代其他人的作品，能够流传至今？如果说生命力在于完美，那么我们如何能够识别这种极为隐秘的品性，做出前瞻性的判定，而不是坐等时间给出答案呢？

对于这个问题之中的问题，我没有什么特别的想法。不过，我的一点点儿离奇经历与吉尔伯特和沙利文有关，或许能够引发一些有用的讨论。除非艺术家完全不打算让周围人感受到他的努力，否则，不论作者是否有意为之，一切真正完美的作品都应该，也必须符合，两个层面的要求。同时，我也认同精英们的观点，只有很少的受众能够完全了解一部完美作品的新颖、独特之处——最开始的时候恐怕一个都没有。

就"高雅"一面来说，主要有这么两个因素：创作动机高于同时代的理解力（也就是常说的"领先于时代"，但这句话存在误导性，因为时间先后不等于质量高下，创作于 35,000 年前的肖维岩画是人类已知的最早的艺术作品，它完全可以媲美毕加索最好的作品），或者技艺精湛乃至曲高和寡。

不过，就"世俗"一面来说，完美作品又必须能够让具备一定鉴赏能力和经验的受众感受到出众之处（即便他们不能完全理解），进而成为作品的"粉丝"。十八世纪中叶，生活在莱比锡的那些热忱的音乐爱好者，即便没有经过任何训练，也应当能够欣赏托马斯教堂的演奏，能够享受巴赫[8]的作品，感受到它们的神圣与迷人，意识到这些作品和所有听过的其他音乐都不一样。又比如，像我这样的现代歌剧爱好者，或许会去听莱文指挥，多明戈、沃伊特和萨尔米南演唱的《女武神》。随着纽约大都会歌剧院管弦乐团的演奏，第一幕乐声响起，我们就会不由自主地感受到这一杰出作品的超凡脱俗。

我想所有"不合时宜"的天才，只要还没疯，就一定会有意地从上述两个层面雕琢自己的作品：既能够为同时代有鉴赏眼光的狂热爱好者欣赏，又具有柏拉图式的理想（或许会在未来得到理解）。因此，在"世俗"层面上，巴赫作为当时最好的管风琴师，必须接受相应的声名（和薪酬）和教堂职位（很多人不喜欢曲调中加入的即兴演奏元素，觉得这些不过是画蛇添足、故作高深；不过对于内行一些的人来说，这样的元素值得敬畏和尊重）。在巴赫时代，人们还没有所谓创新天才的现代概念，我们甚至无从得知，巴赫本人是如何看待自己的独特性的，而不仅仅是知道自己非常优秀。所以，从柏拉图的层面上，巴赫或许是在为天使作曲。同样地，达尔文也认为，他的毕生工作既存在所有知识分子都能够理解的"世俗"层面（演化的事实证据），也存在甚至连最铁杆的支持者都无法完全理解的"高雅"层面（自然选择学说，这一基于激进原理的学说推翻了以往所有关于生物历史、生命设计的概念）。

对于那些致力于所谓"通俗"创作的艺术家而言，一部作品两个层面的现象更加复杂、更加突出。精英艺术家并不追求作品的广泛传播，因此"世俗"层面的内容可以得到充分的淡化（同时，"高雅"层面的内容又可以足够私人、足够神秘）。相反，通俗艺术家必须显著降低作品"世俗"一面的复杂性，让尽可能多的人可以理解。那么，他将如何构建作品的"高雅"层面，保证这两个层面不会完全脱节而令作品陷入混乱？

最后，在讨论吉尔伯特和沙利文之前，我还想说明一个关键问题。我所提出的精英主义是完全民主的，是出于结构需要而非基于伦理。（我很少同时涉及伦理，但对结构的要求存在这样的前提：完美作品必然会尊重受众的情感。）通俗艺术家必须时时刻刻、坚持不懈地保持最佳状态，才能够企及完美境界。一旦放弃原则，比如"简化"作品以求"更轻松"或"更广泛"的接受，再比如因为一时倦怠或者时间紧迫而套用旧作，那么，艺术家必将跌入深渊。（我很少言辞如此犀利，但我的确相信，艺术的道路就是如此险峻。）精英艺术和通俗艺术的区别与质量无关，是纯粹社会学的定义，不论是哪种，臻于完美的作品可谓少之又少。恐怕只有棒球明星迪马乔[9]主宰的中外场和多明戈演绎的《寻找维尔塞之剑》能够达到这样的境界。

所以，我认为，吉尔伯特和沙利文的作品能够流传至今，正是因为这些作品在两个层面上都做到了极致，从而表现出独特的美感：在"世俗"层面，所有喜欢这类作品的听众都能理解他们的剧作（这些作品的情节逗人发笑，旋律悦耳动听，用讥刺但不失优雅的方式揭露了所有人、所有文化的自负和弱点）；在柏拉图层面，他们的作品实现了英语歌剧中音乐和诗歌最和谐的融合。进一步地，完美作品需要同时关注、尊重两种层次的受众，而吉尔伯特和沙利文正拥有这样的天赋，他们能够令所有听众都喜欢上作品中不同层面的美感。

沙利文一直期望自己能够继承外裔音乐家韩德尔[10]或者更早的本土音乐家普赛尔[11]的衣钵，成为英格兰最伟大的古典乐作曲家。相较而言，吉尔伯特的目标现实得多，他就是想挣钱好在蒙特卡洛赌场挥霍，满足他各种昂贵的癖好。不过，按照正统社会道德的要求（特别是维多利亚女王只授予了沙利文爵位，并没有授予吉尔伯特之后），沙利文不得不费一点儿心思创作尽量"严肃"的作品，这里面或许有个人品质上的原因，但我怀疑只占很小的比例。即便如此，出于超越功利的热爱和对自己高超技艺的敏锐认知，沙利文并没有去追求那些不符合自己天赋的"过高"目标。

吉尔伯特常常因严苛刻薄遭到批评。不过在他深思熟虑的艺术作品面前，这样的个性倒不是那么糟糕。他关注舞台上的每一个细节，逼迫演员一次又一次排练，直到精疲力尽。演员们都非常敬佩吉尔伯特，愿意全身心地配合，他们也知道吉尔伯特非常看重演员们的职业精神。无论如何，一盘散沙的团队永远不可能造就卓越。

喜歌剧中常常能够暴露出，创作面向大众娱乐的完美作品时"两个层面"的紧张关系——当然，现如今这样的紧张关系更甚于吉尔伯特和沙利文时代（现在民众审美的共同点非常少），那时候，引用莎士比亚的话，甚或一两句拉丁文谐语都能让民众开怀。查克·琼斯用兔八哥和它的小伙伴换来了二十世纪的第一座奖杯。不过，巅峰时期的迪士尼公司为动画作品规定了双重标准，既能够为天真的孩子带来无邪的快乐，又能够通过巧妙的技术手段让老于世故的成年人读出辛辣的讽刺意味，这两方面在作品中应得到协调统一。

《木偶奇遇记》（1940 年）就是依据这种取悦众人式双重娱乐标准打造的第一部巨作。可惜之后，迪士尼迷失了（很可能缘于有意的、出于政治目的的决定），他们的作品裹挟着甜腻的商业气息，不再追求任何一个层面的完美。不过，最近的电影《玩具总动员 II》似乎重新找到了这条艰难而美好的成功之路：在孩子们眼中，这是一部讲述甜蜜寓言的精彩动画片；对成年人来说，他们从这部喜剧中能够看到现实世界进退维谷的黑暗故事（故事指向存在者的宣言"坚持下去"。我们的主人公是根据早期电视明星设计的一枚"值得收藏"的牛仔，他要么选择和爱他的男孩在一起，回到最开始居住的地方，最后成为肢解的废料；要么选择和电视小伙伴们在一起，这些小伙伴是他发现自己身世的过程中遇到的，他们将去日本参展，也就是说，将在一尘不染的玻璃展柜中永生）。

我充其量只能对吉尔伯特和沙利文的艺术进行业余水准的评论，利用一点儿个人的经验来证明优秀作品两个层面的完美。我写的第一本书《个体发育和系统发生》追溯了生物学对于胚胎发育和演化变化关系的观念历史，直到现在，我依然认为，生命一生的系统变化通常能够反映当前世界上生物复杂度逐步提高的历史次序或者分级体系。

正如本文一开始提到的，我在少年时期就喜欢上了吉尔伯特和沙利文，在能够完整理解上下文含义之前，就记住了所有台词和音乐。直到现在，每次我观看演出，都很享受这种奇特而美好又有一点点儿躁动的经历。有一个关于民族印象的古老笑话，在讲究政治正确的时代用来嘲讽那些特权阶层：为什么不苟言笑的瑞士市民总是在周日礼拜的肃穆时刻冒出不合时宜的笑声？这是因为"他们可算弄懂了周六晚会上的笑话"。现在，我在周日享受吉尔伯特和沙利文作品的时候也会有类似的情况，只不过，听懂和理解之间隔了40多年！

靠着孩童时期的死记硬背，我知道每一句台词，但在那个时候还不能理解它们的含义。所以，我像智障学者一样揣着这些文字——完全准确、理解有限。尽管现在完全有能力，但我没有自觉地思考或揣摩文字背后的深层含义。现在的我观看演出时，总会遇到至少一个"瑞士时刻"，突然醒悟道："啊，我真傻，原来这些我早就知道的句子是这个意思啊！"

这里，我不得不停下来强调一个重要的事实。原来我打算顺带提及，而不是如此死板，可没能找到合适的方法，只得勉力为之。借助孩童时期和成年时代对吉尔伯特、沙利文作品的不同感受，确实可以对"世俗"层面和柏拉图层面的两种完美必备要素做出比较，但是人们对孩童时期的一般印象，比如原始、初等、次要、不成熟甚至单纯，这些标签绝不能套用到艺术作品的"世俗"层面上。

（如果我真的认为，哪怕是一闪而过的念头，通俗科学作品中"世俗"的一面是对读者的不尊重或者会导致内容出现偏差，那么我将拒绝写作。因为在这种情况下，完美变成了不可能实现的目标——而我写作事业最重要的动机就是追求两个层面的完美。优秀的科普创作是人文传统中值得称颂的分支，伽利略的两部意大利语著作晓畅易懂、充满智慧，不是什么艰涩的拉丁文论文，达尔文的《物种起源》也足以让所有受过教育的读者理解。）

孩童时期的热爱与"世俗"层面的完美存在这样的共通之处：准确的认知和感受都来自直觉的吸引。其实人类有很多巅峰成就都无法用语言明说，甚至无法用理智解释，总之，我们"知道这个事实"却无法"阐明原因"。比如，我 8 岁的时候就已经是个见多识广的棒球迷了，第一次看乔·迪马乔打球，我就知道他的打法和表现比所有其他人都好。那时候我还不知道"优雅"这个词，当然也不可能系统地阐述什么叫"完美"。

随着年龄的增长，我顺序感受到了吉尔伯特和沙利文作品两个层面的完美——时间上的距离也让我能够明白不同的美感。成年的理解时不时照进孩童时期的记忆，带来单纯的快乐，虽然并不能说明什么是完美，但至少能够帮助我阐述这样的观点。缺乏理解力不会阻止记忆和直觉的吸引，甚至会加强这样的感受。

再举个傻乎乎的例子。我最近观看了《皮纳福号军舰》，再次享受了瑞士时刻：在约瑟芬的咏叹调中，她左右为难，到底是听从真爱追随穷苦的水手，还是和约瑟夫·波特爵士这位"皇家海军的统帅"形成强大的联盟。她这么描述自己的爱人拉尔夫·拉克斯特劳："他没有闪亮的军衔，没有房子和土地，没有一点儿财富，只有一颗可靠的心。"这时候我才醒悟过来，save 可以是 except 的意思 [12]。11 岁时我还不知道 save 有这层含义，满心纳闷为什么财富可以"拯救"拉尔夫的一片真情。而在之后的 45 年间，我也没有回看过这段剧本。

这样的例子有时候令人尴尬，对于自命不凡的学者来说不啻当头一棒。比如，在《艾俄兰斯》中，大法官误以为来自仙界的女王不过是个不知名的女教师，为此他很是自责：

> 异想天开带来麻烦，
> 现在真是左右为难！
> 我理应小心翼翼地
> 和陌生女子谈话；
> 似乎她是一位仙女
> 来自安徒生的故事，
> 而我却以为她
> 只是女子学校的老师！

显然，从"高雅"层面上来说，吉尔伯特进行了一场文字游戏：他有意改变这些词汇的发音，力求与那些重音在倒数第二音节上的单词押韵，特别是这段韵文的核心词汇 fairy（仙女）。但是，我不清楚这些词汇的正常发音，于是自以为是的我一直将 vagary（异想天开）的重音放在第二音节上，直到大约 10 年前，我才意识到发音不太和谐，不得不去翻了词典！

我聆听音乐和歌词时经历的这些瑞士时刻，正是艺术双重美感的生动例子，吉尔伯特和沙利文在这两个层面都达到了旁人难以企及的高度，"世俗"的一面和"高雅"的一面同样值得珍视。我一直都很享受"世俗"层面带来的直截了当的快乐，不过现在，我更喜欢这些作品中少见的优秀品质。步入成年之后，我开始略微注意到双重美感中更深层、更独特的东西。

比如，沙利文通晓古典剧目的所有主要形式，这足以让我们窥见他是如何努力经营作品的"高雅"层面的。沙利文特别欣赏某几类风格的英语字眼和英文版本。在《艾达公主》一剧中，他以高超的技法仿拟了韩德尔的曲作。战斗即将爆发，伽马国王三个无可救药的蠢儿子却忙着卸去碍手碍脚的装备，他们一点点儿拆掉盔甲，伴随着曼妙的弦乐，阿拉奇唱起他的主题："这顶头盔，我想，不过就是用来挡风的吧。"再举一个《艾达公主》的例子，吉尔伯特巧妙地调侃了艾达的狂妄自大，而沙利文为此大胆创作了真正的歌剧咏叹调《女神的睿智》。在原版歌剧中，德沃德·利利出演男高音西里尔，他称赞这段咏叹调说："我觉得，这段乐曲作为夸饰的典范，无人能及。"用时下的流行语言来说，这样的作曲家真是有两把刷子。

出于戏剧的需要，沙利文会模仿古典的手法，写出搞怪滑稽却不失得体的乐曲。不过，不了解沙利文作品"高雅"层面音乐风格的听众是无法领会他的高超技艺的。好在就算大家不了解他所模仿的古典风格，不能理解他有意为之的音乐玩笑，这些乐曲也一样能够带来"世俗"层面的享受。尽管视角有限，我很确定这一点。因为很小的时候我就爱上了下面这两首曲子，它们对我来说显得很"别致"；直到成年，我才理解了这种音乐形式（听懂了其中的模仿）；甚至又经过若干年，我才在某些瑞士时刻突然意识到了其中的音乐幽默。

10岁的时候，我最喜欢《皮纳福号军舰》第一幕中的三重唱《英国水手拥有自由翱翔的灵魂》。吉尔伯特称这首歌为glee。那时候我只知道glee有"快乐"的意思，不知道它其实还可以指代由三个或更多男声组成的无伴奏合唱歌曲。这种艺术形式在十八世纪的英格兰特别流行（这也是所谓glee club的词源，至今我们仍然用这个词称呼某些业余合唱团）。

在从"世俗"逐渐走向"高雅"层面的过程中，我发现这首歌的确是一首完美的复古重唱：拉尔夫·拉克斯特劳、水手长还有副水手长一起用无伴奏的形式演唱了这两段诗句。不过，直到几年前，我才看出其中的笑点。约瑟夫·波特爵士将三份谱子交给拉尔夫，宣称这是他自己创作的曲子"以鼓励底层士兵独立思考、独立行动"。于是，这三个人照着约瑟夫爵士的谱子唱起了还不熟悉的曲调。起初，他们试着用齐唱的方式搞定整个四行诗——按照约瑟夫爵士的想法，整首曲子都应当用齐唱解决。不过，他们毕竟只是水手而已，几乎没有视唱经验。很快，可怜的副水手长就跟不上节奏了。于是，第二段四行诗"变出"了优雅的复音织体，成了一段不折不扣的完美合唱（尤显荒谬的是，令人满意的结果恰恰是通过这样的"缺陷"实现的，迎合了约瑟夫爵士鼓励自己部下独立思考的意图）。

吉尔伯特笔下的英国水手（签有他的笔名 Bab），"一个情绪激昂的人，他那强有力的拳头时刻准备着反抗独裁的命令"

（我相信自己的确理解了沙利文的意图，但让我惊讶的是，现代表演者似乎根本没注意到这一点，或者不觉得观众中会有那么几个能够理解这层含义。我看到，在大约十场演出中，只有两场扮演水手的演员是拿着谱子演唱的，同时副水手长因为跟不上节拍而表现出懊恼的样子。为什么不尊重沙利文的戏剧本能，不去表现他的这个俏皮的音乐幽默呢？哪怕这样的幽默稍微有点儿矫揉造作。对于那些只能感受到"世俗"层面美感的听众来说，这段乐曲和嘈杂唱词中的幽默感已经足够好了。然而，充分尊重并表现两个层面的内涵是达到完美的必要条件。）

《日本天皇》中的牧歌《天亮了，结婚的日子到了》也采用了类似的手法。云云正在准备她和南基普的婚礼，一个小小的"不足"是，她的丈夫得在一个月后被斩首。包括新郎、新娘在内的四位歌者希望能够振奋起来，于是唱起了这首由两段歌词组成的牧歌——同音部分与多音部分交替出现的四重唱。最开始，歌手们的情绪是昂扬的（"向您问好的快乐时光"），但很快，他们就陷入了低落（"所有人都不得不品尝悲伤"），不过两段歌词的结尾都很达观（"唱一首快乐的牧歌吧！啦啦啦"）。

要"发现"全部笑点，就必须注意到音乐本身的拘谨和古板，这样的刻板与歌者逐渐阴郁的文辞和低落的情绪形成了对比。吉尔伯特让歌手们纹丝不动地表演这首四重唱，就好像是在正式的音乐厅中表演古老的牧歌——这让不断加深的绝望与一成不变的时尚形式构成了几近荒诞的对比。就这一点来说，我觉得大多数现代导演能理解吉尔伯特的意图，但怀疑没有几位听众了解牧歌的音乐语言和定义，因此形式和情绪之间的对比必须通过其他手段加以强调。我并不反对这样的现代化，显然，这样的改变是尊重作者意图的，但不同导演都有表现自己洞察力的手段，其效果真是天差地别。

在这一点上，乔纳森·米勒的演绎简直成了一次完美演出的败笔，这次演出在英国的一处海滨胜地举行。（吉尔伯特最大的玩笑在于，《日本天皇》借用的日本场景不过是个幌子，每个人物都源自英国，不过披上了东方风情的服饰而已：看起来彬彬有礼的上等人天皇将受害者扔进沸腾的油锅里，却在处死之前邀请受害者前来喝茶；他的那个败家子儿子；还有冒充贵族的普巴，为了获得奖励什么活儿都愿意干，给他起的这个名字就是做多份工作、拿多份薪水的意思。）米勒按照吉尔伯特的风格，让歌手纹丝不动地表演这首四重唱，同时，让工人们不停摆弄工具、挪动梯子布置场景，来强调核心的对比。这或许是个好主意，但问题是，现场工人的干扰和源源不断的噪声让人根本听不清他们在唱什么，这可是沙利文谱得最棒的曲子啊！相对而言，加拿大斯特拉特福德公司的做法就很聪明。他们意识到大部分听众无法从歌曲本身领悟到音乐结构和情绪变化之间的关键对比，于是布置了日本茶道的场景，借用非常容易理解的视觉形象表现音乐特征，同时又没有破坏乐曲的视听效果。

虽然随着时间的推移，我越来越喜欢沙利文的作曲；不过，和大多数萨瓦歌剧迷一样，我仍然认为，吉尔伯特写作的剧本对合作作品的生命力来说显得更加关键。（吉尔伯特或许能找到另一位还过得去的作曲家；但阿瑟爵士就不一样了，虽然他的才华无人可及，乐曲品质极佳，但假使没有吉尔伯特写作的剧本，他大概会像维克托·赫伯特一样，渐渐被人遗忘。）因此，吉尔伯特带给我的瑞士时刻让我格外兴奋，我不得不惊讶自己到底错过了多少好东西，又不得不赞叹其人其才。热爱世俗艺术的吉尔伯特竟然能够在不破坏作品本身的情况下，布置了那么多难以被觉察的手势和隐语，同时"世俗"层面的美感依然显而易见。《皇家卫队》中他设计的小丑杰克·普安曾经这样叙述自己的两面性：

我可以嘲弄，可以调笑

用讥讽和荒谬

逗得平民哈哈大笑

而对尊贵的你们

我的讥讽别有深意

我有思想，我能让你们在欢笑中有所发现

撇去那些荒唐的话语，你们将发现

玩笑背后还有真理

吉尔伯特的小丑杰克·普安正在表演"玩笑背后还有真理"

就此而言，吉尔伯特比杰克·普安更高明。举一个剧本结构的例子，我曾无数次聆听《皮纳福号军舰》第二幕开场时科科伦舰长和小芭特卡普的二重唱。芭特卡普暗示有个秘密，一旦揭开，舰长的身份将彻底改变。（一如吉尔伯特式的颠倒乾坤，我们之后看到，芭特卡普"很多年前"当过舰长的女佣，她不小心搞混了两个婴儿——另一个婴儿正是拉尔夫·拉克斯特劳。已经被证实出身高贵的拉尔夫现在可以合情合理地迎娶舰长的女儿，而舰长却沦为地位低贱的人。）从 10 岁那年起，这首歌对我来说就是披着神秘面纱的一连串同韵俗语。直到几个月前的瑞士时刻，我才突然意识到其中的文本结构。（顺便要说明，我并不觉得这段文本有什么特别的深奥之处。只不过想告诉大家，吉尔伯特一直利用自己的聪明才智谨慎细心地创作剧本，哪怕大部分受众有可能注意不到这些细节。毕竟，人必须尊重自己的工作。）

我一直觉得，芭特卡普使用的谚语就是指化装舞会和地位的变化，她这么暗示舰长：

    每个家庭都有败家子；

    闪闪发光的不见得都是金子；

    鹳鸟其实只是木桩；

    公牛不过是充了气的青蛙。

不过，科科伦舰长的回答却让我难以捉摸。面对芭特卡普的警示，他直截了当地表示自己很困惑："神秘的女士，我好像没听懂您的意思。"于是他绕开这些谚语，以自己的理解温和地回答：

    即便聪慧与我无关，

    我也可以这样喋喋不休。

简单的句子昭示了吉尔伯特的高超技法，这样的智慧遍及剧本的每一个细节。舰长也说出了两对成韵的谚语，可是，每一对谚语都是矛盾的，歌词的结构渲染了舰长内心深处的迷惘：

猫会死于忧虑；

美人属于真正的勇士。

对瞎马点头、眨眼都是一样；

棍棒底下出孝子。

（要知道，这些年我并不是唯一一个没领会文本含意的人。我问了三位朋友，他们都拥有广博的知识，也很了解吉尔伯特，但没有一个人意识到文字结构中隐藏着舰长的迷惘。）

皮纳福号军舰的舰长正在听芭特卡普讲一段同韵俗语，这段话暗示了一件令人尴尬的事

再举一个吉尔伯特在结构上用心雕琢的例子。《鲁迪戈》第一幕终曲的开头是三段诗，分别由不同的角色演唱，表达了对突发事件的不同感受。（吉尔伯特在这里仿拟了情节剧，罗宾·奥克阿普尔刚刚被发现其实他就是声名狼藉的鲁思文·穆加特罗伊德，也就是鲁迪戈家族的准男爵，他遭到女巫的诅咒不得不每天犯下一桩罪行。这一事实让他的弟弟德斯帕德如释重负，多年来他替潜逃的哥哥背负着骂名和诅咒，现在他终于可以过上平静的生活了。而同时，鲁思文的义兄弟、背叛者理查德·当特莱斯则用卑鄙手段得到了他们共同追求的罗丝·梅巴德。）

这三组演员分别通过一连串隐喻表达自己的喜悦。但是，我一直没弄明白吉尔伯特笔下这些比喻的结构，有一句诗让我非常困惑，直到最近一次看演出，我才迎来了瑞士时刻。由于理查德的背叛，两位热恋的年轻人理查德和罗丝走到了一起，他们表达自己的喜悦如同那些当下就得到满足的生灵：

快乐啊！百合花得到蜜蜂的亲吻……
快乐啊！小母马发出骄傲的嘶鸣。

德斯帕德和他的爱人玛格丽特得到了解脱，即将过上好日子。他们描述自己的快乐如同经过漫长等待终于盼来的自然景物：

快乐啊！六月盛开的鲜花，
快乐啊！迎来上天恩赐的阴凉。

不过，最后一组歌词彻底让我迷惑了：

> 快乐啊！草地上那朵怒放的花儿，
>
> 还有坐在树上的负鼠。

吉尔伯特为什么要提到一种远在美洲的有袋类动物呢？仅仅是为了凑齐韵脚吗？草地上的一朵花儿与鲁迪戈有什么相干？直到我在技术词典中查阅了"草地（lea）"的定义，才算搞明白吉尔伯特的意图——城市长大的孩子能知道什么？lea 是指暂时种上牧草的耕地。所以，这两句诗所用的意象是两种既遥远又不相称的景物：一只生活在美洲的、与主题无关的负鼠和一朵在草丛中盛开的孤单的花儿。而演唱这段诗句的三位歌手都将被迫漂泊，或者因为难以掌控的命运成了多余的存在。比如汉娜，她是罗丝的伯母，也是她的养育者，现在就要开始一个人的生活了；比如佐拉，她也爱着理查德，可是现在，她就要失去所爱的人了；再比如亚当，罗宾的忠仆，现在不得不和身份被揭穿的鲁思文一起面对不停犯罪的痛苦生活。

至此，我终于读懂了整个终曲的结构，从即时的感官愉悦逐渐过渡到哀伤。从罗丝和理查德的欣喜若狂；到德斯帕德和玛格丽特对未来生活的憧憬；再到汉娜、佐拉和亚当即将成为彻底的旁观者；最后到由鲁思文独自演唱的诗句，他宣告自己就是那个新的被诅咒的倒霉蛋，这里的比喻比所有提到的（也包括其他没有提到的）都要糟糕：

> 唉，正在签署契约的可怜的负债者！
>
> 还有那谁都读不懂的令人懊恼的条文！

鲁思文引用这些比喻也于事无补，他还得去主动犯罪：

> 但这些和
>
> 某个人相比都算不了什么
>
> 我是说那个
>
> 身负诅咒的人——
>
> 也就是我！

再一次强调，我无意说明吉尔伯特的作品是否深刻，只想赞叹他不断雕琢文字的匠人精神，他能让我们一次又一次发现之前没有注意到的闪光点。从这一点上说，我们可以把吉尔伯特与中世纪的教堂建造者相提并论，后者将雕像置于屋顶，只有上帝能看到，人类见不到，也无法表达赞美。而在实际演出时，歌手用很快的语速演唱吉尔伯特的诗句，伴随着密集的管弦乐，围绕着冗长的合唱，没有人能听清所有的词句。所以，在《鲁迪戈》第二幕中，吉尔伯特写作了一段三重唱急口歌，最后几句是不是意味着，所有艺术家都需要时不时地打破自我欣赏，以免毁于自大？

> 这段速度超快又晦涩难懂的急口歌
>
> 大概没人能够听清，因此也就不重要了。

斯图尔特大法官有句著名的评论，一如（如果他不是有意为之的话）吉尔伯特的风格，即他可能搞不明白什么是色情文学，但绝对能一眼认出令人捉摸不透的作品。关于什么是完美，我不清楚大家到底能够达成什么样的共识，只要不是完全相反，有交集也行。但是，当我还只能从远方模糊地感受到（犹如隔着一层深色玻璃）柏拉图层面的美感时，吉尔伯特和沙利文的"世俗"美感就已经征服了我。现在的爱好者不必为浮于表面的喜爱感到忏悔，通俗美也是无价之宝。

科科为了赢取卡蒂莎的欢心，也为了拯救自己的生命，编造了一个令人动容的悲剧故事。故事里的小鸟因为爱情破灭伤透了心，于是投河自尽。随着沙利文谱写的哀伤歌曲，吉尔伯特施展生花妙笔。科科的整个故事围绕一个微不足道的凭证展开：小鸟在每句诗中反反复复说一个神秘的词"有山雀唱歌的柳树"。只要方法得当，就算是丰富多彩的世界中最不起眼的材料，也能够成就令人难以置信的完美。

科科为了赢取卡蒂莎的欢心，也为了拯救自己的生命，吟诵了一个"有山雀唱歌的柳树"的故事

05

艺术和科学相遇在《安第斯之心》：丘奇的绘画、洪堡的去世、达尔文的名著、自然的冷漠缘系 1859 年

　　1859 年，弗雷德里克·埃德温·丘奇绘制的《安第斯之心》在纽约首次展出，引起了广泛的关注和轰动。这幅画作将若干表面上对立的元素糅合在一起，呈现出典型的美国式风格——商业化与艺术性、浮夸与深刻兼而有之。《安第斯之心》的幅面大于 10 英尺 × 5 英尺，被置于一个巨大的画框中，单独陈列在昏暗的房间里。光线经过仔细的调整，墙壁蒙上了黑色，丘奇从南美洲采集的干花等纪念品也让屋子显得更有格调。这幅巨作令前来参观的游客惊叹不已：远处高耸的安第斯山覆盖着皑皑白雪；近景绘制极为精细、准确，丘奇因此足以被誉为植物画界的凡·爱克[1]。

　　不过，公众的兴趣不仅在于艺术，更在于价格。据传，购买这幅画作史无前例地花费了 2 万美元（实际上 1 万美元在当时就已经是天文数字了）。公众对丘奇巨幅画作的兴趣不断地表现出多重因素构成的张力。在索思比拍卖会上以 250 万美元天价成交的一系列藏品有：一家博物馆展出的其以北极圈风貌为主题的画作《冰山》、最初的三幅照片、油画的复制品、丘奇的肖像和拍卖商

落槌的照片。"这是美国艺术品拍卖史上［或者说在拍卖的那一年 1980 年之前］的最高价格，观众们为此欢呼雀跃。"

另一种更加重要的张力则来自人们所认为的艺术和科学之间的冲突。这种张力缺少根据，但在当前学术界针对丘奇及其自然观、绘画观的讨论中占据着主要地位。不过，这样的张力是回溯性的，也就是说，在丘奇绘制了最著名的画作之后，我们才开始关注到这样的区分。关注科学的准确性、表现自然的美感和意义，这两件事在丘奇手中毫无疑问是同时发生的。这样的信仰源自丘奇的精神导师、伟大的科学家亚历山大·冯·洪堡，洪堡把风景画列为人类表达热爱自然的三种最佳形式之一。

1859 年，《安第斯之心》在美国展出大获成功后，丘奇将其送往欧洲，重中之重是希望洪堡能看到这幅画。当时洪堡已经 90 岁高龄，60 年前，他开始了伟大的南美之旅，那次旅行成了他成名的起点。1859 年 5 月 9 日，丘奇在给贝亚德·泰勒的一封信中写道：

等你回到柏林的时候，《安第斯之心》大概还在前往欧洲的路上……我把这幅画送到柏林的主要目的就是，想在洪堡面前再现 60 年前让他感到愉悦的美景——他曾经说过，这里的景色是全世界最好的。

可是，洪堡在画作送到前就去世了，丘奇致敬导师的夙愿没能实现。1859 年晚些时候，《安第斯之心》在不列颠群岛举办展览再次取得成功。同年，查尔斯·达尔文在伦敦出版了他的划时代著作《物种起源》。1859 年的这三起大事——《安第斯之心》首次展出、亚历山大·冯·洪堡逝世、《物种起源》出版——正是我这篇文章的核心。我认为，这三起事件从小处说是我们理解科学在丘奇事业中处于核心地位的基础，从大处说是研究艺术与自然关系的基础。

弗雷德里克·埃德温·丘奇绘制的巨幅风景画《安第斯之心》

90

作为一名职业的科学家，我拿不出自己有能力评判或者解读丘奇画作的证据。但可以确定的是，丘奇的巨作令我痴迷（甚至令我震惊），这样的迷醉可以追溯到孩童时代：我在家乡纽约参观大都会艺术博物馆时，《安第斯之心》、中世纪盔甲和埃及木乃伊就深深吸引着我，令我敬畏。*

不过，即便我无权评论丘奇，至少熟悉洪堡、达尔文所擅长的领域。也许我可以说明：为什么洪堡会成为如此强有力的精神领袖，影响了包括丘奇在内的整整一代艺术家、学者；为什么达尔文会彻底颠覆人们对自然的认识，虽然新的自然图景同样值得推崇，但这样的图景让许多固守旧秩序的人陷入了永久的绝望。

当丘奇开始绘制他的巨幅油画时，很可能亚历山大·冯·洪堡就已经是当时世界上最著名、最具影响力的学者了。时至今日，他的显赫地位正逐渐隐没。名声下降只能说明历史评价有奇怪的一面，不见得公允，思想史强调创新却低估大众化的意义。任何时期的伟大导师都会对整整一代人的生活和思想造成深刻影响；然而，理想化的传记却只关注新思想，不去记录新思想得以产生的大环境，导师们的故事也因此逐渐湮没无闻。十九世纪上半叶，亚历山大·冯·洪堡是推动科学变革、进展的第一人，包括查尔斯·达尔文、阿尔弗雷德·拉塞尔·华莱士[2]、路易斯·阿加西（洪堡在关键时期为他提供资助）、弗雷德里克·埃德温·丘奇在内的多个领域的名家都受到了洪堡的深刻影响。

洪堡（1769-1859）在他的祖国德国跟随另一位伟大的老师 A. G. 维尔纳学习地质学。洪堡继承了自己老师对矿业的热爱，发明了一种新型的安全灯和一种用于营救被困矿工的装置。在职业生涯早期，洪堡和歌德结下深厚的友谊，和席勒[3]也有来往。那时候，洪堡热衷于将个人探险与精确的测量、观察相结合，

---

* 大约 5 岁的时候，我第一次参观大都会艺术博物馆，我问我的匈牙利裔外祖母（参见第 1 篇文章），她还是小女孩的时候是否曾在那么遥远的地方穿戴过这样的盔甲，我的问题把外祖母逗乐了。我记得之前母亲告诉过我，外祖母是"中年人"。

发展自然地理学。洪堡发现，山脉和热带地区最能体现生物和地形的多样性，于是 1799 年，他和法国植物学家艾梅·邦普朗一道，开始了为期 5 年的南美之旅。在这次伟大的科学探险中，洪堡采集了 60,000 种植物样本，绘制了数不清的精确地图，写下了一段段抨击奴隶贸易的动人文字，证明了奥里诺科河和亚马孙河的沟通，还留下了攀登钦博拉索山直到 19,000 英尺高度（虽然没能登顶）的登山记录（至少在想要登山的西方人中）。1804 年，洪堡在归国途中访问美国，和托马斯·杰斐逊[4]进行了数次长谈。回到欧洲后，他与西蒙·玻利瓦尔[5]相识、相交，成了这位伟大解放者的终身良师。

后来，洪堡以这次旅行和一丝不苟的记录、日志为核心继续他的学术生涯。在之后的 25 年时间里，他出版了 34 卷旅行记录，配有 1,200 幅铜版纸印刷的图片。不过直到去世，他也没来得及完成所有工作。他绘制的漂亮大地图成了地图界的珍宝。更重要的是（这一点影响了丘奇和洪堡的其他弟子），在 1827 至 1828 年间，洪堡决定要出版一套多卷本的普及著作，要求既面面俱到，又简明扼要。《宇宙》的前两卷分别于 1845 年和 1847 年出版，之后在十九世纪五十年代，余下三卷也顺利出版。很快，《宇宙》被西方所有主要的语言译介，很可能是当时已出版的科普作品中最重要的著作。

显然，丘奇深受洪堡的影响。他捧着洪堡的旅行记录和《宇宙》读了一遍又一遍。那时候，大多数绘画者渴望进行一次欧洲大陆的观光旅行以完成学业、获得灵感；丘奇却反其道而行之，他从洪堡的著作中寻找线索。丘奇拜入托马斯·科尔门下后，首先按照洪堡的路线，于 1853 年和 1857 年来到南美洲的赤道地带。在基多，他找到了洪堡 60 年前呆过的房子并住了进去。在成果最丰硕的 10 年（1855-1865）里，他用油画呈现洪堡的美学思想、表达艺术与科学的统一。即便是与热带毫不相干的主题，也脱离不开洪堡的深刻影响。《冰山》以及丘奇对极地的幻想其实和洪堡 1829 年的第二次远征密不可分，那次远征，洪堡抵达了西伯利亚。在 1867 年之前，丘奇并没有去过欧洲，这片孕育了大部分西方绘画的摇篮之地没能掀起基于伟大创造力的新浪潮。

看看《宇宙》一书的规划，我们就很能理解洪堡的想法了。在前言的第一页，洪堡宣布了整套著作的宏伟目标：

> 促使我这么做的主要动力就是，希望能够在宏观联系中解释物理世界的现象，希望能够以一个整体的形象呈现自然，它的运行受到内在力量的驱动。

之后他补充说："自然，是多种现象的统一，是所有创造物互相杂糅的和谐，哪怕它们的形态和特征各不相同；生命则是推动自然的力量。"对于洪堡来说，自然是统一的整体，内在的法则和力量和谐并存，这样的观念并不仅仅是他的假想，也是他对自然因果关系的看法。这样的生命观、地质观构成了丘奇创作的指导思想，也是达尔文要驳斥的。达尔文认为，自然源自内部和外部（很大程度上是随机的）力量的冲突和平衡。

《宇宙》第一卷以尽可能宏观的尺度描述了科学，也即我们现在所说的自然地理学。大到最遥远的星球，小到决定植物分布的土壤和气候的细微差异，洪堡都囊括其中。（从本质上说，《宇宙》是一部地理学著作，主要讲述事物的自然形态和分布位置。所以，在论述中洪堡很少提及传统生物学，他对生物的讨论主要基于地理分布和它们对环境的适应。）

洪堡的自然大统一观念贯穿《宇宙》一书。如果说第一卷是对宇宙的客观描述，那么第二卷则讲述了人类认识自然的历史和情况——这部分著作堪称瑰宝，它措辞得当、文笔优美，放到今天也丝毫不减当年的光彩。（《宇宙》的后三卷，隔了很多年才出版，是对客观世界的个案研究，流行程度一直比不上前两卷。）洪堡这样描述他的总体规划：

> 我希望从双重视角来观想自然。第一，我试图用完全客观的笔法描述自然的外部现象；第二，我尝试反映这些外部现象对人类内心理智的影响，即他们的思考和感受。

洪堡在第二卷的开头讨论了三种（他所认为的）表达热爱自然的主要手段——诗歌、风景画（还用我再重复说一遍对丘奇的影响吗？）和外来植物的培育（丘奇收集了大量风干的、经过压制的热带植物）。在第二卷的剩余部分，洪堡用过人的学识和详尽的注释，讲述了人类看待自然世界的观念的发展史。

和所有伟大的智者一样，洪堡努力践行着启蒙运动[6]的理想，完全不亚于伏尔泰[7]、戈雅[8]或者孔多塞[9]。如果他活得够长，能度过启蒙运动最为繁荣的时候，他所坚持的信念将成为矗立于崩塌世界之中的灯塔。洪堡宣传启蒙运动思想，即随着知识传播速度的加快，人类历史将在不断进步的同时走向和谐。人们当前的成就可能各不相同，但所有种族的进步都是彼此仿佛的。十九世纪最著名的平等宣言是由一名科学家发出的（另见第27篇），洪堡为此写道：

> 将全人类联合起来，也就破除了种族优劣的压抑论调。有些国家比别的国家更有教养、更文明、精神境界更高，但这些国家并不比别的国家高贵。所有的人都享有相同的自由。

洪堡对人类进步的信仰是自由主义式的，他强调的联合与某些保守人士所持有的区别对待观念很不一样。比如，埃德蒙·伯克[10]等主要的反自由主义人士认为，感觉和理智分属完全不同的领域，大众都是情绪化的，情绪会导致危险和毁灭，只有精英人士拥有理智，具备建设能力和管理能力，所以，大众必须接受精英人士的限制和统治。

洪堡的观点正与此相反，他强调感觉和分析、情感和观察是相互统一、彼此促进的。在引导得当的前提下，情感不是导致愚昧的危险力量，而是热爱自然的先决条件：

> 星云和恒星密布于穹庐一般的夜空，郁郁青草覆盖于生长着棕榈树的肥沃土壤。对于那些不习惯探索自然现象彼此关联的人来说，这或许算不了什么；但对于那些勤勤恳恳观察自然的人来说，这样的景象一定会令他印象深刻，敬佩创造力的伟大。所以，我实在无法苟同伯克的话："我们的赞叹和热情，正是因为忽略了自然事物。"

在浪漫主义的幻想中，无拘无束的感受胜于枯燥的精准观察和测量，但启蒙运动却秉承这样的信仰，最高真理来自感觉与理智的互相推动：

> 其实我不太想提到情感，情感似乎总是和狭隘的观念，和病态而无力的多愁善感联系在一起。我指的是，有些人存在这样的疑虑：随着我们了解自然的手段越来越多，天体运行的机制被揭开，自然力量的强度能够用数值估计……自然的美感和魅力会不会一点点儿消失？如今，公众观念不断进步，各种知识门类蓬勃发展，如果谁还抱着这样错误的观点，那他一定意识不到人类知识不断扩展的价值，也理解不了孤立事实对于形成普遍认识的重要性。

洪堡认为，感觉与理智的交互作用是螺旋上升的，一步步推动人类理解的加深。感觉激发兴趣，使我们满怀激情地以科学的认知探索细节、寻求起因。这样的认知反过来又会促使我们赞叹自然的美感。感觉与理智是认识世界的两大相互补充的力量，了解自然现象的起因将使我们怀有更深刻的好奇和敬畏。

于是，没有接受过教育的头脑自发形成的印象，和英才们经过仔细推演得到的结论一样，都指向同样一个基本信条，这条牢不可破的锁链将自然界的所有事物连在一起……自然界每一处令人印象深刻的景象很大程度上依赖于观察者脑中同时产生的想法与情感之间的相互关系。

洪堡的美学理论是以相互强化为基础的。他认为，一位伟大的画家必须同时是科学家，或者至少能够进行详尽、准确的观察，能够了解事物背后的原因，而这也是专业的科学家的兴趣所在。就视觉艺术来说，风景画是表现知识统一的最主要形式（就好比诗歌的服务对象是文学，外来植物栽培的服务对象是实用艺术）。一位伟大的风景画家是自然和人类思想的最佳服务者。

洪堡的美学理论成为丘奇的指导思想（我想，就这一人文主义的本原命题而言，至今还没有人能够超越其上）。丘奇也的确得到了公众的认可，被尊为画家中最具科学素养的大家（这样的称号完全是赞美，没有丝毫贬义）。评论家和鉴赏家认为，丘奇的绘画，不论是近景中精微的植物形态，还是远景中的地形，都极度追求观察的细致和表现的精准，这是他艺术品位的主要源泉，也是令欣赏者感到敬畏的关键所在。

当然，我不是说丘奇试图，或者洪堡提倡，像相片那样丝毫不差地复制特定地点的景象。洪堡确实强调过色彩写生甚至拍照的价值（但他认为，在照相术刚刚出现的那些年，相片仅仅能体现风景的大概形式，不能反映重要细节）。但洪堡意识到，优秀的画作理应是通过想象的重现，能够准确反映地形和植物的所有细节，而不是某一地点的呆板复刻：

　　和所有其他艺术一样，风景画存在两种不同的元素：其一来自直接观察、反复沉思得到的较为有限的元素；其二则来自宽广深厚的感受，来自理想化的精神力量。

　　丘奇绘制的热带风情从不代表某个特定的地点。他常常会构建一个理想王国，包括所有生命地带：低地葱茏的植被和白雪覆盖的安第斯山同时出现在一幅画中。（例如，丘奇最著名的画作中，科托帕希火山附近没有低地植物，但在其他以这座火山为主题的油画中，他总是将棕榈树以及一些茂盛的植物安排在靠近火山的地方，事实上，这些植物不可能离火山那么近。）而且，丘奇并不总是原样复现地质背景，很可能是他无意为之。火山学家理查德·菲斯克发现，在丘奇笔下，科托帕希火山对称的岩锥要比实际情况更陡峭一些。不过，我们或许应该"准许"有这样的偏差，因为洪堡自己画的科托帕希火山要比丘奇的更陡峭。

　　洪堡对丘奇的影响远不止一般的美学理念以及科学和准确观察的价值。如果说，视觉艺术中，风景画是赞美自然的最好方式；那么，在广袤大地上，哪个角落最能体现奇迹的本质？洪堡认为，不论从审美角度还是从理性认知角度，至善至美都在于生物与地貌的极大多样性，这一信念至今仍推动着诸如拯救亚马孙雨林之类的现代生态运动。两大促成极大多样性的因素完美地汇聚于南美洲的安第斯山。首先，热带地区的植被多样性远远超过大多数西方人生活的温带地区，这使赤道带成为一片非常特殊的地区。其次，海拔变化也会极大地增加多样性，即便是同一地区的低地和山顶，也能完美展现低地环境下从赤道到极地的生态变化——赤道带的山顶能反映北极地区的情况。所以，山越高，多样性越丰富。这样说来，喜马拉雅山系最符合我们的条件，但是它离赤道太远，无法反映赤道带的低地植被。于是南美洲的安第斯山系成了风景画的最佳主角，只有在这里，我们才能看到一大片雪峰掩映下的低地森林。于是洪堡、达尔文、华莱士，还有弗雷德里克·埃德温·丘奇不约而同地选择了对展现艺术和历史非常有利的南美洲。洪堡写道：

如果优秀的艺术家能够更频繁地走出地中海，能够深入遥远的内陆，看看热带的湿润山谷，领略多彩自然的真实面貌，用年轻而纯净的心灵去体悟这份新奇，我们一定会看到前所未有的绚烂风景画。

丘奇还是个小男孩的时候，洪堡的旅行记录就已经在一名年轻英国学生的人生选择上起了关键的作用。查尔斯·达尔文本打算做一名乡村牧师（他对宗教没有特别的热忱，这么做很可能因为能有更多的业余时间从事博物学研究），但后来，他却成了历史上最重要的学者之一。在这样的转变中，洪堡的影响起了关键的作用。达尔文读了两本书，一本是约翰·赫歇耳 [11] 的《博物学研究初论》，另一本则是洪堡关于南美洲旅行的《个人自述》（1814-1829）。这两本书使达尔文认真考虑将博物学研究作为自己的职业方向。暮年时，达尔文在自传中回忆道：

［这两本书］令我非常热切地想要给自然科学的伟大体系贡献点儿什么，哪怕是微不足道的一点点儿。这两本书对我影响之大，是任何其他书甚至一打其他书加起来也无法比拟的。

更重要的是，受洪堡推崇热带旅行重要性的启发，达尔文和几位昆虫学家朋友一起计划了前往加那利群岛的考察。达尔文将自己的导师、植物学家亨斯

洛也列入计划之中，这个决定显然是达尔文受邀参与比格尔号出海的原因，即便不是最直接的原因。比格尔号航行开启了达尔文影响历史的生涯。当时，数学家乔治·皮科克请亨斯洛为菲茨罗伊舰长推荐一名热心的年轻博物学者，亨斯洛想起心心念念要前往热带的达尔文，于是推荐了自己的这位年轻的门徒。比格尔号用5年时间环绕地球一周，但这次航行的主要目的是对南美洲进行考察，于是达尔文得以花费大把的时间逗留在洪堡最青睐的地方。自然选择理论的两位提出者，达尔文和阿尔弗雷德·拉塞尔·华莱士，都提到自己的灵感来源于洪堡，年轻的时候他们都在南美洲进行过广泛的调查，提出这样的理论绝非偶然。1831年4月28日，达尔文在为比格尔号之旅做准备时，写信给姐姐卡罗琳：

我满脑子都是热带：早上我出去看了看温室里的棕榈树，回到家又读了会儿洪堡的书。我现在特别激动，简直坐立不安。

热带生物的繁茂令初次目睹的达尔文陷入了狂喜，实际情况甚至比洪堡描述的更精彩。达尔文在1832年2月28日的日志中这样描述巴西：

洪堡文采斐然的描写简直无可超越；不过，无论是他笔下的深蓝色天空，还是他为大力渲染热带景色将科学与诗歌融为一体的稀奇手法，在真正的自然面前都显得苍白无力。这时，一个人感受到的愉悦足以令他心神荡漾。比如，当你试图盯着一只绚丽的蝴蝶蹁跹起舞，却又忍不住去看古怪的大树或果子时；比如，当你想要观察一只昆虫，却不知不觉被它爬过的花朵吸引了目光时；再比如，当你想要赞美远处壮丽的风景，却又迷上了跟前某个特别的景色。各种喜悦在头脑里横冲直撞，由此将

幻化出未来世界的图景和更为安宁的愉悦。现在，我只想读洪堡的书，他像另一轮太阳，照亮我看到的一切。

几个月后，也就是 5 月 18 日，在写给导师亨斯洛的信中，他用更简洁的语句表达了自己的感受："我从来没有这样高兴过。以前我就欣赏洪堡，现在简直就是崇拜他。"

达尔文阅读洪堡的著作不只在于发自内心的欣赏，显然他也用心钻研了洪堡的美学理论，这一点在《比格尔号航海日记》中可以找到些许证据。请看这段 1832 年在里约热内卢写下的评注：

这一天，洪堡的如下叙述让我深有感触，他经常提到"薄薄的雾气没有改变空气的透明度，但使色彩变得柔和而协调"……在温带地区，我从来没有见过这样的景象。而在这里，半英里或者四分之三英里以内的空气完全是透明的，要是更远一些，所有颜色就会混成一种极为美丽的烟雾。

再比如，达尔文 1836 年航海归来后写下的总结：

我强烈地倾向于相信，一个知晓每一个音符的人，如果品味正常，一定能够更加透彻地享受整首乐曲；同理，一个仔细观察事物每一部分的人，大概对整体效应和协同效应有着深刻的理解。一位旅行家也应当是一名植物学家，因为植物构成了自然界最主要的景观。用最怪异的方式摆放一堆裸露的石头，让它们看起来肃穆庄严。用不了多久，这样的风景就会令人感到单调。涂上明亮的缤纷色彩，它们会显得奇

幻而美丽；要是铺上植物，即便没有增加美感，也能给人带来高雅的感受。

这段话极好地表述了洪堡的观念——多样性的价值以及了解细节对审美的促进作用，后者正是洪堡最喜欢强调的主题，即艺术美感与科学理解的结合。

时间到了关键的一年，1859 年。洪堡在柏林即将走向生命的终点，而两位深受洪堡启发的大家在相距几乎半个地球的地点和完全不同的领域达到了声望的顶点：弗雷德里克·埃德温·丘奇展出了《安第斯之心》，查尔斯·达尔文出版了《物种起源》。

同时，我们也遇到了这样一条值得珍视的反讽，几乎让人心痛。洪堡在《宇宙》第一卷前言中提到一个悖论：科学上的伟大著作会引发知识革新的浪潮，自己湮灭其中，而经典的文学作品却能够永久流传下去。

这件事情常常令人沮丧：纯文学作品是智慧的结晶，它根植于人类的感受，糅合了富于想象的创造力；所有讨论经验知识、研究自然现象与物理规律之间联系的作品，则很容易在短时间内产生形式上的巨变……通常来说，那些科学作品会因为新知识的出现遭到淘汰，变得越来越不值一读，以至于被人们遗忘。

正因为达尔文的工作，洪堡的理论在 1859 年遭受了被弃置的厄运。然而，这样的消除并不完全符合演化的实质，须知某些时候，演化是进步的、受内在动力驱使的，这一点和洪堡的广大和谐观念颇为契合。但是，自然选择，这一达尔文最特别的理论，及其背后激进的哲学观念，都消解了洪堡愉悦的想象图景。相反，弗雷德里克·埃德温·丘奇甚至比洪堡本人更热爱广大和谐的哲学观，

因为他融合了很大一部分基督信仰，这一点与洪堡不一样。两者都相信自然界本质上是一个和谐的整体，而这样的信仰正是丘奇创作灵感和安宁心境最重要的支柱。

下面，我们将讨论新达尔文世界观的三个方面。可以看到，这些内容同洪堡的核心观念互相龃龉。

1. 自然必须被认为是竞争和斗争的场所，而非趋向言语难以表达的、更高的和谐。秩序和良好的设计仅仅是斗争的副产品，真正的原因来自自然选择。霍布斯[12]所说的"一切人反对一切人的战争"正是自然界中大部分日常活动的起因。斗争只是一个隐喻，并非一定会发生流血战斗（达尔文说，我们可以认为一株生长在沙漠边缘的植物要与险恶的环境斗争）。但是，竞争常常是武力的，一些生命死去，另一些会活下来。而且，斗争的直接目的并不是要达到更高的和谐，而是为了实现个体的繁殖。达尔文用一段最犀利的隐喻，撕碎了洪堡的信仰，否定了丘奇的画作，他认为表面的和谐不过是假象：

我们很开心地观赏自然美好的一面，以为食物总是充足的。但在我们看不到的地方，或者我们遗忘的角落，那些优哉游哉唱歌的鸟是要靠昆虫和种子存活的，它们在不断地毁灭生命；同样，这些爱唱歌的鸟，或者它们的蛋，甚至它们的窝，都可能会被捕食的其他鸟类和野兽摧毁。

---

2. 演化谱系未必会指向更高级的状态或者更好的统一。作为生物适应环境变化的一种手段，自然选择只能产生局部的适应。而导致环境变化的地质、气候因素也不具备内在的方向性。演化的路线是随机的。

3. 演化不受内在的协调力量驱动。演化是生物内在特征和外在环境变化之间的平衡。这些内在、外在因素都包含很强大的随机成分，进一步排除了趋于统一或者和谐的可能。基因突变这一内力是演化多样性的根本来源，这种多样性相对于自然选择的方向来说是随机的。外部环境变化对生物进步和复杂性的影响也是起伏无常的。

和弗雷德里克·埃德温·丘奇一样，其他人文主义者也很难接受这样冷血的新自然观。原本由各个组成部分和谐共处形成的自然崩塌了，带来的绝望与伤感震动了十九世纪末到二十世纪初的文学界。托马斯·哈代[13] 创作了一首动人的小诗，题目叫《自然的疑问》——在达尔文的新世界中，自然事物与生命用迷茫的死寂表达了它们的绝望：

当我眺望黎明，池塘、

田野、群鸟，还有孤木

纷纷凝视于我

仿佛受罚的孩子，安静地坐在学校

它们翕动双唇

（犹如曾经有过呐喊，

现在却只有一息尚存）

"我们奇怪啊，一直奇怪，为什么自己会在这里！"

我不关心心理传记和心理历史，也无意讨论达尔文理论对丘奇绘画的影响，但我们不能忽视 1859 年的一系列巧合事件及这些事件对丘奇后 30 年生活的影响。在动笔写这篇文章时，*我惊讶地发现，丘奇一直活到了 1900 年。在我看来，

----

* 　我写这篇文章的本意是，为 1989 年在华盛顿国立艺术馆举办的丘奇画作回顾展提供资料。

他的作品和其中的意蕴与达尔文之前的世界紧紧联系在一起，我简直难以想象他是如何挨到二十世纪的。（丘奇让我想起了罗西尼[14]，他一直活到瓦格纳[15]时代，但他的所有作品都属于 30 年前的美声时代。）

我的讶异也有部分来自丘奇的创作。直到十九世纪九十年代，他仍然在继续油画创作，但从六十年代开始，他就再也没有绘制过大型风景画了。当然，有一些非意识形态的原因可以解释他的这种转变。例如，他当时已经很富裕了（和我们通常认为的生活潦倒的艺术家完全不同），后半生的大部分时间都忙于设计和装修他的房子，那座著名的房子位于纽约北部哈得孙河边的奥兰纳。再例如（这大概是最靠谱的原因了），他的健康出现了很严重的问题，由于炎症性风湿病，他的手臂逐渐失去了绘画能力。不过，我仍然认为，达尔文革命导致了丘奇自然观的崩塌，这很可能也是他不愿意再创作风景画的主要原因之一。试想，一片振奋人心的祥和景象变成了血腥的战争，这种荒唐的事情怎能让人安然接受？

一些学者认为，丘奇在奥兰纳的图书馆中藏有大量科技类书籍，说明他一直都在关注博物学的最新进展。但这样的论点不能成立，从博物学史的角度看，结论恰恰相反。没错，丘奇的确购置了大量科技类书籍，但正如英国作家柯南·道尔笔下的私家大侦探福尔摩斯所说的那样，证明一条狗不存在的关键证据是没有吠叫声，了解丘奇藏书的关键也在于他没有的书。丘奇收藏了很多洪堡的书，他买了几本华莱士写的关于动物地理分布和热带生物的书籍，还有达尔文写的《比格尔号航海日记》和《人类和动物的表情》（1872 年）。丘奇也购买了诸如奥斯本[16]和纳撒尼尔·索思盖特·谢勒这样支持进化论的基督徒的重要著作，这些基督徒认为，内部力量驱动了生物的必要进步。但是，丘奇没有收藏达尔文演化论的关键著作《物种起源》（1859 年）和《人类的由来》（1871 年）。更重要的是，他完全不收藏有机械论或者唯物论倾向的著作。海克尔[17]的书一本也没有，只有一本赫胥黎写的关于宗教的著作。要知道，在十九世纪末演化论大为盛行的时候，这两位写的书可比其他人的著作畅销多了。我想，弗雷德里克·埃德温·丘奇或许曾经经历过这样的信仰危机，就和哈代诗歌中的生命一样充满痛苦和迷茫，他根本无法面对达尔文眼中的世界。

我不想这么悲伤地结束这篇文章，不仅因为我希望能保持令人愉悦的基调，也因为这样的终止并不能作为事实上正确或审美上恰当的结尾。我想在结尾部分说明，洪堡的眼光比他的被证伪的自然和谐论更重要，这也是丘奇伟大画作源源不断的力量与美感的来源。我还想说明，哈代的伤感、丘奇的沉默或许不能代表人文主义者对达尔文新世界最丰富、最恰当的反应，最开始的震惊和失落也许不是双方深思熟虑、互相理解之后的结果。

首先，如前文所述，洪堡曾经说过，伟大的科学著作将播下未来进步的种子，但自己会被取代。洪堡补充说，我们无需因此怅惘，因为这正是科学的乐趣所在：

虽然这样的前景会令人沮丧，但没有一个真正热爱自然的人，或尊重自己研究的学者，会因为未来科学的进展和知识的完善而感到遗憾。

其次，也是更为重要的一点，洪堡强调在深度理解自然时艺术与科学的互动。因此，丘奇所达到的高度，在今天和在他所在的时代一样意义重大——他不仅忠于自然观察的原则和准确性，也拥有天才的想象力。甚至，我认为，与丘奇和洪堡生活的时代相比，这样的高度在今天更加重要。我们越来越趋向狭隘的专业化，而对人文主义中最精华的联系与整合传统视而不见，因此也越来越迷茫。艺术家不敢轻视科学，而科学家却在没有艺术的道德荒原和审美荒原上工作，这是我们这个有可能瞬间崩塌的时代最危险的地方。学科之间的整合变得比以往更困难，因为专业术语将我们分隔开，反智运动令我们伤了元气。我们就不

能从洪堡和丘奇的整合视野中找一找灵感？

　　的确，我承认达尔文的世界要比洪堡的世界更阴郁、更难以整合。但从另一个角度来说，正是这样的惨淡提供了解释世界的好办法，这一点达尔文自己深有体会。自然就是自然，它从不为我们的喜好而存在，我们的道德教育、我们的愉悦都和它无关。所以，自然不会总（甚至没有这样的倾向）按照我们的意愿行事。洪堡对自然的要求太多，他的哲学观受到了偏好的严重影响。所以，他的观念显得可疑，甚至危险，因为冷漠的自然不会提供我们的灵魂要寻求的答案。

　　而达尔文则勇敢地直面哲学的惨淡。他说，希望和道德不能，也不应该，因为自然的构成而被消解。美学与道德的本质，就和"人类"这一概念一样，必须用人自己的术语加以构建，而不能指望在自然中"发现"。我们应当亲自去解决这些疑问，将自然视作了解其他问题的途径。其他问题包括宇宙的真相，但不包括人类生活的意义。只有赋予自然独立于人类话语的特性，我们才能以自由和谦卑的态度感受它的精美，才能真正亲近自然，而不至于陷入不恰当也不可能的诉求——为满足自己的愿望、消除恐惧寻求道德问题的答案。我们应该对自然的独立性给予恰如其分的尊重，用我们的术语描述自然本身的美和引人之处。最后，我想引用达尔文的这段话（1832 年 1 月 16 日的日志），虽然他无法否认自然选择是变化的真相，但从来没有因此失去对美的感知和孩童般的好奇。站在安第斯山系中心时，达尔文说：

　　对我来说，这真是无与伦比的一天，就像给盲人换了一双眼睛，他感叹于面前的万物，激动得几乎要失去理智。这正是我的感受，也是后来人必然会有的感受。

III

达尔文主义的序幕和回响

06

马克思葬礼上的达尔文主义者：演化史上
最奇特的一对挚友

在英语世界中，维多利亚时代作为纷繁复杂的终极象征，什么会在那个时代的古董中显得格格不入？把提问的范围放大一些，什么会在伦敦的海格特公墓中显得与众不同？海格特公墓是世界上最美丽的墓园，遍布着茂盛的植物和夸张的雕像，被描述为"维多利亚时代的殿堂……这里有层层而上的台阶、蜿蜒而行的小径、一座座陵墓和地下墓室……这是维多利亚时代的纪念碑，记录着那个时代对待死亡的态度……在这里能看到最著名，也常常是最奇特的墓葬结构"（摘自《海格特公墓》，F. 巴克和 J. 盖伊著，1984 年由约翰·默里出版于伦敦，约翰·默里是发行了达尔文全部关键著作的出版商，是英格兰历史最重要的传承者！）。

海格特公墓安葬着形形色色的维多利亚时代的人们，有迈克尔·法拉第这样杰出的科学家，也有乔治·艾略特[1]这样的文学巨匠，有赫伯特·斯宾塞[2]这样的权威学者，也有汤姆·塞耶斯（最后一批裸拳拳击比赛的冠军之一）这样的大众偶像。还有一些不幸早逝的普通人：比如年幼的汉普斯特德女孩，她"因裙子着火而被活活烧死"；再比如"小杰克"，人们称呼他"传教男孩"，1899 年，7 岁的他死于坦噶尼喀湖的岸边。

不过，对于那些遗忘了高中欧洲史教材中一件古怪事实的人来说，卡尔·马克思的墓在海格特公墓中显得尤为显眼。他的墓葬与赫伯特·斯宾塞紧邻，而后者恰恰是马克思的对手，也是所有政府干预行为（甚至包括了街道照明、污水下水道系统这样的事情）的主要反对者。马克思巨大的墓葬使两者反差明显：马克思的墓葬是海格特公墓中最高的，上面安放着一座尺寸惊人的半身像。（最开始马克思的墓葬在一个比较隐蔽的地方，墓碑也相对简陋。但是访客们纷纷抱怨很难找到墓葬，所以在 1954 年，由英格兰共产党提供资金支持，马克思的墓被迁移到更高、更显眼的地方。至少在过去的几年中，马克思的墓葬的确具有非比寻常的地位，来自俄罗斯和中国的拜谒者源源不断，他们神情肃穆、着装统一，在这里留下许多相片，或者恭敬地献上他们的花圈。）

马克思的墓葬或许大得有点儿离谱，但海格特公墓无疑是他最好的归宿。他在 1848 年大革命（当时马克思和恩格斯刚刚发表了《共产党宣言》）之后辗转流亡于比利时、德国和法国，最后在伦敦度过了生命的大部分时光。1849 年 8 月，31 岁的马克思来到伦敦，在这里一直生活到 1883 年去世。马克思所有成熟的作品都是在英国以流亡者身份完成的，大英博物馆庞杂（而且免费）的图书也成为了《资本论》的研究基础。

现在我想说说另一个谜团，这个谜团当前不太容易得到解释，和卡尔·马克思在伦敦的去世有关。事实上，这一问题也是我最感兴趣的，与我的专业——演化生物学存在关联。在长达 25 年时间里，我都念念不忘，早就发誓一定要在完成这一系列专栏文章前解开这一谜团。那么现在，让我们把时间退回到 1883 年 3 月 17 日，这一天在海格特公墓举行了卡尔·马克思的葬礼。

马克思的终生挚友与合作者弗里德里希·恩格斯（多亏恩格斯在曼彻斯特

拥有家族纺织产业，能够成为马克思的"天使"投资人）宣读了短小精悍而不失谦逊的开场白［参见菲利普·谢尔登·福纳主编的《纪念卡尔·马克思：去世时刻的评论》（旧金山：综合出版公司，1983 年）］。这段英语演讲中，有一句话得到了广泛流传："正像达尔文发现有机界的发展规律一样，马克思发现了人类历史的发展规律。"当时的报道各有不同，但就算是最大方的统计也不过宣称有十来个人出席了马克思的葬礼——生前的关注与身后的影响力存在巨大反差，大概只有埋在穷人乱葬岗的莫扎特能够与之相比。（当然，布鲁诺[3]和拉瓦锡[4]这样的名人不能算在其中，他们死于国家权力，不会有举行葬礼的可能。）

　　不管怎样，这一十来个人的名单却引人深思（有一人例外）：马克思的两个女儿（另有一个女儿新近去世，这加重了马克思的忧郁，可能也加速了他的死亡）；两位女婿沙尔·龙格和保尔·拉法格，都是法国的社会主义人士；四名与马克思有着长期联系的友人，他们是忠诚的社会主义者和积极分子——德国社会民主党奠基人与领导者之一威廉·李卜克内西（他发表了一段激动人心的德语演讲，和恩格斯的英语致辞、龙格的法语声明、来自法国和西班牙工人党的两封电报一起，组成了葬礼的全部内容）、弗里德里希·列斯纳（在 1852 年的科隆共产党人案中被判五年徒刑）、格奥尔格·罗赫纳（被恩格斯称为"共产主义者同盟老盟员"）和卡尔·肖莱马（曼彻斯特的一位化学教授，也是马克思和恩格斯的共产主义老友，在 1848 年欧洲革命的最后一次起义中奋战于巴登）。

　　不过第九位，也是最后一位被提及的送葬者，看起来根本就不可能出现在这一场合，就好比非要把一根方柱子塞进圆孔里，他就是雷伊·朗凯斯特（1847-1929）。当时，年轻的朗凯斯特已经是英国的一位杰出演化生物学家了，他也是达尔文的主要追随者，后来，他更是成为了教授和雷伊·朗凯斯特爵士（巴斯勋位)、硕士("挣得"的牛津大学或剑桥大学学位)、科学博士(后来获得的荣誉学位)、皇家学会(英国科学界最负盛名的学术机构)会员。可以说他是英国科学界最著名、最严谨的传统科学家,社会知名度极高。朗凯斯特拥有良好的职业开端,并逐渐攀登到了科学界的顶峰,他先后成为伦敦大学学院动物学教授、英国皇家科学研究所生理学"富勒"教授,最后担任牛津大学比较解剖学"利纳克尔"教授。朗凯斯特职业生涯的终点则是担任大英博物馆(博物学)主管(从1898年到1907年),这是专业领域中最具权威、最受景仰的职位了。那么,究竟是什么原因导致这位英国最受尊敬的传统生物学家和一群年长的(主要是德国人)共产主义者同时出现在一场葬礼上?按照恩格斯墓前演讲中的说法,去世的这位可是"当代最遭嫉恨和最受诬蔑的人"。

恩格斯似乎也意识到了这个异常情况,他在1883年3月22日发表于苏黎世《社会民主党人报》的官方演讲版本的结尾写道:"有两位最杰出的自然科学家出席了马克思的葬礼,一位是动物学教授雷伊·朗凯斯特,另一位是化学教授肖莱马,两位都是伦敦皇家学会的会员。"的确如此,不过肖莱马是马克思的同胞、终生挚友和政治同盟,而朗凯斯特直到1880年才第一次遇到马克思,不论从哪个角度来说,他都难以被称作政治拥护者,甚至算不上意气相投者(除最基本层面的共同信仰之外,即都相信人类能够通过教育和社会进步得到改善)。正如本文稍后部分详细讨论的那样,马克思最早寻求朗凯斯特的帮助是为了给自己生病的妻子和女儿寻找一个医生,之后也是为了自己求医。这一出于职业的联系最终形成了他们之间的深厚友谊。但是,这两位截然不同的人物到底是怎么走到一起的?

我们当然不能把他们之间惺惺相惜的主要原因归结为朗凯斯特的生物学工作存在某些激进的方面,从而有可能与马克思政治运动的宗旨相合。朗凯斯特也许可以算是第一代杰出的演化形态学家,他们的工作阐释了达尔文的划时代发现。托马斯·赫胥黎是朗凯斯特的引路人和导师，达尔文也对他的工作大为赞赏。1872 年 4 月 15 日，达尔文在写给朗凯斯特（时年 25 岁）的信中说："你在那不勒斯［海洋研究工作站］完成的工作真是太棒了！我可以预见到，某一天你会成为博物学的第一颗明星。"不过，今天我们审视朗凯斯特的研究，会觉得这不过是应用达尔文的理论对某几类生物进行了典范式的研究，也即重要理论创新之后的"填补"工作，从回溯性的视角来看，似乎没有太高的原创性。

朗凯斯特最重要的成果就是，证明了生态学特征各不相同的蜘蛛、蝎子和鲎在演化史上彼此相关，归属于现在定义的螯肢亚门，位于节肢动物门之下。朗凯斯特研究的范围非常广泛，从原生动物到哺乳动物。他系统地总结了胚胎学的术语和演化过程，并撰写了一篇有关"退化"现象的重要论文，说明达尔文的自然选择理论仅仅能够产生局部适应，不能够确保整体进步，而且直接的改善常常是通过形态简化和器官丢失达成的（例如，很多寄生虫就是这样）。

公平地说，朗凯斯特的不幸大概就是正好处于"中间"这一代：一方面吸纳了崭新的达尔文生物学；另一方面又没有最重要的工具来帮助他们推动理论继续前行，这样的工具对于理解遗传机制来说至关重要。之后，生物学得到了进一步发展，而朗凯斯特的顽固守旧思想已经固化，他公开表示，二十世纪初人们重新发现的孟德尔定律并没有什么用处。

约瑟夫·莱斯特为朗凯斯特撰写了第一部传记，彼得·鲍勒增补了额外的材料，并进行了编辑。这本书为我提供了足够的信息，使我在经过 25 年的酝酿之后终于完成了这篇文章。这部传记中有一段话对朗凯斯特的职业生涯做了公正而理智的评价（《雷伊·朗凯斯特和英国生物学的建立》，英国科学史学会，1995 年）：

演化形态学是十九世纪后期最伟大的研究领域之一。以朗凯斯特为代表的形态学家吸纳了前辈基于演化理论积累的经验，对生物结构的性质进行了新的解读，也对不同形态生物之间可能存在的演化关联建立了宏观认识……朗凯斯特作为一名生物学家，在国际上享有盛誉，但现在，他的名字已被多数人淡忘。朗凯斯特来到科学舞台的时间太晚了，刚好错过了达尔文理论引发的大论争，而他富于创造力的年华又没能赶上二十世纪初伴随孟德尔遗传学发生的伟大革新。他这一代学者的工作常常被贬斥为衍生物，只是填补了一些有关生物演化的基本细节。

随着年龄的增长，朗凯斯特的立场越发保守，这也让他早年与卡尔·马克思结下的友谊显得愈发奇特。他的形象看起来也很像刻板的权威人士（朗凯斯特身高远不止六英尺，身体壮实，和当时有地位的人相貌仿佛）。退休之后，朗凯斯特忙于为报纸写作一些关于博物学的科普文章，并将它们辑成集子，卖得很好。不过，这些文章大多已经散佚了，和托马斯·赫胥黎、霍尔丹[5]、朱利安·赫胥黎以及彼得·布赖恩·梅达沃[6]这些著名的英国博物学作家相比，他的写作既缺乏激情，又不够有深度。

暮年时期，朗凯斯特越来越古板，他沉浸在自己的权威世界里，忠实于那个有着理想化图景的美好过去。他反对女性拥有选举权，对民主政治和大规模运动越来越警觉。1900年，他写道："德国令人赞赏的教育系统并不是根据大众需求确立的……群众没有自己领导自己的能力，也无法让自己走出愚昧。"他贬斥艺术中的一切"现代"潮流，特别是立体主义绘画和文学的自我表现（倒不如老套地讲故事）。1919年，他在给朋友 H. G. 韦尔斯的一封信中写道："杂志和小说中充斥着各式各样的废话和自鸣得意的胡思乱想，真是令人震惊。作者们以为自己'聪明''善于分析''紧跟时代',其实不过是一群咿咿呀呀的婴儿。"

作为科学界的资深活动家,朗凯斯特小心地隐藏着自己早年与马克思建立的友谊。他曾经告知自己的朋友,也差不多与他同属一代人的柯南·道尔(后者以朗凯斯特为原型,创造了《迷失的世界》中的角色查林杰教授),但从来没有向自己后半生的好友、年轻的共产主义者霍尔丹透露自己认识马克思,哪怕他对霍尔丹赞誉有加。在海格特葬礼五十周年纪念日到来之际,莫斯科马克思-恩格斯学会四处征集关于卡尔·马克思的回忆录,而这个时候,朗凯斯特作为唯一一名见证过马克思葬礼的在世者,只简单地回复说,他们没有信件往来,也无法提供个人评价。

当然,就算我们不解决马克思与朗凯斯特之间奇妙友情的根源问题,世界的命运和演化生物学的发展也不会因此受到一丝一毫的影响。不过,很少会有谜团直指学者的内心深处,而解决一个小问题所带来的思考有时候能够给予我们深刻的启发。我想我已经有了一个答案,(至少)能够圆满解决我自己的疑惑。让我感到奇怪的是,前面提到的那部新近出版的朗凯斯特传记以及两篇论述马克思与朗凯斯特关系的精彩文章——刘易斯·弗埃写作的《埃德温·雷伊·朗凯斯特和卡尔·马克思的友谊》[《思想史杂志》40(1979):633-48]和黛安·保罗写作的《马克思的达尔文主义:基于历史的解读》[《社会主义评论》13(1983):113-20]——虽然为我撰写本文提供了足够多的信息,但没有给出什么决定性的事实证据。而我提出的想法乍一看可能会令人失望,甚至显得很无趣,但这样的想法或许可以推广到一个值得讨论的普遍情况,特别是在我们试图分析历史时序的时候——不论是人物传记还是演化生物学,时序都是很常见的问题。简而言之,我最终发现,我一直在试图解决一个"提错了的问题"。

按照通常的想法,这个问题应该这么解释:马克思和朗凯斯特在信仰、人格方面有着远多于表面的相似性,至少他们都希望从这份友谊中得到某些直接的、实际的收益。但我认为，这样的解释站不住脚。

的确，朗凯斯特的性格非常复杂，除去他所表现出来的体面形象之外，他还有着某些非常重要却又隐秘的个性。但即便如此，他都和政治激进主义没有任何关系，也没有在任何阶段表现出马克思主义式的思想让暮年的他归咎于年轻时的冲动。不过，朗凯斯特的确表现出强烈的独立精神，按照英国的个人主义传统，就是一种"我就要做我认为合适的事情，你们的想法和结果什么的统统无所谓"的莽夫式的勇猛。这样的态度无疑会导致各种各样的性格问题，但也促使朗凯斯特建立了一些奇特的友谊，这在同行中的胆小者或机会主义者看来简直是不可能发生的。

尽管在生物理论方面，朗凯斯特基本上算保守派；但就个性而言，他是一位敢作敢为的斗士、不屈不挠的反对派，在自己感兴趣的专业论争中从不惮于发表尖锐的观点。值得注意的是，他的导师托马斯·赫胥黎作为英国生物学史上最著名的反对派之一，曾在一封信中劝说自己的弟子不要浪费太多时间和精力投入不必要的争执，特别是在达尔文革命已经成功后的这段相对平静的时光里。1888 年 12 月 6 日，赫胥黎在给朗凯斯特的信中写道：

　　我要认真地跟你说，希望你能听一听我这个曾经投身于战斗的老人的劝告：争辩和假说一样，除非必要，否则不应该不断进行……可以预期你有 20 年精力充沛的时间，想想你可以利用这个资本做多少事情。不要跟我讲 *tu quoque*［"你也一样"的意思］，在我那个时代，论争是我的职责和使命。

举两个最著名的例子，看看朗凯斯特是如何为科学、为他的怀疑论辩护的。1876 年 9 月，朗凯斯特戳穿了美国灵媒亨利·斯莱德的骗局。斯莱德的特长是

举行降神会（费用高昂），召唤神灵在石板上书写信息。朗凯斯特看出了斯莱德的手法，于是在神灵本应开始神秘表演前，从灵媒手中抢走了石板。这时候，石板上已经写好了原本应当由更高维度的存在者书写的信息。于是，朗凯斯特提起诉讼，认为斯莱德犯有诈骗罪。然而，地方法官决定按照罪行较轻的流浪罪判处灵媒劳役三个月。斯莱德吁请帮助，得到了学术圈的支持。而顽强的朗凯斯特再次提起诉讼，这时候，斯莱德决定卷包走人，回到更容易施展骗术的美国。（作为演化生物学史上一段有趣的小插曲，偏向唯灵论的艾尔弗雷德·拉塞尔·华莱士站在了斯莱德一边，而持有理性怀疑态度的达尔文悄悄为朗凯斯特的诉讼提供了经费。）

三年后，也就是 1879 年夏天，朗凯斯特造访了法国著名内科医师、神经科学家让 – 马丁·沙尔科的实验室。为了检测他关于电和磁能够麻醉患者的理论，沙尔科让一名患者用手握着一块电磁体，通过重铬酸钾电池加电。接着，沙尔科将粗大的地毯针扎进患者的手臂和手掌，显然，患者没有感觉到疼痛。

充满怀疑精神的朗凯斯特想到了一个世纪前的梅斯梅尔[7]，其荒谬的做法和这非常相似。于是，朗凯斯特怀疑是心理暗示导致了患者的麻醉，而不是所谓的电磁生理作用。趁沙尔科离开屋子，朗凯斯特偷偷倒空电池中的化学溶液，换上清水，这样这个装置就宣告无效了。接着，朗凯斯特催促沙尔科重复这一实验——结果和先前一样，患者得到了完全的麻醉！朗凯斯特当即坦白了自己的所作所为，做好了被沙尔科扫地出门的准备。然而，这位胸怀宽阔的法国科学家紧紧握住了朗凯斯特的手，大声说："干得不错啊，先生！"两人因此结下了深厚的友谊。

特立独行的朗凯斯特甚至不会考虑他所处时代的社会规范（尽管在生物理论方面，朗凯斯特偏于保守），下文要说的野史能够作为很好的证明。虽然现有的文献对此三缄其口，不过大致情况不会有错。朗凯斯特屡次表达自己的孤独，表达对家庭生活的渴望，但他终生未娶。他曾经两次准备结婚，但两位未婚妻都因为没有明说的神秘原因放弃了婚约。每年，朗凯斯特都会去欧洲度长假，而且几乎总是去巴黎，与自己的同事保持一定的距离。在生命的后半段，朗凯斯特和著名的芭蕾舞女演员安娜·帕夫洛娃建立了柏拉图式的亲密关系，他非常钦慕这位女子。虽然没有确凿的证据，但我相信这就是爱情，放到现在，这样的爱无可指摘，而在当时却无法明说（奥斯卡·王尔德[8]的情人艾尔弗雷德·道格拉斯曾经写过一句著名的诗描述类似的情境）。如果不是这样，朗凯斯特教授的神秘和遮遮掩掩就远远不是我所能想象的了。

这些事实虽然强化了朗凯斯特喜好争辩的古怪个性，但仍然不足以解释他为何会与卡尔·马克思这样的人走到一起。（特别地，正统的马克思主义者一向不赞成以自我为中心的个人主义，尤其是与性相关的癖好，这样会阻碍社会变革。）朗凯斯特的确很讨厌当时的社会保守者，特别是那些反对进化论的死板传道士，还有那些认为标准拉丁语和希腊语课程应当优先于奇奇怪怪的自然科学课程的大学教授。

不过，朗凯斯特的革新精神仅限于科学进步。就社会活动来说，他所提及的含糊论点无外乎科学知识的增加能够解放人类灵魂，进而能够促使政治革新，使人们享有平等的机会。然而，这样一种司空见惯的理性科学怀疑主义态度并不受正统马克思主义者的欢迎。在马克思主义者看来，这不过是具有资产阶级思想的体面人士的逃避，他们没有勇气抓住社会问题真正的深刻性，也就没有可能理解政治革新的必要。正如弗埃在他阐述马克思和朗凯斯特的文章中所说："从哲学角度讲，朗凯斯特是一位坚定的不可知论者，也是托马斯·赫胥黎的追随者，其立场被恩格斯嘲笑为'羞答答的唯物论'。"

如果朗凯斯特和马克思的世界观没什么共通之处，那么我们大概可以尝试相反的思路：马克思是否存在某些科学上或哲学上的缘由需要寻求朗凯斯特的合作？然而，在仔细研究了一番流传甚久的传说之后，同样没找到什么确凿的证据能支持他们的友谊。

曾有传言认为，马克思和达尔文有着相当多的共同语言（或至少马克思单方面崇拜达尔文）。这样的传言源自学术上的谬误，虽然这样的谬误或许可以理解，但纠正后的证据已无法支持这一结论。马克思的确很仰慕达尔文，并且给这位伟大的博物学家送去了一卷自己亲笔签名的《资本论》。然而，达尔文只是回赠了一封简短而礼貌的答谢信，信中几乎没有实质性内容，这也是他们两人之间唯一有记录的往来。可以确定的是，达尔文（不太会德语，对政治也没有兴趣）没有好好阅读马克思的著作。马克思这部 822 页的著作除去前 105 页，都没有被切边（包括目录在内），也没有留下任何批注，这和达尔文的阅读习惯不符。事实上，根本没有证据能够说明达尔文真的读过《资本论》，哪怕是一个词。

两人之间交往密切的传言始于学者以赛亚·伯林[9]撰写于 1939 年的马克思传记。以赛亚·伯林堪称历史上最好的马克思研究者之一，他很少出错。根据达尔文写给马克思的一封简短的感谢信，伯林推测，马克思曾提出将《资本论》第二卷送给达尔文，而达尔文婉拒了这一请求。接着，仿佛能够证实这一传说的第二封信出现在荷兰阿姆斯特丹国际社会主义历史研究所保存的马克思档案中，这封信似乎真的是由达尔文写给马克思的，但收信人只写了"亲爱的先生"，信件日期为 1880 年 10 月 13 日，内容确实是婉拒某样赠予："我希望，您还是不要将一部分或者一卷著作题献给我（当然我很感激您的敬意），因为在某种程度上，这意味着我赞同您的全部著作，但其实，我根本不了解您的作品。"这封信貌似能够证实以赛亚·伯林的推测，于是，这个故事得到了广泛的传播。

长话短说，到了二十世纪七十年代中期，两位独立研究的学者几乎同时发现了这一误传的戏剧性来源，请参见玛格丽特·费伊《马克思真的将〈资本论〉

送给达尔文了吗？》［《思想史杂志》39 (1978)：133-46］和刘易斯·弗埃《达尔文与马克思之间的通信是真的吗？》（《科学编年史》32：1-12）这两篇论文。马克思的女儿爱琳娜成为了英国社会主义者爱德华·艾威林的伴侣，多年来他们一直小心地保存着马克思的书信，而 1880 年的这封信正是达尔文写给艾威林的，它被串入了马克思的资料中。

艾威林是一位激进的无神论者。他编写有一卷关于达尔文著作和广义社会主义的作品（广义社会主义观点是艾威林的，不是达尔文的），艾威林希望能够得到达尔文的公开赞赏，并能够将这本书（《向大学生介绍达尔文》第二卷，1881 年出版，藏于国际科学与自由思想图书馆）题献给达尔文。达尔文很清楚艾威林的想法，也无意加入他的无神论斗争；于是，达尔文用他一贯的礼貌坚决拒绝了这一请求。在信件（这封信不是写给马克思的，宗教问题不是《资本论》的首要主题）的最后，达尔文写道：

> 我认为（不论是否正确），直截了当地反对基督教与有神论难以对大众产生影响，借助科学进步对人们进行启迪才是推动思想自由最有效的途径。因此，我将永远避免与宗教相关的写作，绝不超越科学的范畴。

当然，虽然纠正了这个"证据"，马克思仍有可能认为自己是达尔文的信徒，也因此有可能接近年轻一代中关键的达尔文主义者——恩格斯在葬礼讲话中著名的比较（见上文引述）也使得这样的情况貌似可信。但是，这一解释也是站不住脚的。恩格斯对自然科学的兴趣要比马克思浓厚得多（他的《反杜林论》和《自然辩证法》能够很好地说明这一点）。不过，如上文所说，马克思的确很赞赏达尔文以知识解放社会偏见的观点，也愿意把达尔文引为同盟，至少在类比的时候。1869 年，在一封写给恩格斯的著名的信中，马克思如此评价达尔文的《物种起源》："虽然这本书风格粗放，但它包含着我们理论的自然科学基础。"

但同时，马克思以敏锐的洞察力批判了达尔文构想中存在的社会偏见，同样是在写给恩格斯的信中：

> 值得注意的是，达尔文是如何根据动物和植物世界认识他所处的英国社会的劳动分工、竞争、新市场开拓、"创新"以及马尔萨斯[10]所说的"生存竞争"的。这是霍布斯口中的一切人反对一切人的战争。

毫无疑问，马克思是一位坚定的进化论者，但随着年岁的增长，他对达尔文的兴趣渐趋淡薄。有很多论文注意到了这个问题，其中，玛格丽特·费伊的观点比较具有代表性，（在前文引述的一篇论文中）她这样写道：

> 马克思……最开始对达尔文的《物种起源》很感兴趣……但渐渐地，他对待达尔文主义表现出更多的批判性。在十九世纪六十年代的私人通信中，他还开玩笑地打趣达尔文观念存在偏差。在马克思大约于1879-1881年间编纂完成的《人类学笔记》中，只有一处提到了达尔文。所有证据都不能说明，马克思仍像年轻时那样热衷达尔文。

再举最后一个例子，很多论文都会讲到这么一件事情：马克思对1865年出版的一本奇书《人类和其他生物的起源和变异》非常感兴趣（直到涉足自然科学更多的恩格斯将他扳回正途），书的作者是法国探险家、民族学家特雷莫，现在特雷莫已经消失在历史中了（这是必然的结果）。马克思很欣赏这本书，宣称这是比达尔文更进一步的成就。马克思催促恩格斯把这本书带给他，恩格斯照办了，但相对理智的恩格斯给自己的朋友泼了盆冷水："我觉得，他的理论没什么价值。不因为别的，只是他不懂地质学，也不会做最起码的历史文献批判。"

我一直很好奇特雷莫写了什么，花了很多年寻觅他的书。前不久，我终于买到了一本。不得不承认，我从未读过如此荒谬或者说文档不完整的文章。简单来说，特雷莫认为，土壤的性质决定了国民的性格，较高级的文明更可能出现在较复杂的土壤上，也即晚近地质年代形成的土壤。

因此可以下结论，朗凯斯特没有隐秘地倾向马克思主义，马克思与朗凯斯特结下友谊也不是因达尔文主义而起。那么，我们的疑惑更深了：到底是什么将这两个不相干的人联系在一起？是什么样的纽带培育了他们的友谊？第一个问题还是可以得到解答的，顺着第一个问题的线索也能解开第二个问题，这正是本文的核心论题所在。

马克思的档案中保留有四封来自朗凯斯特的短信。（很可能马克思写过回信，但在目前的资料中没有发现相关的证据。）从信件中可以很明显地看出来，马克思最开始联系朗凯斯特是为了给妻子看病，当时他的妻子患上了乳腺癌，非常痛苦。朗凯斯特建议马克思咨询一下自己的密友（斯莱德和沙尔科事件的共同参与者）唐金医生。马克思听从了朗凯斯特的提议，结果令他非常满意，他称赞唐金是"一位聪明的智者"，唐金的精心治疗大大改善了马克思妻子的病痛，后来也给予病重的马克思很大帮助。

我们不确定马克思和朗凯斯特是何时首次相遇的，不过，弗埃在前文引述的论文中提出了一个可能性很大的猜想，这个猜想可以帮助我们理解这两位完全不相干的人是如何走到一起的。牵线人可能是查尔斯·瓦尔德施泰因。瓦尔德施泰因于 1856 年出生于纽约，是德国犹太移民的后裔。他后来在剑桥大学担任古典考古学教授，十九世纪七十年代后期，他与朗凯斯特都住在伦敦。瓦尔德施泰因也是卡尔·马克思的密友，在1917年撰写的自传中，他用愉悦的口吻追述了他们的友情（这时候他已身居高位、享有盛名。经过略微考究的修改，现在的瓦尔德施泰因叫作查尔斯·沃尔斯顿爵士）：

> 大概在 1877 年，那时候的我还很年轻、稚气未脱，著名的俄罗斯法律专家、政治作家科瓦列夫斯基教授（我俩相识于 G. H. 刘易斯和乔治·艾略特在伦敦组织的一次周日下午聚会）将我介绍给了居住在汉普斯特德的卡尔·马克思。之后，我和这位现代理论社会主义的奠基人，还有他气质高雅的妻子来往颇多。虽然他没能成功说服我接受社会主义观点，但我们经常会讨论各种各样的话题，从政治、科学到文学、艺术。这位伟大的智者学识渊博，令我受益良多。我非常尊敬他，也非常钦慕他宽广胸怀中的纯净、温柔和高贵。看起来，马克思也很享受我带来的年轻人的热情，他很关心我的生活，有一天，他提议我们应当成为 *Dutz-freunde*。

最后这个词需要特别解释一下。现代英语已经失去了昵称与尊称（thou 与 you）之间的区别，但在大多数欧洲语言中，这一区分仍占据着不可忽略的重要地位。在德语中，*Dutz-freunde* 是指彼此可以用亲密的 *Du* 称呼的朋友，而不是较正式的 *Sie*（就像法语中的动词 *tutoyer*，意思是可以用亲昵的 *tu* 称呼，无需使用正式的 *vous*）。在英国和德国，特别是生活方式比现在保守得多的十九世纪，从尊称改为昵称是一种非常珍贵的特权，只发生在家庭成员、神父、宠物和非常亲密的朋友之间。如果像马克思这样富有声望的长者提议要一位 20 岁出头的年轻人改用昵称，那一定是他和查尔斯·瓦尔德施泰因非常亲近。

1880 年 9 月 19 日，朗凯斯特给马克思写了第一封信，信中提到瓦尔德施泰因，弗埃的推测因此得到证实："我很希望能够在韦林顿的宅第见到您。之前我想把您借给我的书还过来，可是我弄错了您的地址，也无法和瓦尔德施泰因取得联系，他刚好不在英国。"朗凯斯特和瓦尔德施泰因一生都保持着非常亲密的关系。后来，在1978年，当弗埃询问瓦尔德施泰因的儿子是否记得朗凯斯特和他爸爸的联系时，后者仍然保持着清晰的童年印象："雷伊·朗凯斯特……他经常来我家吃饭，是个很胖的人，脸长得像只青蛙。"

同时，马克思在朗凯斯特心目中又是一位和蔼可亲、充满智慧的导师，这就很能解释马克思和朗凯斯特关系之谜了——我们这才认识到自己一直问错了问题。研究历史问题最严重的错误莫过于搞错了年代，也就是说根据现在已知的情况解读过去的情境，尚未发生的事件不可能定义或者影响之前的情况。当我们质疑，为何朗凯斯特这位持有保守立场的生物学家会敬重年长的激进人物卡尔·马克思，渴望和他建立联系时，我们就已经忍不住在用后来人的眼光解读马克思了。正因为这样，我们才会疑惑为什么这两位迥然不同的人物能够呆在一起，更别提结下深厚的友谊了。

1880年，朗凯斯特还是一位年轻的生物学家，他对于生命有着广阔的认知，有着自己独立的思想，不会因为政治地位等等的刻板想法遭到羁绊，尽管他自己的信仰大多趋于保守。朗凯斯特不仅对科学领域充满兴趣，也很喜欢艺术和文学，能够流利地使用德语和法语。而且，他特别欣赏德国的大学教育系统，这个系统带来了引以自傲的创新模式。恰恰相反，剑桥与牛津却固守传统，这常常让朗凯斯特十分不屑，也很是失望。

那么，不管众人如何评说他的思想和引发的结果，卡尔·马克思无疑是一位杰出的智者，朗凯斯特当然有理由想要接近马克思，甚至想要引起他的注意。而且，马克思是如此博学的长辈，他了解艺术、哲学，了解传统，是朗凯斯特最仰慕的德国式智慧的代表人物，朗凯斯特怎么可能不巴望与这样的人建立友谊呢？同样，对于染病、衰老、精神消沉的卡尔·马克思来说，面对死亡的阴影，还有什么能比身边有正处于智力发展阶段的聪明、热情、乐观的年轻人相伴带来的慰藉更大呢？

瓦尔德施泰因显然发现了这一点，他用动人的语言再现了马克思生命最后阶段的人格面貌。很多学者都注意到了，比如黛安·保罗就说："马克思有很多年轻得多的朋友……随着年龄的增长，马克思变得越来越难以相处，他很容易被老朋友们的行为激怒，但是，对于那些前来寻求他帮助和建议的年轻人，他一直都很和蔼。"所以，回到他们所处的时代，忘记那些我们无法回避但他们根本无从得知的事件，马克思和朗凯斯特在思想上是相合的，这注定会让他们产生和睦的友谊。

所有的历史研究，不论是人物传记还是生物的演化谱系研究，都有可能出现这种"现代主义"的错误。编年史家能够看到某些过去事件不可预期的结果，他们常常依据研究对象所处时代不可知晓的未来，对研究对象的动机和行为做出不合理的评判。因此，相当多的演化生物学家认为，那些生活在池塘里、占据着生物分类边缘小分支的泥盆纪鱼类是较为高等的存在，它们的演化注定是成功的。但是，这样的观点仅仅因为我们拥有回溯性视角：在今天看来，这些鱼类演化形成了所有现代陆栖脊椎动物，包括我们自己。我们也会极力推崇非洲灵长类中的某一种，认为它们是推动演化的核心力量，因为我们人类所特有的意识就是从这样一支动物中偶然演化形成的。还有，我们北方人曾经大骂罗伯特·爱德华·李[11]是卖国贼，但现在，随着历史的推进，我们能够以较为宽容的眼光重新评价他，认为他是一位很有原则的伟大军事领袖——虽然这两种极端评价都不足以描述和解释这位奇人在他那个年代的所作所为。

所以，当我们庆幸自己身处现代时，不妨多一点儿谦虚。忘记那些只有我们知道的结果，多想一想过去的事实。或许这样，我们才能理解历史，理解当代之所以为当代的主要原因。重温一位郁郁而终的流浪者的遭遇吧，1883 年，他在陌生的土地上以一个陌生人的身份去世了，但至少，他曾经享受过来自雷伊·朗凯斯特等年轻友人的安慰，这样一位忠实的朋友甚至参加了这位饱受排挤的异乡人的葬礼。

历史能够展现出其中的模式和规律，帮助我们更好地理解历史。但历史也同样因为人们的激情、无知，因为人们对神的幻想而呈现出难以预测的波折。不论我们想要如何评价前辈们的动机和意图，对于过去事件的理解必须在过去的术语和环境中进行。卡尔·马克思在研究拿破仑三世帝国重建的著名历史学著作中，以这句话作为开头："人类自己创造了自己的历史，但是他们并不是随心所欲地创造。"

07

果壳中的亚当前人类

温斯顿·丘吉尔评价苏联有一句著名的话："真是一个谜套着一个谜，里面还是谜。"我的这篇文章只打算讨论两个谜——一位不知名的作者曾经捍卫一条古怪的理论，而这理论，用艾丽丝[1]的经典台词来说，就是越看越奇怪。在分形的宇宙中，就算一粒微小的尘埃都能映出整个宇宙，正如布莱克[2]所说："一沙一世界，一花一天堂。"被人遗忘的文字现在看来或许会显得荒唐，但它能够最大程度地呈现人类的弱点，告诉我们人类是如何尝试赋予复杂的自然世界以意义的——我们称这项事业为"科学"。

英国地质史学家（此前是古生物学者）马丁·鲁德维克在他的重要著作《深时场景》（芝加哥大学出版社，1992 年）中，描述了人们面对曾经生活在遥远过去的动物群时，是如何形成阐释习惯的。书中，鲁德维克使用了 1860 年出现的一幅图画，这幅画"提出了'深时'秩序，粉碎了标准模型"。在此之前，多数作者只会重构一两个时间点或者时间段的历史，其中，中生代恐龙和新生代大型哺乳动物是"行业标准"。

过去人们很少用图表说明动物群不断变迁的情况。但是，有一本 8 开的书

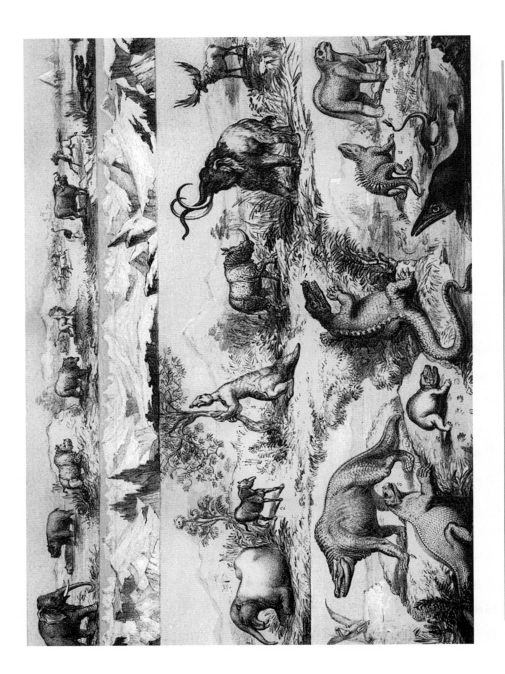

一幅极富创造性的插图：生命的历史被分为连续的三层，从下至上依次为恐龙、冰期的大型哺乳动物、现代生物。由伊莎贝尔·邓肯于 1860 年绘制

却以巨幅插页的形式（我手上这本书里的有 8 英寸 × 14 英寸那么大）印刷了这幅精心制作于 1860 年的图画。图中，生命的历史被分为三层，恐龙和同时期的动物位于最底层，中间层是大型哺乳类（包括身躯庞大的地懒、猛犸和爱尔兰麋），上层则是现代生物，右上方的埃及金字塔象征着人类的出现。

作者们通常会将这些图画视作准确的事实呈现，他们总会有意无意地用复杂的图像来阐释有关生命发展模式和起源的理论，最起码这位作者就用她的图画讲出了一些道道。特别地，她指出，图画的下面两层是连续的发展过程，尽管这两个阶段的代表动物看起来完全不一样。为了强调这一点，在图画正中间的醒目位置上，禽龙（样子被错画成鳄鱼，现在我们知道这是一种两足的、长着鸭嘴的恐龙）顺着一个斜坡往上爬，斜坡将两层图画联系起来。

但是，最上面那层现代生物却和先前的动物完全分开，一道杳无生机的冰川横亘其中，成为一道难以逾越的屏障。原画为了强调这一点，用苍凉的白色绘制冰川，与另外三层透着肉色的舒爽色调形成鲜明对比。显然，作者认为，生物的发展包括两个不同的阶段：一段较长的古老时期，偶尔出现变化，但始终绵延不绝，接着突然终止，进入寒冷的无生命时期，随后则是现代生物构成的较短的历史时期。

先说第一个谜。书中的这幅图画出现于 1860 年，没有标作者的名字，标题为《亚当前人类：古老星球和生命的故事》。我以前从来没有这么失败过，寻遍各类文献，都没能找到一丁点儿蛛丝马迹，只知道作者的名字叫伊莎贝尔·邓肯，关于她的生平和其他作品，我都一无所知。在写作中，我经常涉及一些生活在维多利亚时代的女博物学家，提到她们所历经的绝望与愤怒。虽然一些女性拥有足够专业的学识，渴望像男性一样参与到科学研究中去；但通常，她们只能以匿名的方式发表一些感伤的诗文，讲讲她们的孩子或者业余喜好，写作方式很受限制。不过现在，一些标准化的文献编集工作和现代女性主义历史学家的研究正致力于复原，或至少重新认识，这些被埋没的女性，我们可以从中发现她们的踪迹。

然而，即便如此，我还是没能发现任何关于伊莎贝尔·邓肯的记录。我很可能遗漏了什么，如果有读者能够提供帮助，我将不尽感激（多年来，读者们的评论、补充和指正，给我带来了许多乐趣，也让我深受启发）。*不过至少我可以说，另外一些在这方面花费了大量时间的学者也同样一无所获。鲁德维克本人简略地写道："作者似乎已经隐没在历史中了。但在当时，这本书很知名，短短几年就印到了第四版。"关于亚当前人类理论的最重要的学术著作是R. H. 波普金所著的一部传记，介绍了这场运动发起者的生平［《伊萨克·拉佩里埃（1596-1676）：生平、著作和影响》（E. J. 布里尔，1987 年）］，并简单描述了理论内容。但对于作者，仅仅提到了一句"一位叫作伊莎贝尔·邓肯的女性"——说白了就相当于"我只知道她的名字，除此之外，一无所知"。

邓肯的书出版日期稍晚于达尔文（《物种起源》是 1859 年出版的，仅早于邓肯的书一年），所以人们或许会推测，邓肯写作的缘由是为了向普通读者介绍地质学和人类学的新发现，以帮助他们评判（不管是赞成还是反对）达尔文

---

* 和以前一样，来自世界各地的朋友和学界同行没有令我失望。虽然 1915 年以来的出版物中没有提及伊莎贝尔·邓肯（除了作为《亚当前人类》的匿名作者之外），或者只有草草一两句话，但仍然有一些学者知道她的身份。资料来自两个源头：简·卡莱尔的信件和她较为出名的岳父亨利·邓肯（1774-1846）。前者是托马斯·卡莱尔的妻子，她很喜欢邓肯的书，也熟悉邓肯的家人；后者是苏格兰大臣、社会改革家，最著名的称呼是"储蓄银行之父"（至少苏格兰斯韦尔的储蓄银行博物馆是这么说的）。之后，斯蒂芬·什诺拜伦帮了我一个大忙，这位剑桥大学的年轻科学史家把自己关于伊莎贝尔·邓肯的论文寄给了我。论文中详尽讨论了邓肯的福音派宗教观念、对于科学的协调主义态度以及她的著名著作，邓肯的书在 1860 年到 1866 年间再版了六次（总印数约为6,000 册，这样的销量在当时已经非常可观了）。什诺拜伦的杰出工作填补了这方面的空白（他甚至找到了她的肖像，纠正了她名字的拼法——之前的材料都称呼她伊莎贝拉，但她自己更喜欢伊莎贝尔），据此出版了第一部研究这位优秀女性生平的学术报告《石头、男人和天使：伊莎贝尔·邓肯〈亚当前人类〉（1860 年）的矛盾论点》，《生物学和生物医学的历史与基本原理研究》32 (2001)：59-104。

对人类发展史的重大修正。但其实，她的动机正好相反，这个现在很少有人知道的动机正是我们要讨论的第二个谜。在十七世纪中叶的千禧年运动中，一种可以追溯到早期神父的古老的圣经解读理论重新浮现，这一理论当时没有引起太大的反响（但至少引起了一些著名人物的短暂兴趣，包括斯宾诺莎[3]、伏尔泰、拿破仑和歌德）。但渐渐地，地质学研究发现了地球的漫长历史，人类学研究发现了史前人类的制造物，于是这一理论也加入到达尔文学说的争论中来。

所谓的亚当前人类理论认为，在亚当之前就已经存在人类了，《创世记》第一章描写的只是上帝如何创造犹太人和他们的同伴，仔细阅读了圣经的读者应该不难发现这一理论得以出现的缘由。《创世记》中的若干段落从字面上看，似乎暗示着在亚当前就存在人类。原因说起来可能略显失敬，但是，如果亚当和夏娃是唯一一对人类，那么他们的儿子该隐娶的是谁？那只能是他的某个妹妹了（否则就得默认让人更反感的恋母情结）。但是，我们实在是难以接受自己的祖先竟然发生过这样的乱伦（不得不承认，《创世记》中罗得女儿们的故事仿佛暗示着这种可能）。

更重要地，在该隐杀死弟弟亚伯之后，上帝为什么需要在该隐身上做标记？该隐是"农夫"，上帝惩罚他，令吮吸了亚伯鲜血的土地不再能够长出庄稼，这样他不得不"飘荡在地上"。该隐请求上帝减轻惩罚，他说"凡遇见我的必杀我"。于是，上帝动了恻隐之心，在该隐身上做了标记（《创世记》4:15）："凡杀该隐的，必遭报七倍。耶和华就给该隐立一个记号，免得人遇见他就杀他。"如果当时地球上没有其他人类（可能有一些不知名的血亲），该隐为什么需要一个独特的记号呢？

进一步地，我们应当如何理解《创世记》6中两个富于争议的段落？首先是第二句："神的儿子们看见人的女儿们……娶来为妻。"（是说亚当后代的儿子们和其他家族的女儿们，还是反过来？不管怎样，这句话似乎表明存在两个谱系，其中一个可能是先于亚当存在的。）其次，第四句的开头："那时候有巨人在地上。"希伯来语的 *Nephilim* 可能显得模棱两可，金·詹姆斯的翻译大概也没搞明白大小比例，不过，读者很容易从这段话中看出，亚当前就存在人。

在三十年战争[4]结束后的 1648 年，正是千禧年主义思想席卷欧洲的时期，一位由孔代亲王[5]支持的法国新教神学家伊萨克·拉佩里埃将这些古已有之的疑惑和新的解经观点结合起来，在 1655 年首创了亚当前人类理论。他的著作出版于自由之风盛行的阿姆斯特丹，第二年被译为英语（书名为《亚当前人类》），产生了极大的轰动，也使作者陷入了一大堆麻烦。拉佩里埃因此被逮捕，遭到了严厉的拷问。最终，拉佩里埃接受了我们现在所谓的认罪辩诉协议，即他转为天主教徒，放弃亚当前人类的歪理，并亲自向教皇道歉，这样他将得到宽恕。在 1657 年初，他向亚历山大七世[6]进行了道歉。

不过，有两个关于拉佩里埃与亚历山大七世会面的传说让这一暗中策划的协议显得不太可靠。按照波普金的说法，这些传说很可能是真的。耶稣会会长告诉拉佩里埃，他和教皇阅读这本书时"心情很愉悦"。而且，教皇在接见这一"危险"的异教徒时说："让我们拥抱这位来自亚当前的兄弟。"无论如何，拉佩里埃从未放弃过他的理论。之后，他又活了 20 年，最后在巴黎附近去世，当时他还是奥拉托利会神学院的世俗成员。（和 30 年前的伽利略一样，拉佩里埃很谨慎地继续维护他的亚当前人类理论。他宣称这个想法很有意思，而且就各种证据来看也不是没有可能，不过，按照教会的法令，这个主意不可能是正确的。）

拉佩里埃的理论来自千禧年主义和普救说。如果上帝创造亚当作为犹太人历史的祖先，如果其他民族早已存在，那么犹太人必将带领全体人类迎来最终的救赎。拉佩里埃关注的是经典的基督教信仰，相信犹太人的复国预示着千禧年的降临。此时此刻，千禧年已经近在咫尺，犹太人的救世主即将出现，他将和法兰西国王一起，以胜利者的姿态回到耶路撒冷，他们将建立一个统一的、完全的基督世界。法兰西作为一个宽容的国度，必须接受、欢迎犹太人的到来——只要这些得到上帝宠爱的子民能够不受限制、不受迫害地聚在一起，他们的救世主就一定会降临。

拉佩里埃相信，一切人类，不论是亚当的后裔还是亚当前人类的后裔，都将得到同样的救赎。然而，颇具嘲讽意味的是，大部分后来（特别是十九世纪）支持亚当前人类理论的人却利用这一观点来为种族主义撑腰。特别是"多源发生"论。这个理论认为，每一个主要的人种都是独立起源的物种，亚当是最后出现的高等白人的祖先（也就是说，最后出现的最完善），而几支较早的亚当前人类则一对一地形成了几个低劣的种族（最先出现的最粗劣）。换句话说，白人是亚当的后裔，其他人种则是劣等的亚当前人类的后裔。

我对亚当前人类理论的兴趣在于，它采用一种完全不同的视角去尝试解决科学领域的核心问题——人类多样性的起源和历史。就世俗世界来说，我们坚信（我也同意这一观点）只有科学的实证研究方法才有可能解答关于事实的问题（而宗教的兴趣点理应在于完全不同的灵性问题，在于生命的意义和生活中的伦理问题）。但是，在接受过科学训练的人看来，亚当前人类理论采用了一种"奇特而迥异"的方法。这一方法与其说是宗教自身的，倒不如说是文学的或者解释学的，虽然它所研究的文本是宗教的圣经。

亚当前人类理论从阐述到证明都通过解读经文的方式进行，没有借助当时正在飞速发展的人类学和地质学（但是，亚当前人类理论的支持者也会引用科学研究的数据——最开始是航海探险记录，通过探险人们发现了世界各地的其他人种，后来是化石记录和深时研究的发现——来支持他们以文献为基础的理论）。我发现，在处理一些难以解答的共同疑问时，人类存在着一种令人着迷的平行研究传统，呈现出人类思考方法的多样性：有些方法最终成果丰硕，另一些则因前提错误注定会走向失败。亚当前人类理论和科学从完全不同的假设开始，采用截然不同的论证方法和验证标准平行前进。这两种理论出现的时期也很相似，拉佩里埃理论的形成期正好是牛顿这一代科学家开始活跃的时期，也是现代科学成为主流世界观的起点。而十九世纪末演化论的大获全胜，也令基于解经学的亚当前人类理论失去了立足之地，人们不再使用这一理论来解释不同人种出现的时间。

因此，我们必须意识到，拉佩里埃的理论并非囿于为圣经辩护的奇思妙想，在他那个时代的传统神学背景下，不失为一次充满勇气的激进尝试（不论是对天主教还是新教）。按照拉佩里埃的理论，圣经首五卷，也即《摩西五经》（传统观点认为是摩西所著，他是唯一的、得到神启示的作者）仅仅讲述了犹太人局部地区的历史，而不是整个人类的历史。拉佩里埃挑战了几乎没有学者敢在公开场合质疑的戒律（虽然在私底下，类似的质疑和想法一直存在）：圣经作为上帝启示的语言，它的含义就是人们所能读到的。通过亚当前人类理论，拉佩里埃开启了一场大规模的神学运动，其对宗教研究领域的影响一直延续到今天。巧合的是，这场运动再度与科学发展同步（采用的是文学的方法，而不是实证的、技术的方法）："高等批评学"和其他解经学方法将圣经视作不一定完全可靠的文本，需要参考真实性不同的、各种来源的资料，如果所有问题都可以提出（并且可以无所畏惧地寻求答案），而不是先验性地遵从每一句话，那么我们对圣经的理解将更深刻。

了解了拉佩里埃理论的创立过程，我们就能够看出解经学与科学在处理人类史前史时存在的巨大差异。对于科学家来说，拉佩里埃的观点显得荒唐可笑，和"真正"的人类起源问题没有关系，但在文学阐释的解经传统中，拉佩里埃的观点具有重要作用。他引用的文本来自《创世记》，但他的理论却主要来自使徒保罗 [7]《致罗马人书》中的一个段落（5:12-14）：

> 这就如罪是从一人入了世界，死又是从罪来的，于是死就临到众人，因为众人都犯了罪。没有律法之先，罪已经在世上；但没有律法，罪也不算罪。然而从亚当到摩西，死就作了王，连那些不与亚当犯一样罪过的，也在它的权下……

这里，问题出现了：传统的（很可能也是正确的）理解认为，"律法"是指摩西在《摩西五经》中得到的神的启示。按照这段话，虽然亚当是有罪的，他的罪却不能"算数"，直到摩西得到神谕，确定了亚当的犯罪性质，才导致所有后来的人都需要为此偿还（即原罪说）。然而，所有生活在摩西之前的人也不得不因为亚当的罪走向死亡，哪怕他们生而正直，从未"犯过与亚当一样的罪过"，哪怕他们尚未听闻摩西律法，也不完全明白为什么自己必须死。

用现在的大白话来说，"这段读起来没什么问题"——但拉佩里埃有充分（或许完全是因为个人气质）的理由不这么觉得。拉佩里埃坚持认为，保罗所说的"律法"是指亚当得到的启示，而不是摩西得到的神谕。那么，如果律法出现前，"罪已经在世上"，如果亚当是最早得到律法的，而人又可以犯罪，则显而易见，在亚当被创造出来之前一定已经有人类存在。今天，大多数人，不论是科学家还是神学家，都会认为这样的推论不可靠。不过在当时，在拉佩里埃的国家，那可是另一个时期、另一番风景。

了解了相关背景，明白了在探索人类史前史中，科学和解经学曾经并行，我们才可能理解伊莎贝尔·邓肯的书和理论——相比拉佩里埃所期待的法兰西国王和犹太救世主友好地一起迎接千禧年，她的想法更加离经叛道。但需要注意到，伊莎贝尔·邓肯的观点并非来自科学，而来自圣经解释学传统，她希望能够协调圣经与科学的关系，这样伊莎贝尔·邓肯的推理模式就清楚多了（虽然她的理论不会因此变得更加可靠）。鲁德维克在谈起邓肯的书时提到一个关键点："她的理论现在读起来很奇怪，但它来自……百花齐放的英美亚文化，类属于以圣经为基础的宇宙观，常常带有浓郁的社会和种族色彩。"

当然，我们不应该生硬地比较邓肯和拉佩里埃，邓肯处于达尔文世界正要到来的 1860 年，而拉佩里埃正处于十七世纪中期欧洲的千禧年狂热中。但他们都属于一种远不止于亚当前人类理论的圣经传统———一种试图和解的传统，而不是简单地投身于科学和其他基于实证的世俗研究。和解主义者认为，圣经是值得信赖的，是来自上帝的启示；但同时，他们也尊重科学发现。真理和启示不一定非要从字面理解，圣经的文本可以经过阐释与科学结果进行协调，绝不会否定或者反对科学研究。而反对者，以美国"年轻地球创造论"为最突出的现代版本，只相信圣经说的，如果科学不这样认为，那一定是科学错了，没什么好讨论的。

就新兴的地质学和古生物学来说，和解主义者的经典问题就是《创世记》1。按照文本的说法，上帝花了六天时间依次创造了宇宙和所有生物，而依照圣经中列位祖先与王的排列顺序，地球的年龄不会超过五千岁或六千岁。针对这一复杂的问题，有很多长篇大论的著述。简单来说，和解主义观点可以分成三大类。

第一，"间隔"理论认为，《创世记》必须按照字面意思解释，但是第一句（"起初，上帝创造了天和地"）和第二句之间，存在着长度没有明说的时间，这段时间足够容纳地质学研究发现的地球年龄。

第二，"日龄"理论认为，《创世记》1 中的顺序没有问题，但希伯来语的 *yom* 在金·詹姆斯版本中翻译成了"天"，"天"所指的时间长度并不确定。所以，可以把圣经中的每一"天"理解为地质学研究中发现的时间长度。

第三，"唯一地点"理论认为，《创世记》仅仅描述了犹太人在近东的起源，而不是所有地质时间的全部历史。亚当的孩子们可以与不同地区早期人类的后裔结婚，诺亚大洪水可能是当地的一次洪灾，所以不必纠结于一些琐碎的问题，诸如所有生物的祖先怎么可能全塞进方舟。几乎所有的亚当前人类理论都可以归入第三类。

无论我们如何评判伊莎贝尔·邓肯的观点，我们都必须承认，在她生活的时代也好，在我们这个时代也好，她的观点都值得注意。追随拉佩里埃仅根据圣经文本建立的观念，她拓展得到了和解主义式的新版亚当前人类理论——她对《创世记》1 和 2 的分析要比拉佩里埃对《致罗马人书》5 的分析更细致。在这之前，几乎所有的亚当前人类理论都希望能够解释当前的人种差异，采用的方法通常是，贬低他们所处的欧洲文化圈以外的人种。不过，邓肯利用亚当前人类理论的文学和解经学传统，解释了地球上的人类遗迹，同时确信地球上现存的所有人类都来自同一个祖先，即较晚出现的亚当。

简而言之，邓肯认为存在两种完全不同且彼此隔绝的生物，两者都具备人类的特征。上帝在第一次创造世界的末尾创造了亚当前人类；但之后，他摧毁了所有生命，随之发起第二次创造，这次是从亚当开始的，也即所有现代人的祖先。因此，亚当前人类在晚近的地质层中留下了人类的制品，但所有现代人都是第二次创造的亚当的后裔。

拉佩里埃对《致罗马人书》的解读差不多就是他自己的臆测。但邓肯对《创世记》前两章的解读堪称亚当前人类理论史上引人注目的新思路——她真正洞察到了问题，只是解决方案不对。我经常感叹这样的事实：很少有人（包括那些坚决认为应当逐字理解圣经的创世论者）能够发现，《创世记》1 和《创世记》2 要是从字面理解，它们讲的故事完全不同。《创世记》1 讲了上帝如何在六天时间里顺序创造世界万物，从地球到光，到植物，到太阳和月亮，到动物（按照"逐渐上升"的次序从鱼到哺乳动物），最后到第六天创造人类。这时候，男人和女人是同时出现的（《创世记》1:27）："神就照着自己的形像造人，乃是照着他的形像造男造女。"

但《创世记》2 的故事就很不一样了。上帝在没有生机的地球上创造了唯一一个男人亚当（《创世记》2:7）："耶和华神用地上的尘土造人，将生气吹在他鼻孔里，他就成了有灵的活人，名叫亚当。"接着，上帝将亚当放到伊甸园中，随即创造植物，然后是动物，来让世界上的第一个生物不会太孤单（2:18）："那人独居不好。"之后，上帝又将所有动物带到亚当面前，赐予亚当命名这些动物的特权。

但是，亚当还是很孤独。于是上帝造"配偶帮助他"（2:20），上帝借用了他的一根肋骨。"耶和华神……于是取下他的一条肋骨，又把肉合起来。耶和华神就用那人身上所取的肋骨造成一个女人，领她到那人跟前。那人说（2:21-23）：'这是我骨中的骨，肉中的肉，可以称她为女人。'"

人们常常会忘了两者的巨大差异，其中的原因大概在于，我们总是按照自己的喜好将这两个故事糅合成一个传说。我们援引《创世记》1 中六天创世的顺序，可是用亚当的肋骨制造夏娃也令人难以割舍，同样地，还有伊甸园最初的美好。于是，我们将《创世记》2 中的"细节"嫁接到解读方案不同的《创世记》1（男性和女性同时诞生）中。

现在，这些差异有了明确、清晰的解释，已经无需再对此进行学术上的争论或者神学上的严肃探讨了。两个故事有所不同是因为，古代编纂者根据很多不同来源的文本集合形成圣经，这两个故事分别来自两份重要的文本。现代评论家使用 E 和 J 来区分不同文本中上帝的不同称谓，即 Elohim 和 Yahweh，后者在欧洲基督教传统中通常被译为"耶和华"。[书面希伯来语没有明确的元音，所以早期基督教徒需要根据四个辅音字母组成的词 YHWH 来推断上帝的名称。早期基督教作者通行的拉丁文字母中又没有 Y 或 W，于是他们采用了必要的替代字母加上所推测的元音，构成了耶和华（Jehovah）这个词。]所以，《摩西五经》不是摩西唯一的一部直接由上帝口述形成的底本。不同文本彼此杂糅，造成了《创世记》和其他经书之间的矛盾。因此，我们无需动摇自己的宗教信仰。无论如何，圣经都不是一部记述自然史的著作。

但是，伊莎贝尔·邓肯的思路与这一学术传统不同。她虔诚地遵循着古老的信仰：经文绝对是正确的、连贯的，人们固然可以对此做出不同的解释，但经文的字面意思一定不会有错。同时，出于对科学新发现的调和主义态度，她又认为：假使我们对这些绝对正确的经文做出合理的解读，那么经文与真实的、经验主义的发现也不会产生矛盾。这两种观念交织在一起，构成了邓肯独一无二的亚当前人类理论。

她熟知的这两个创世故事，读起来很不一样。但是，如果圣经真的不可能出现错误，那么这两个相继出现却迥然不同的故事意味着什么？邓肯不可能采用科学的实证方法，她一定会采用解经学方法去回答这个问题，用她自己的话来说："必须毫不怀疑地相信经文所说的一切。"那么，面对这两个矛盾的创世故事，如何进行双重（《创世记》1 和《创世记》2 之间的矛盾，还有整部圣经与科学证据之间的矛盾）和解呢？

邓肯在书的开头提出了这样的假设，圣经经文可能带有隐喻性，不存在事实上的错误：

《创世记》第一章和第二章记录了两个创造人类的故事，这两个故事读起来很不一样。但通常，我们将其解释为同一事件的不同记录。在我看来，这样的解读方法长久以来存在着严重问题。

她找到了关键的问题——两个故事中亚当的位置不一样。在第一章中，亚当的出现晚于其他动物，但在第二章中，亚当是最早出现的：

第一章中，较低等的动物在第五天被创造出来，要早于人类；而在另一个故事中，人类是最早被创造出来的，上帝将他放在伊甸园中，为了帮助这个新生的孩子，上帝才创造了其他生物。

接着，邓肯介绍了其他宗教学者的尝试。他们认为，这两个故事记录的是同一事件，上帝不过是出于文学性的考虑进行了重复叙述。"我不能肯定说，得到神谕的摩西不会把同一件事情叙述两次。"但是白纸黑字的证据却明明白白呈现出相反的顺序，"如果我们认为，第二章叙述和第一章相关［是同一事件的重复］，那么至少，我们不该希望在这两段叙述中发现矛盾……两者不会出现难以协调的差异。"

于是，邓肯想出了独特的解决方法，形成了她崭新的亚当前人类理论：两段叙述都是真实的，但它们讲述了两个不同的、依次发生的故事，是地球生物发展史上发生的两次创世。（希伯来语的 *Adam* 可以解读为"一个类"，不一定是特定人物的专有姓名，所以这两个故事可以指代不同的祖先。）邓肯这样总结她的想法：

随着一次次的阅读、思考［注意，她采用的完全是文学的方法，没有涉及科学研究得到的实证数据］，我越来越确信，解释这两段文字的理想方法是将它们视作两次不同的创世，两次创世之间隔着非常久远的时间，是在完全不同的环境下发生的。

为了解释第一次创世经历的漫长时间——地质学和古生物学研究所发现的结果，邓肯使用了传统的"日龄"说："我希望……有充分的理由采用现在有识之士普遍相信的观点，即创世所用的六天其实是六个时代，或者说六个周期。"这样的话，第二次创造亚当，也就是所有现代人的祖先，就不会再遭到深时地质学研究的挑战，因为不管所经历的时间有多长，都可以放入第一次创世中。

到目前为止，这个理论看起来还不错（也不是很古怪）。不过，邓肯的连续创世模型同样会产生一个难以解决的问题，即曾经广泛分布但现在已灭绝的亚当前人类到底去哪儿了？经过反复讨论，考古学研究最终复原了史前人类遗物和同时代的已灭绝大型哺乳动物（猛犸、洞熊、披毛犀）遗骨。显然，这些动物来自邓肯所说的第一次创世，也就是亚当前的创世。然而，人们一直没有发现确凿不移的人骨证据——肌肉当然没法形成化石，但是一定会有骨骼留存（直到十九世纪九十年代，杜布瓦[8]在爪哇发现了直立人的遗骨）。所以，如果箭头和斧子证明存在亚当前人类，而亚当前人类没能留下骨骼的化石记录，那么，我们如何解释这些物证？

是不是真的没有什么证据能够说明他是谁？如何打发时间？性格如何？遥远年代的鸟兽、植物还有花花果果都在世界各个角落留下了踪迹，难道人类就一点儿都没留下吗？……他的遗迹到底在哪里？我们在各个时代的岩层中发现了低等动物的大量化石，可是，亚当前人类的在哪里？

仅就这一点来看就足以让科学家们认为，邓肯不够聪明，因为她太过执著自己的理论。不过在邓肯看来，这完全符合论证的逻辑。科学界有句著名的格言："缺乏证据不等于不在场。"在理论的早期探索阶段，无法确证将鞭策人们搜寻证据，而反面的证据常常会推翻假设。但是，如果随着理论的发展，人们一直无法找到证据，并且最终已经不太可能在未来得到确证，那么这一理论势必会被摈弃。在人类演化研究中，坚固的燧石远比脆弱的骨骼更容易保存在地质记录中，缺失与

141

人造物相伴的人骨也鞭策科学家努力搜寻骨骼——在邓肯的著作出版后30年内，这样的努力终于取得了成果。（如果到了140年后的今天，科学家仍然没能发现什么，那么我们将考虑另一种可能，当然也不会是邓肯的想法。）

不过，邓肯始终坚守着自己的解经学思路。如果圣经允诺，所有在第二次创世中诞生的亚当的儿子们，都将最终得到肉体的复活；那么，当第一次创造的世界遭到灭顶之灾时，上帝也会复活亚当前人类的后裔——这就可以解释为什么我们只发现了亚当前人类的工具而没有发现他们的骨骼。可是，复活后的亚当前人类去了哪里？

为解开这个最大的谜团，邓肯想出的答案简直令人瞠目。她说，复活后的亚当前人类就是我们传说中的天使和所谓的鬼魂显灵：

> 我斗胆推测，圣经中频繁出现的神秘天使，和亚当家族有着密切的关联，其身份始终不为人所知……其实他们就来自亚当前人类。天使始终保持着最开始的身份，就和造物主一样神圣、圣洁。

一个在过度推广、过度延伸的逻辑之下产生的假说也会因为同样的逻辑引来其他一些问题。如果亚当前人类足够优秀，能够在复活后成为我们眼中的天使，那么上帝又为何要令他们灭绝呢？甚至，连其他无辜的植物、动物都难逃厄运（较为低等的生物没有得到复活）。其中的缘由细想起来颇为可怖，到底是什么让上帝如此悲伤，只有摧毁全部生物才能解决这个问题？

邓肯想办法解决了最后这个谜团，完成了整个理论。她说，有一支任性的亚当前人类背叛了上帝，于是所有生灵都必须为此背负罪责。这些罪大恶极的人就是混杂在我们中间的堕落天使——撒旦和他的恶棍。而且，毁灭地球（同时留下标记，让我们能够通过冰期了解这一事件，正如瑞士博物学家路易斯·

阿加西最近的发现）并复活恶魔与良善时，上帝向亚当的后裔提出了两条警告。他们必须明白，如果背叛上帝追随撒旦，那么应当知晓后果：

撒旦是亚当前世界的恶魔，他充满野心、孔武有力又骄傲自大。人类正是他的受害者，人类长有耳朵，多多少少会听信撒旦的谎言，将自己投入到相同的罪孽中。神的怒火摧毁了这群反叛者……又在地球上四处留下痕迹，明明白白地告诉我们，只要愿意，他的强大力量足以令地球瑟瑟发抖。

现在，让我们回到邓肯构思的这幅宏大的生命发展图（参见本文开篇处的介绍）。可以看到，邓肯这一石破天惊、令人着迷的新思路并非基于科学的创新，而是来自神学的地球史观念，属于以文本分析为基础的亚当前人类理论。地质学研究或许能够证实阿加西的冰封世界，但对于邓肯来说，这场灾难乃是因为上帝看到亚当前人类中的恶魔堕落之后发怒造成的。"上帝的巨犁"（阿加西本人就是这么描述冰期的，只不过他们的目的和意图不同）清扫地球，摧毁了第一次创世的作品，准备迎接新的亚当后裔，也就是微不足道的我们。

那么，我们到底应该如何评价伊莎贝尔·邓肯的理论呢？她那错得离谱的人类史前史观点除了娱乐效果之外还有什么？科学家大概会直接否定她的想法。她精心设计了一套理论，试图解释为什么我们在地质记录中只发现了史前人类的制造物而没有发现人骨化石。显然，她错了，因为之后我们发现了足够多的骨骼化石。

但是，如果我们想得深入一些，思考一下为什么她会提出如此异乎寻常的解释（不但对科学家来说很奇怪，对当时的大多数神学家来说也很古怪），那么我们就不得不考虑更具普遍性的"束缚"问题。我们能够从中得到重要的启示，因为伊莎贝尔·邓肯所受的明显的"束缚"可以帮助我们审视自己的局限性：我们总是用有限的智力去了解自然世界，不明白如何才能跳出自己的预设（当然，这解释了为什么很多在过去确定无疑的天才会发表种种令今天的我们感到很好笑的错误观点）。

邓肯的思考局限于对圣经文本的文学性解释，她绝不允许自己对圣经产生一丝一毫的怀疑。这样的信仰决定了她不可能有太多回转的空间能够真正解决自然世界的复杂问题，而解决这类问题需要我们考虑方方面面的假设。我们也不得不思考，是否存在更严重的限制——当时知识女性所承受的外界压力——导致伊莎贝尔·邓肯的思路如此狭窄？她甘愿接受这样的限制，还是曾经渴望反抗？在另一本不带个人痕迹（却热情洋溢）的著作中，只有一段文字略微揭开了面纱，让她的读者可以短暂地窥见一些真容。她需要回答这样的质疑：上帝复活亚当前人类，让他们成为天使，其中当然有男有女，可是我们的文献中只提到过男性天使，那么，亚当前人类中的女性去了哪里？邓肯回答说，她们也成了天使，只是我们看不见而已，因为文学的偏见，我们无法读到她们的故事，就如同社会的偏见将妇女和孩子推向同样的命运：

　　长久以来，有许多不容置疑的事实在圣经中只字未提。或许有人会质疑：圣经是否有必要提到千百年来同样生活在地球上的妇女；还有年幼的孩子们，在漫长的时间里我们都未曾注意过他们。

换句话说，缺乏证据不等于不在场。又或者，就像哈姆雷特在相同场景下发出的讽刺"人真是伟大的杰作"：

啊上帝，倘若不是我总做噩梦，那么就算把我关入果壳，我也是无限宇宙的主宰！

我想，如果人类想要冲破自己思想的牢笼，就必须付出奇思怪想的代价。

08

弗洛伊德基于演化学说的想象

1897 年，美国底特律的公立学校大范围试验了一项看起来很理想的新课程。一年级小朋友要阅读《海华沙之歌》[1]，因为这个年龄段相当于人类演化的"游牧""蛮荒"阶段，所以小朋友们很容易理解诗里那位与他们性格相似的主人公。同一年，吉卜林[2]为英帝国写下了美妙的赞歌《白人的负担》，以敦促国人承担起艰巨的义务，来帮助这些"新发现的沉闷的人们，他们一半是恶魔，一半是儿童"。特迪·罗斯福当然很了解完美借口的价值，他写信给亨利·卡伯特·洛奇[3]，称吉卜林的写作"就诗歌来说不怎么高明，但从推而广之的角度来看，很有意义"。

这些看似不相干的事件记录了某演化观对于大众文化的深刻影响，这一影响甚至仅次于自然选择对生物学的影响。该演化观认为"个体发育重演了系统发生"；或者说，一种生物胚胎发育的一系列阶段类似成年祖先所经历的历史演变。比如，人类胚胎的鳃裂揭示了我们曾经是条鱼的遥远过去，而稍后出现的尾巴（后续会被吸收）则代表祖先经过了爬行动物阶段。听起来似乎很有道理，只不过名词术语略显含糊不清。

早在 50 年前，生物学就抛弃了这一观念，具体的原因可参见拙著《个体发育和系统发生》（哈佛大学出版社，1977 年）；但是，在这之前重演论（只举了区区三个影响广泛的例子）就已经成了"天生罪犯"观念的证据，影响深远——在普通人个体发育的过程中，延续了愚蠢的特征，这想必是劣种留传的悲剧结果。这样的观念得到了种族主义者的支持，他们认为，"原始"文化中的成年人类似高加索人儿童，需要训导和控制；而很多城市的小学课程也将年幼的孩子简单等同于过去的成年男性和女性。

在二十世纪最具影响力的思潮之一——弗洛伊德精神分析学说中，重演论也扮演着重要的角色，但人们几乎没有注意到这一点。围绕弗洛伊德的种种传说热衷于将精神分析视作理解人类思想的全新理论，闭口不提与过去学说的内在联系，仿佛是横空出世。弗洛伊德接受生物学训练是在演化论最早被提出的全盛时期，他的理论与达尔文世界的主要观念有着深刻的关联。[参见弗兰克·萨洛韦撰写的传记《弗洛伊德——心灵的生物学家》（基础书籍出版社，1979 年），作者认为，几乎所有具备创造力的天才都会被神化为完完全全的创新者。]

传统的生物重演论是 "三重平行理论"：高等物种的幼年体等同于成年祖先，也等同于任何现存的"原始"世系的成年体（例如，具备鳃裂的人类胚胎代表了生活在 3 亿年前的鱼类祖先，也代表了所有现存的鱼类；同理，按照种族主义者的推论，白人幼童相当于成年直立人，也相当于现代的成年非洲人）。弗洛伊德增加了第四重平行：患有神经症的成年人在某些重要方面相当于正常的儿童，相当于成年祖先，也相当于原始文化中的正常成年人。关乎成人病理学的第四重理论并非弗洛伊德首创，而是当时众多理论的共有部分。比如，龙勃罗梭[4] 的"犯罪人"概念；又比如，当时有一些观点认为，新生儿缺陷或智力障碍是因为保留了对于成年祖先来说正常的胚胎阶段。

弗洛伊德曾多次表达自己对重演论的信仰。在《精神分析导论》（1916 年）中他写道："每个人都会或多或少以一种缩略的方式重演人类发展的整个过程。"

在 1938 年的笔记中，他提出了第四重平行理论的图景："至于神经症，这些患者好像还处在史前时代，比如侏罗纪，四周还有跑来跑去的巨型蜥蜴，木贼类植物长得和棕榈树一样茂盛。"

更重要的是，这些想法不是转瞬即逝的幻想，也不是无足轻重的念头。在弗洛伊德的智力发展理论中，重演论占据着非常重要的核心地位。在职业生涯早期、发表性心理发展阶段（肛欲期、口欲期和性器期）理论之前，弗洛伊德写信给他最重要的朋友和合作者威廉·弗利斯说，嗅觉刺激的性压抑是人类走向直立姿态的重现（1897 年的信）："一旦采用直立姿势，鼻子就远离了地面，曾经和地面相关的、有趣的感觉也随之变得令人讨厌。"很明显，弗洛伊德的性心理发展阶段理论也是以重演论为基础的：童年的肛欲期和口欲期代表了过去四足爬行的时代，以味觉、触觉和嗅觉为主导。随着孩童学会站立，视觉成为主要的感知来源，性刺激也随之进入性器官阶段。1905 年，弗洛伊德写道，口欲和肛欲阶段"似乎再度展现了生命的早期动物形式"。

在职业生涯后期，弗洛伊德以重演论为核心理念创作了两部重要著作。在《图腾与禁忌》（副标题为《野蛮人与神经症患者精神方面的若干共同点》，1913 年）一书中，弗洛伊德指出，现代儿童和延续至成年神经症患者的俄狄浦斯情结根源于复杂的人类历史，原始文化中的乱伦禁忌和图腾崇拜（部落通常会有一种神圣的动物需要加以保护，但在一年一度的盛大图腾节日中，又可以吃掉这种动物）也根源于复杂的人类历史。弗洛伊德认为，早期人类社会的组织模式为族长制部落，由一名占据主导地位的男性前辈领导，他的儿子们不可以和部落的女性发生性接触。绝望的孩子最终杀死了自己专横的父亲，但是，背负着罪责的孩子仍然无法接触女性（乱伦禁忌）。为了赎罪，他们用图腾动物象征死去的父亲，但又通过每年的隆重节日庆祝自己的胜利。现代的孩子通过俄狄浦斯情结重演这一弑父过程。在最后一部著作《摩西与一神教》（1939 年）中，弗洛伊德用非常详细的笔墨再次说明了这一主题。弗洛伊德认为，摩西是与犹太人为伍的埃及人。最后，他喜爱的犹太人杀死了他。因为沉重的负罪感，犹太人将他重塑成一位了解全知全能上帝的先知，也创造了犹太教与基督教文明共有的伦理理想。

一项多年来被弗洛伊德研究者誉为最重要发现的成果可以证明，重演论在弗洛伊德理论中占据着超乎人们想象甚至超乎人们希望的更核心的位置。几乎所有评论者都忽视了这一关联：一方面因为，按照学科分类，弗洛伊德被划归到另一领域，以至于人们忽略了生物学对他的影响；另一方面则因为，重演论的落幕使得这种曾经占据主导地位的理论已淡出了大部分现代学者的视线。1915 年，在战争阴影的笼罩下，将步入 60 岁的弗洛伊德开始以极大的热情投入一本书的创作，而这正是他所有研究的理论基础——"超心理学"。他完成了十二篇论文的写作，但后来因为某些原因放弃了计划，研究者们对这一变故有很多讨论。最终，十二篇论文中有五篇得到发表（其中《悲伤与抑郁症》最为著名），另外七篇据说已经散佚。1983 年，伊尔丝·格鲁布里希－西米蒂斯发现了一份弗洛伊德的手稿，正是第十二篇论文，也是最概括的一篇。这份手稿和他的匈牙利合作者桑多尔·费伦齐的诸多文件混在一起，放在一只大箱子中，原本是弗洛伊德女儿安娜（1983 年去世）的。1987 年，哈佛大学出版社以《系统发生学想象》为题出版了这份手稿（阿克塞尔、彼得·霍弗译，格鲁布里希－西米蒂斯博士编注）。

弗洛伊德和费伦齐的联系进一步强化了重演论在弗洛伊德精神分析理论中的核心地位。弗洛伊德曾因主要合作者艾尔弗雷德·阿德勒和卡尔·荣格[5]的反对与疏远而倍感伤心，在这段压力重重的时间里，始终忠诚的费伦齐与弗洛伊德之间建立了牢固的个人友谊和学术联系。1915 年 7 月 31 日，弗洛伊德在给费伦齐的信中写道："现在我身边只有你一个人了。"在写作超心理学论文的过程中，弗洛伊德与费伦齐之间交流密切，几乎可以把这些论文视为两人的合著。第十二篇论文《系统发生学想象》得以留存也是因为弗洛伊德给费伦齐寄了一份草稿，希望能够听听费伦齐的意见。在弗洛伊德的所有合作者中，费伦齐最具生物学素养，也是精神分析史上最热衷于重演论的人。1915 年 7 月 12 日，弗洛伊德将他的《系统发生学想象》寄给费伦齐，他在所附信件的最后写道："很显然，您的观点最为重要。"

费伦齐有一部著名的作品叫作《海洋时代：生殖器欲理论》（1924 年），也许现在大家都知道他的观点很好笑。他认为，大部分时候，人类都会不自知地渴望回到温暖的子宫中，"那里不像外面的世界，不会有自我与环境无法协调的痛苦"。按照费伦齐自己的说法，这本书"遵从海克尔的重演论"。

费伦齐认为，性交是人类对遥远过去沉浸在永恒大海中宁静时光的追忆——"回到海洋时代……追忆在原始时代放弃的水生生活。"他说，性交后的筋疲力尽象征着海洋的平静；同时，阴茎象征着鱼，向代表原始海洋的子宫游动。此外，他还指出，性交得到的胎儿需要在羊水中度过胚胎阶段，令我们想起祖先生活的水生环境。

费伦齐试图将现代精神生活与更早的事件进行比拟。他把性交后的安眠比作前寒武纪的死寂世界，那时候还没有生命出现。他还将人类生活的全部过程——从父母性交到后代死亡——视作整个演化史的重演（弗洛伊德不会走得这么远，以致将可能的符号与现实统一起来）。性交后的安眠令人想起死亡，象征着生命出现前的地球；而受孕则重现了生命的发生。胎儿在象征海洋的子宫中成长，经历祖先经过的所有演化阶段——从原始的变形虫到完全成熟的人类。诞生重现了爬行动物和两栖动物对陆地的征服，而完全成熟前青春期性活动的潜伏期则再现了冰河时代的沉寂。

借助人类生活对冰河时代的重现，我们可以将费伦齐的思想和弗洛伊德的

《系统发生学想象》联系起来。弗洛伊德对遥远过去的推断不像费伦齐那么夸张，或者说不像他那么绘声绘色，弗洛伊德试图从冰期开始，根据现在的精神生活重构人类历史。按照神经症在人类成长过程中的出现顺序对它们进行归类，是弗洛伊德理论的基础。

理论不可避免地影响我们对世界的看法。上述理论不能够对自然进行独特、客观或显而易见的描述。为什么要按照神经症出现的时间对它们进行分类？有许许多多其他的方法可以描述和分类神经症，比如社会影响、共有的行为或结构、对患者情绪的影响、可能导致或伴随疾病发生的化学变化。而弗洛伊德的分类法正来自他对神经症的演化学解读，是基于重演论的分类结构。按照这种观点，人类历史上连续出现的事件导致了神经症的发生——神经症患者停留在成长的某一阶段，无法像正常人那样超越这一阶段。因为个体成长的每个阶段都是演化史上某一事件的重演，所以每一种神经症都可以对应到祖先的某一史前阶段。曾经合适、恰当的行为在已经发生巨变的现代世界中导致了神经症。因此，如果神经症能够按照发病时间归类，我们就能了知它们的演化学意义（以及因果关系），即指示人类发展史上的重要事件。1915 年 7 月 12 日，弗洛伊德写信给费伦齐说："现在所谓的神经症都曾是人类发展的某一阶段。"在《系统发生学想象》中，弗洛伊德断言："神经症也一定见证了人类精神发展的历史。"

弗洛伊德认为，他的性心理发展阶段理论结合费伦齐的推测，可以通过幼儿发育过程中出现的事件了解人类早期历史的某些特征。在《系统发生学想象》中，他只讨论了两个系列神经症所记录的较为明确（但象征意味较弱）的历史，这两个系列神经症都在发育的后续阶段出现，分别是他所命名的移情性神经症和自恋性神经症。作为《系统发生学想象》的核心理念，弗洛伊德将这些神经症分成六个连续的阶段：先是三种移情性神经症——焦虑性癔症、转换性癔症、强迫性神经症，然后是三种自恋性神经症——早发性痴呆（精神分裂症）、偏执狂和躁郁症（抑郁症）。

　　从一些神经症能够延伸出很多内容。首先，根据通常情况下个体出现这些疾病的时间对神经症进行排序……焦虑性癔症……最早，转换性癔症紧随其后（大约在 4 岁出现），接着在青春期前期（9-10 岁），孩子可能会出现强迫性神经症。儿童阶段不会出现自恋性神经症。其中，早发性痴呆一般出现在青春期，偏执狂出现在接近成年的阶段，躁郁症与此相似，但不确定。

弗洛伊德解释说，移情性神经症重演了人类在冰河时代对付困难的行为方式："值得注意的是，焦虑性癔症、转换性癔症、强迫性神经症实际是返回到了整个冰期人类所必须经过的阶段。那时候，所有人类都是这样的，而现在，只有某些患者会这样。"焦虑性癔症代表了我们面对困境时的第一反应："在冰期的艰难环境下，焦虑成为人类的普遍情绪。曾经友好的、令人愉悦的外部世界变得危机四伏。"

　　艰难的环境无法承受大量人口，限制生育成为必须要做的事情。于是，在适应冰期的过程中，人类试着将性欲转向其他目标，从而限制生育。这一留存于种族记忆中的行为在今天看来变得不合时宜，于是出现了第二种神经症——转换性癔症："限制生育成为了社会责任，而不会导致生育的性变态可以满足这一要求……这显然与转换性癔症的表现相符。"

　　第三种神经症——强迫症则记录了我们是如何克服冰期的险恶环境的。为了存活，为了防范外部环境的危险，我们必须殚精竭虑、全力以赴。同样的专注放到现在会表现为神经过敏地强迫自己遵循规则、关心没有意义的细节。这一曾经非常必要的行为现在"成了强迫所做的行为，原本的刺激变成了无关紧要的琐事"。

弗洛伊德将较晚出现的自恋性神经症与冰期后的人类历史事件对应起来，这一观点他在《图腾与禁忌》中就已讨论过。精神分裂症记录了父亲是如何阉割自己的儿子作为后者反抗的报复的：

> 可以想象，在原始时代，阉割能够去除一个人的性欲，令他停止发育。早发性痴呆似乎重演了这一场景……患者抛弃了所有喜欢的对象，心理堕落，退回到自体性行为。年轻的患者看起来就像被阉割了一样。

（在《图腾与禁忌》中，弗洛伊德只是认为，父亲会将自己的儿子赶出部落；现在，他甚至想到父亲会采取阉割这一更加残忍的惩罚方式。评论者认为，弗洛伊德的改变源自对"孩子们"的愤怒。阿德勒和荣格背叛了弗洛伊德的理论，还建立了与之对立的学派。通过阉割，弗洛伊德宣布了他们将不可能取得成功。我不太喜欢这类精神分析式的推测。弗洛伊德不可能不知道他的阉割理论和演化理论存在矛盾——残废的儿子不会留下后代，也就无法将这一事件刻入遗传特征。弗洛伊德解释说，由于母亲的调解，较为年幼的儿子得到了宽恕，这些儿子长大后能够生育后代，但因为兄长的悲惨命运留下了精神上的伤痕。）

接下来出现的神经症——偏执狂则记录了遭到放逐的儿子如何对抗同性恋倾向，在他们那个远离家乡的小团体里，同性恋是不可避免的结果："通过这一阶段人类的精神状态，我们有希望弄明白一直悬而未决的同性恋遗传问题……偏执狂尝试阻止同性恋，但后者是兄弟关系的基础，这么做会令受害者陷入孤立，失去社会地位。"

最后一种神经症——抑郁症则记录了耀武扬威的儿子们如何杀死父亲。躁狂－抑郁症患者情绪的大起大落记录了弑父的狂喜与内疚："父亲的死去宣告了胜利，但孩子们仍然会感到悲伤，因为父亲毕竟是他们尊敬的对象。"

在当代人看来，这些推测显得过于牵强。尽管有高贵的起源，但就结论来看简直荒唐可笑。过去半个世纪科学的发展证明了弗洛伊德的想法毫无疑问是错误的。（特别地，弗洛伊德学说的一个致命错误是欧洲中心主义。人类演化并非出现于北欧冰层附近，而是发生在非洲。也没有任何证据说明，欧洲尼安德特人在冰期饱受磨难，要进行大量捕猎活动。虽然不管怎样，尼安德特人都不太可能是我们的祖先。最后，弗洛伊德构想的人类社会组织模式——专横的父亲阉割自己的儿子，还将他们赶出部落——也完全不可信，这样的模式根本无法确保达尔文式的传代。）

但是，弗洛伊德的学说并非一派胡言：在当时，他的理念与生物学观念相当契合。之后，随着科学的发展，弗洛伊德学说赖以成立的生物学基础遭到抛弃，大多数评论者不知道这些概念为何会存在，甚至不知道它们曾经存在过。于是，弗洛伊德的学说在现代演化学看来简直是狂想，完全不着边际。的确，弗洛伊德的《系统发生学想象》很大胆、缺乏数据支持、主要基于推测、带有个人色彩，是错误的。但是，倘若我们能够知晓两种曾经广为接受的生物学理论，那么弗洛伊德的学说也就变得可以理解了。

第一种理论当然是本文反复提及的重演论，也是弗洛伊德想象的主要依据。重演论促使弗洛伊德将儿童时期的正常特征（或者被认为是与某一儿童阶段相对应的神经症）解读为演化史上成人曾经出现过的某一阶段。但重演论不能够将成人的经历传递给后代，所以还需要另一种机制。传统的达尔文主义无法提供这样的机制，弗洛伊德意识到，他的想象需要依靠另类的遗传理念。

弗洛伊德的想象需要一条传代之路，使几万年来人类祖先所遭受的事件能够遗传给现代人。但这样的事件——为冰层增厚焦虑、阉割儿子、杀死父亲——是不可能获得遗传的。不论精神创伤多么严重，父母的精子和卵子都不会受到影响，所以按照孟德尔定律和达尔文理论，这样的事件是不会遗传给后代的。

于是，弗洛伊德抱定他的第二条生物学准则——拉马克学说。当时这一学说已经被社会抛弃，但有一些著名的生物学家仍然支持，后天获得的性状可以遗传。按照拉马克学说，弗洛伊德构想所面临的理论问题全部得到解决。成年祖先获得的每一个重要的适应性行为都可以直接、快速地遗传给后代。发生于一两万年前的原始弑父行为完全可以以现代儿童的俄狄浦斯情结复现。

我赞赏弗洛伊德，因为他忠实于自己的论证逻辑，不像费伦齐。在《海洋时代》一书中，费伦齐将象征和因果关系混为一谈（比如，胎盘是哺乳动物新演化出的适应性结构，不能看作原始海洋种的遗迹）；而弗洛伊德的理论却与两大学说的生物学逻辑严格一致，虽然这两大学说（重演论和拉马克遗传学说）已经被证伪。

弗洛伊德很清楚自己的理论建立在拉马克遗传学说之上。在《系统发生学想象》中，他写道："我们有理由认为，遗传得到的癖性是我们祖先获得性状的残余。"弗洛伊德也很清楚，1900 年，在人们重新发现孟德尔定律的价值之后，拉马克理论已不再流行。在合作中，他与费伦齐越来越关注拉马克理论对于精神分析的重要性。为此，他们计划合著一本书。于是，在 1916 年末，弗洛伊德非常热切地阅读了拉马克的著作，还在 1917 年初写了一篇论文（很不幸，这篇论文没有发表，也没有留存下来）寄给费伦齐。然而，由于第一次世界大战爆发，研究和交流变得越来越困难，这个计划最终未能成行。1918 年，当费伦齐最后一次催促弗洛伊德时，后者回答说："没办法投入工作……这场世界性戏剧的尾声实在太吸引人了。"

缺乏逻辑的想法显得空洞无力（《海洋时代》不能被证明或者证伪，所以这样的想法最终只会被遗忘），但富于逻辑的推论又会因为前提条件的失效而终结。拉马克学说遭到了摒弃，于是弗洛伊德的神经症演化理论也就随着孟德尔遗传定律的成立而遭到了否定。弗洛伊德非常郁闷地记录了拉马克学说渐渐失势的情况。在《摩西与一神教》中，弗洛伊德再次表示自己需要拉马克学说，但意识到多数人已经不看好它了：

> 的确，现在事情变得有些困难，因为生物学放弃了后天性状能够遗传给后代的理论。不得不承认，尽管生物学如此进展，但我仍然无法在放弃这一学说的前提下想象生物发育的过程。

大部分评论者不了解弗洛伊德学说的内在逻辑，是因为他们不知道拉马克学说和重演论在其中占据着重要地位。现在，他们陷入了两难境地，尤其是那些赞同弗洛伊德的人。如果没有重演论和拉马克学说作为生物学基础，弗洛伊德的想象听起来近乎疯狂。他真的认为，这些历史事件能够进入现代儿童的遗传系统，表现为神经质的行为吗？因此，有人提出了一种和稀泥的说法，即弗洛伊德的学说是象征性的。他要表达的意思不是真的有过遭到放逐的孩子杀死自己的父亲，也不是俄狄浦斯情结真的再现了这一历史事件。我们应当设身处地地思考弗洛伊德的描述，将其视作色彩斑斓的想象，借此可以窥见神经症的心理学意义。丹尼尔·戈尔曼在叙述《系统发生学想象》的发现（《纽约时报》，1987 年 2 月 10 日）时是这么写的：

> 按照很多学者的看法，弗洛伊德在阐述自己的观点时常常会采用文学性的写法。他讲的故事可能是真的，也可能不是，但虚构的内容能够揭示弗洛伊德眼中最基本的人类冲突。

我很不赞成这种"和稀泥"的说法，它将弗洛伊德精心构建的理论弱化成了神话或者隐喻。事实上，我根本不认为这种说法是在和稀泥——为了让弗洛伊德的想法在与之不匹配的现代科学面前显得不那么荒唐，这种说法牺牲了弗洛伊德学说内在的强大逻辑和一致性。弗洛伊德的著作处处证明，他笔下的系统发生学推测很可能是实际事件的真实记录。如果他仅仅把这些思想当隐喻，为何要坚持遵循以拉马克理论和重演论为基础的生物学理论？为何在拉马克理论逐渐过时的时候如此怀念？

弗洛伊德当然知道自己的想象仅仅是推测，但他的每一句话都可能是真实的。事实上，在《图腾与禁忌》一书的末尾，他进行了一番深刻的讨论，并完全否定了任何隐喻性的意图。他写道：

如果说，在过重的道德负担下，强迫性神经症患者仅仅是为了对抗心理世界，仅仅是因为感觉上的冲动而惩罚自己，那么这样的观点不够准确。这一病症同样存在历史真实。

弗洛伊德的结语再次强调了这一观点。他引用了歌德诗剧第一部分中浮士德的原话"太初有为"，这句话是对《约翰福音》开篇"太初有道"的模仿。

最后，虽然我能证明，弗洛伊德很相信自己故事的真实性，他的论证也很有逻辑，但我不得不承认，他的推测缺乏历史研究、考古学研究的证据。我认为，纯粹基于推测重构历史会导致历史学研究背负恶名，总的来说弊大于利。那些从事"硬"实验科学研究的学生往往会因为想象成分太多鄙视历史学研究，认为那不过是一项"软"的事业，不配冠以"科学"之名。但是，采用另类方法进行研究的历史学，其严谨和苛刻程度完全不亚于最优秀的物理或者化学研究。而适应主义者的看法又太极端，他们认为，所有演化而来的特征，如果现在看来没有意义，那就一定是很早以前在过去环境的要求下产生的，现在这种环境已经发生了变化。在这个艰苦、复杂、某种程度上无一定之规的世界上，很多特征不一定有什么功能上的意义。我们不需要将精神分裂症、偏执狂、抑郁症看作是为了适应冰期后的生活而出现的纰漏。或许这些疾病只是一时的病变，医学上可以治疗，如此而已。

弗洛伊德当然知道自己的理论基本属于推测。他将自己的论文命名为系统发生学"想象"，并且最终放弃出版，很可能也是因为觉得自己的想法太出格，缺少可支持的证据。甚至，他还开玩笑地提到自己论文中的想象成分，请求读者"耐心一点儿，如果面对想象和不确定的事情，批评声偶有停歇，那只是因为这样的想象能够启迪读者、开拓视野"。之后，他写信给费伦齐，认为科学创造性应当定义为"一连串大胆的想象和无情的批评"。大概在弗洛伊德打算发表自己的《系统发生学想象》之前，无情的批评就已经找上门了。

于是，弗洛伊德把这个矛盾又令人不安的想法留给了我们。他的理论充满了异想天开的推测，建立在错误的生物学基础之上，完全没有系统发生学的直接数据支持。但是，半个多世纪后，他的著作仍在印刷，学者们仍在对此进行仔细的分析。每天都会有许多不知名的空想家冒出同样不靠谱但同样有趣、自洽的想法，但我们常常忽略它们，顶多对这些疯狂的想法嘲讽两句。如果重写《系统发生学想象》，抹去弗洛伊德擅长的散文笔法，换上凡夫俗子的名字，那么大概不会有人注意到这本书。我们生活在一个特权世界中，只有伟大的思想家有权力来一次"伟大"的失败。

IV

古生物学角度的文章

09

犹太人和犹太石

　　人类可能会倾心于宇宙抽象的崇高与理想的完美，不过，伟大思想和日常生活的小片段，比如拿在手里细细观赏的小物件，也能带给我们同样的愉悦。我们珍视这些起提醒作用的小东西，或者说信物、留念物、备忘录，它们记载着生命旅程中某个激动人心的特殊时刻。

　　因为这个原因，我一直无法理解为何某些独特的纪念品能够堂而皇之地列在商品目录里或者放在货架上出售，（在我看来）它们只可能是某一次宝贵的个人体验的记录。比如，我就很珍爱一些有着偶像签名的棒球，因为它们以一种有意义的方式贯穿了我的生活：有 1950 年迪马乔击出的界外球，我爸爸捡到了这个球，而我当时正好坐在爸爸身边，后来，我写了一封洋溢着球迷狂喜的信件，连同这枚棒球一起寄给了迪马乔，迪马乔在球上签了字寄回给我；还有汉克·艾伦¹签名的棒球，那是我在亚特兰大斯佩尔曼学院演讲之后，主办方赠送给我的，感激之情简直难以用言语形容，也许只有上帝亲自送来的礼物才能与之匹敌。试想，要是泰德·威廉斯²或者皮特·罗斯签名的球是花钱从商店订购的，那还有什么特别的意义呢？

有些事物很早就为人所知，与它们相关的宏大叙事也饱受赞誉；但是，当它们首次以微不足道的实物形态出现时，我会因此感到特别的欢喜。当然，我不是说那些辉煌的事物本身，比如泰姬陵和帕台农神庙，第一眼就会令人心生震撼，我指的是细小事物带来的惊喜。比如，听父亲讲了很多战争岁月的故事之后发现他从海军退役时的荣誉证书；又比如，看到外祖父的名字出现在 1901 年抵达埃利斯岛的轮船旅客名单上（见第 1 篇）。

作为一名学者，曾经在课堂、课本上学到的故事或概念，或者从别处得来的尚未探寻到根源的重要记忆，忽然以真实的图像、以辗转流传的旧书出现在我面前时，会为我带来极大的愉悦。当念念不忘却不得一见的事物终于以我外祖母爱说的 *shvartz*，也就是白纸黑字的形式出现时，我总是格外震撼。

这篇文章要讲的故事就来自一段从虚幻变为实物的经历。我已经不太记得这个故事是从哪儿听来的了，可能来自某位著名访问学者的客座讲座，也可能是某位教授在安蒂奥克学院本科生的课堂上无意间透露的。我甚至不知道这个故事是研究早期科学史的专家普遍知晓的，*还是某位老师个人研究的心得。但我的确记得这个故事，它是现在所谓"科学"这一解释体系不断演进（见于十七世纪的典籍）的缩影。

故事引用了一个值得注意的例子，说明曾经受人崇信的解释，是如何随着人们对物质世界规律和性质的了解逐渐加深，变得滑稽可笑、神秘兮兮的。根据这个记不起来源的故事，"前科学"与科学解释最本质的差异可以通过曾经广泛流行的治愈刀剑伤的"前科学"疗法来说明。医生开出的药膏必须涂在伤口上——按照现代的认识，这些药膏可能疗效很好，早期的药剂师和草药专家通过实践发现了很多有用的药物，虽然他们所理解的作用机理并不为现代人所

---

* 　撰写本文时，我咨询过历史学家的意见。他们告诉我，"武器药膏"的故事的确流行一时，当时和之后的历史学家在定义科学解释的准则和局限性时对它进行了广泛的讨论。

接受。但是，这一特殊疗法还需要将药膏涂到造成创伤的武器上，因为治愈必须通过交感式的治疗达成，受伤者和施害者之间要取得平衡、"摆正"关系。

于是，按照这个不知名故事的说法，"前科学"与科学解释之间的革命性差异就在这个细微之处显露出来：对于西方世界，现代性的转折点或许可以归为，人们意识到药膏的某些物质特性能够通过直接接触治愈伤口，以相似方法处理武器无疑是故弄玄虚的荒唐之举，不过之前，人们认为这样做很合理。

在 20 余年时间里，给武器上药这个故事在我脑海中挥之不去，但除去一场记忆模糊的讲座，再没有任何文献可寻。几个月前，我买到一本约翰·施勒德的著作《医化学药典》（1677 年版，1641 年在乌尔姆首次印刷），这可能是十七世纪使用最广泛的药物和治疗手册。这本书出版于牛顿生活的时代，也就是现代科学即将诞生的时代。在书中，我发现了那种需要同时敷于伤口和武器的药膏的配方：这本书第 303 页白纸黑字地写着，这种药膏叫作 Unguentum Sympatheticum Crollii，即克罗尔氏交感油膏（unguent 是油膏或者药膏的意思，稍后我们会介绍更多有关克罗尔先生的情况）。

这种药膏的配方在现代人看来简直毛骨悚然。按施勒德所说，取老年野猪的脂肪，混到熊脂肪中。将它们放入红酒中煮沸，然后将得到的混合物倒入凉水，采集漂浮在顶层的脂肪。接着，加入一堆杂七杂八的蠕虫磨成的粉、野猪的脑子（我怀疑就是先前那只提供脂肪的野猪）、檀香、赤铁矿（含铁的矿石）、尸体上捋下的灰，还有一样最可怕的配料，从被杀的人颅骨上刮下来的碎屑。

之后，施勒德写了一连串注释，说明可以对药方进行一些调整，包括一条极受现代人欢迎的说明：有些人会省去死尸灰尘和颅骨碎屑。但是另一条注释又警告我们：如果使用颅骨碎屑，则一定要在月亮变圆的期间（也就是从新月渐渐变成满月的那段时间）进行；还要有一个好的天象，最好是金星落入黄道带星座的时候，但绝不可以是火星或者土星进入黄道带的时候。

在下一部分《使用说明》中，施勒德才告诉我们，这种油膏可以治愈所有创伤，除非伤口深及神经或者动脉。下一行即提出了令我影响深刻的观点 *ungatur telum, quo vulnus inflictum*（造成创伤的武器也需要上药），这一观点与自然和因果律非常不同，很快就因为现代科学的兴起遭到了摒弃。

随后，施勒德写下了一段如何正确使用油膏的指南。我们读到，相关部位必须用亚麻布包裹，避免过冷、过热和风吹，这样患者才不会受到伤害。而且，也不能沾上灰尘，不然患者将遭到严重伤害。要知道，他笔下的所有"相关部位"都是指武器，而不是伤口本身！指南的最后两条也是专门针对涂了药的武器：如果伤口是剑尖造成的，那么需要从剑柄开始往上涂药，直到剑尖；如果无法找到武器，那么可以用一根小木条沾上伤者的血液作为替代。

在最后一段，施勒德就这一疗法为何有效给出了自己的解释。患者和伤口的血液中都有同样令人平静的灵魂，在油膏的作用下两者都能得到强化。我推测，必须处理武器是因为伤者的血液还留在上面（或者只是因为武器导致伤者流血，所以必须和伤者一起得到净化，这样这起事件的双方才能够重新达到和谐）。

这剂油膏的发明者奥斯瓦尔德·克罗尔（1560-1609）遵循的是帕拉切尔苏斯（1493-1541）[3]的思路。与古希腊盖仑[4]派的体液学说不同，这一理论认为，疾病的来源是外部的。在这场发生于现代医学出现之前的大争论中，外在论者认为，"外部"力量或者物质进入人体，导致疾病发生，而来自自然三大界（动物、植物和矿物，但主要是植物，因为大部分药物和制剂来自植物）的治疗物质能够使人体摆脱这些入侵者。体液学说则反过来认为，疾病是人体内四种基本元素失调的结果，这四种元素分别是血液（红色的、湿热的体液）、黏液（湿冷的体液）、黄胆汁（干热）和黑胆汁（干冷）。因此，治疗不应该以驱除外来元素为目标，而应当重建体液内在的平衡（例如，血液质太高的时候需要放血，发汗、催泻和呕吐也是使体液恢复平衡的方法）。

相反，按照帕氏医学，治疗必须着眼于导致疾病发生的外部原因，而不是试图通过升高或降低失调体液的浓度来重建体内平衡。那么，从植物、岩石或者动物中获取的可能具备治疗价值的药物是如何中和或者摧毁入侵者的呢？在《科学家传记大辞典》中，瓦尔特·帕格尔在帕拉切尔苏斯词条下，概括了这场发生在现代科学兴起前的争论：

帕拉切尔苏斯……反对将疾病视作体液失调的概念，［转而］强调疾病的外在诱因……他主要在矿物（特别是盐）和大气（星际间"毒素"的载体）中寻找病因。他认为，每一种致病物质都是完全真实的存在（与体液或体液形成的质不同，他认为这两种东西是虚幻的想象）。因此，他将疾病本身解释为一种实体，受制于掌控身体某一部分的外来物……于是，他的治疗方法专门针对致病物质，而不是普遍适用的调节体液的方式……在古代医学中，后者的关键点是"绝长补短"……天然物的"药效现象"成了他选择草药的主要依据——他总是选择颜色和形状类似受损器官的植物（比如，黄色植物用于肝脏疾病，兰花用于治疗睾丸）。随着药物的采集，帕拉切尔苏斯逐渐尝试分离每种物质中的有效成分（*quinta essentia*）。［现代词汇 quintessential（精华）就是这么来的。］

"药效现象"说体现了现代医学与早期自然观之间的关键差异（虽然体液学说和帕氏医学在认识疾病的本质方面有着重大差异，但两者的自然观是一致的）。文艺复兴和更早的中世纪时期的学者大多认为，地球和宇宙是一个年轻、稳定、和谐的系统，几千年前刚刚被上帝创造出来，那时的世界就和现在一样，

秩序与和谐无处不在，千差万别的现实只是表象———一切都沐浴着全知全能上帝的荣光与精致，特别是人类，人类是上帝按照自己的模样创造的。

在表面迥异的事物之间，本质的平衡与和谐主要体现在深层次的关联上（现代人充其量把这看作是松散的类比）。就地球这一层面而言，人体的微观结构必须与整个地球的宏观结构相关联，这就是"药效现象"说指导下的医学核心原则。因此，人体的每一部分都可以映射到本质相同的那部分宏观世界中，不论是矿物、植物还是动物。按照这种与当前认知差异巨大的自然观，认为人体薄弱部分可以通过宏观世界的对应物得到补强（比如，兰花长得像雄性生殖器，可能可以治疗阳痿，它的名称 orchid 也与古希腊语的"睾丸"相似）并不奇怪。特别地，奥斯瓦尔德·克罗尔的医学观念就以人体微观结构与地球宏观结构相对应为基础，而施勒德编纂的《药典》是这一理论的垂死挣扎，《药典》的出版正赶上牛顿这一代科学家开始建立更加有效的崭新自然观的时候。

在第二个层面上，宇宙的中心地球（前哥白尼时代的宇宙）也必须与整个宇宙保持和谐关系。因此，在地球上进行的治疗必须与星球在黄道带星座间的运行相对应。使用植物和动物（甚至矿石）治疗人类疾病时，必须依据星象对药物采集、治疗方案进行调整。所以，使用克罗尔氏交感油膏治疗创伤和刀剑时，应当在星象合适的时候采集颅骨碎屑——要与象征爱的金星相合，而不是充满火药味的火星和土星。

谈及利用"药效现象"说和保持自然界稳定、和谐的理念治疗疾病，一个令人印象深刻的例证是 1664 年出版的《地下世界》，作者是耶稣会会士阿塔纳修斯·基歇尔。阿塔纳修斯堪称当时最博学的学者，他为中国编纂了一部重要的民族志，解读古埃及象形文字的能力无人能出其右，还撰写过很多关于音乐和磁学的论文，并在罗马建立了当时最好的博物学藏品馆。《地下世界》是反映这一传统的最后一部巨著，没过多久就淹没在现代科学的浪潮中。这部著作

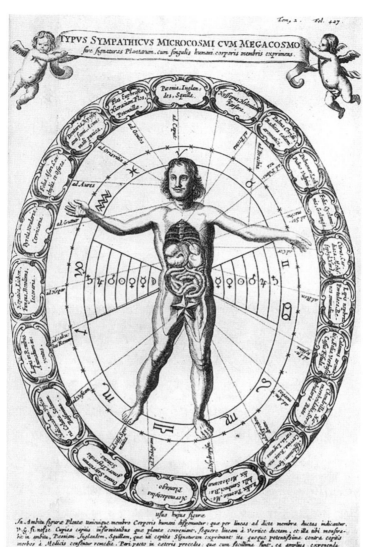

基于"药效现象"说的医学，阿塔纳修斯·基歇尔绘于1664年。身体每一部分的不适都可以与草药、星象和地球联系起来。详见正文

附有一幅图画，标题（和克罗尔的观念如出一辙）为《微观结构与宏观结构的互通》。其中，呈辐射状的一条条线将人体的每一个部位与一些植物的名称（写在外周的圆圈上）相连，代表这些植物能够治疗对应器官的疾病。为了说明类比与和谐，内环（经过人体头部和足部的圈）标示了黄道带星座所代表的星象，而人体手臂下方从身体两侧如翅膀一般伸出的等腰三角形则圈出了具有相似星象的范围。

现在，我们已经抛弃了这套理论，因为它基于对物质世界本质的曲解，所以是错误的。对于实际问题，比如身体衰弱、疾病等等，我们也有了更准确的现代科学解释和更有效的治疗方法。万艾可（伟哥）治疗男性阳痿确实比磨碎的兰花更有效（尽管有些时候，我们不能排除旧药方可以作为安慰剂起到间接的治疗效果）。要是我在切硬面包圈的时候被菜刀割伤，伤口发生感染，我更愿意使用抗生素治疗，不会拿来野猪脂肪和颅骨碎屑炮制的药膏，小心翼翼地敷在伤口和刀子上。

即便如此，我仍然质疑摒弃这种古代疗法，将其视为荒唐、神秘主义甚至是"前科学"（纯粹是历史性概念）的普遍论调。的确，将药膏同时涂于伤口和武器上毫无道理，在后起的科学认知中，这听起来类似"原始"的咒语。可是，我们怎么能因为祖先不知道后代会发现什么而指责他们呢？我们的孙辈肯定会对世界产生新的理解，到了那时，我们大概也会鄙视自己。

就算我们不认为克罗尔氏交感油膏同时敷于武器和伤口上能奏效，也不能将他的疗法视作神秘主义或者愚蠢，正是当时的自然观——"药效现象"说和自然界和谐理论催生了这一疗法。在解读人类认知的历史时，我们必须把之前的信仰体系看作珍贵的知识"化石"，借以了解人类的过去，它从更宽的层面揭示了人类理论的形成，这是一个可贵的途径，今天只有一部分人认可。如果因为新发现超越了旧体系，就将之前的体系视为谬论，或者因为后世的发现建立了新的因果律，就认为前人是神秘主义的，那么，我们将永远无法富于同理心地理解现代观念的先声，比如克罗尔搜寻武器与伤口之间的交感，基歇尔推测人类器官与草药之间的关联。

[因此，我们必须重新评估帕拉切尔苏斯的典型形象，他被认为是极端的神秘主义者，试图将贱金属转化成黄金，用各种化学成分合成人类胎儿。的确，如大家所说，帕拉切尔苏斯是个"怪人"，他充斥着无法停歇下来的狂热，有时候大吼大叫暴躁不安，有时候做出惊世骇俗的挑衅之举，又常常深更半夜在小酒馆里和当地农民一起喝得烂醉。但是，作为一名医生，他是值得尊敬的（也获得了巨大的成功）：他谨慎地进行细微的治疗，使用小剂量的、可能生效的药物（和盖仑派医生粗放的催泻、放血疗法相比，这种疗法更容易让人接受）；他认为，疾病是外来物质侵入导致的，可以用药物去除，根据这一理念找到的药物比平衡体液说更有效。甚至连他给自己起的笔名"帕拉切尔苏斯"也不像现代人通常所说的那样神秘。他的原名是菲利普斯·奥雷奥拉斯·特奥夫拉斯图斯·邦巴斯图斯·冯·霍思海姆。如果说他就是为了夸耀自己比伟大的罗马医生盖仑更强，也不是不可能。不过，和其他很多学者一样，我更相信"帕拉切尔苏斯"只是他原名的拉丁文转写。霍思海姆意思是"山区"，在拉丁文中，盖仑就是"高耸"的意思。在中世纪和文艺复兴时期，很多学者将自己母语的姓名转写成相应的古典词汇：比如十六世纪最伟大的地质学家 Georg Bauer（德语的字面意思是"农民乔治"）使用了更文雅的拉丁文名字乔治·阿格里科拉（Georgius Agricola）[5]，意思完全一样；又比如路德[6]最重要的支持者 Philip Schwartzerd（母语的意思是"黑土地"）采用了含义相同的希腊文转写名字梅兰希顿（Melanchthon）[7]。]

当然，我们在对古老体系进行富于同理心的探索时，也不得不赞叹科学使我们对自然的理解日臻完善。过去的、已经被取代的观念虽然富于启迪甚至令人着迷，但它们的确将人类思维导入了死胡同，阻碍了更好的解决方案（以及实用医疗技术）的发现。

于是，我在施勒德的《药典》中搜寻了一番，看看他如何看待我熟悉的对象——古生物化石。根据"药效现象"说，人们在植物和动物界找到了许多对应于人体部位的药物，但矿物中的化石在药物列表中也占据着举足轻重的地位。施勒德在书中讨论了矿物的疗效，不同形状、外观的石头据称能够治疗各类人体疾病，其中一些名词直到十八世纪末还广泛流行于专研化石的学者中，下面，我按字母顺序罗列出来：

1. Aetites（"妊娠石"），发现于鹰巢中，疗效正如所暗示的那样，能够"帮助妇女分娩"。

2. Ceraunia（"雷石"），在乳房或膝盖上摩擦能够刺激乳汁分泌、血液流动。

3. Glossopetra（"舌石"），动物抓伤或者咬伤的解毒剂。

4. Haematites（"血石"），有止血功能——"它能够清热、干燥、收缩、凝固"。

5. Lapis lyncis（"猞猁石"或者箭石），有助于粉碎肾结石，还可以治疗梦魇和神魂颠倒。很多学者认为，这些光滑的柱状化石是凝固的猞猁尿液，施勒德说这不过是无稽之谈，但他没有给出明确的解释。

6. Ostiocolla（"骨石"），外形如人类骨骼，有助于修复骨折。

在所有因外观与人类器官或受伤部位相似而具备疗效的石头中，施勒德似乎最相信 Lapis judaicus（"犹太石"，如此命名是因为巴勒斯坦附近有很多这样的石头，而不是因为形状或外观）的治疗效果。下页插图是早期古生物学最漂亮的化石图片之一（由迈克尔·梅尔卡蒂完成，他是十六世纪中叶梵蒂冈收藏馆的馆长，但直到 1717 年才出版），不过图中混淆了真正的犹太石（底下两行的石头和上面一行中间的石头）和上面一行的海百合茎板化石，就是那几块

ENTROCHVS   ENTROCHVS   ENTROCHVS

LAPIS IVDAICVS.

十六世纪中叶梅尔卡蒂绘制的"犹太石"——其实是海胆棘刺的化石，那时人们认为这是一种药，能治疗膀胱结石和肾结石

标有 *Entrochus* 的石头，也叫"车轮石"（这些茎板有的是扁平的，有的是环形的，都有中空的管道，就像车轴穿过一样）。

在施勒德看来，犹太石是一味很好的矿物药材，能够治疗最痛苦、最恐怖的人类疾病之一肾结石以及其他生长于身体器官和血管中的硬物。施勒德告诉我们，犹太石可以分成男性和女性，因为两性的区别遍及物质世界——从人体微观结构到地球宏观结构中的所有类别，莫不如此。女性犹太石较小，应当用于膀胱中的结石；男性犹太石较大，可用于排除肾脏中的结石。根据"药效现象"说，至少有两大理由说明，吃下磨成粉的犹太石能够帮助对抗肾结石：首先，它们的外观类似给人带来痛苦的结石，把石头磨成粉也许有助于粉碎结石；其次，犹太石表面严格平行的沟槽能够引导粉碎了的肾结石直接（从体内）排出。

适当关注这些南辕北辙的自然观的内部一致性，我们将能够更好地了解人类思维的模式和范畴。但是，重视差异的特质不应当使我们滑入时下流行的相对主义："我很好，你也（或者，你过去也）不错。"难道这就是差异吗？只要我们各自的观念都表达了一个有趣的真实，并且都无害？真实的世界受到自然界中种种因素的调控，它就"在那里"，不为我们的意志而改变（通过感觉和思考，我们只能触碰到外在的真实）。虽然取代"药效现象"说的现代科学系统也会不断犯错和盲目自大（正如人类制定的所有规则都必须逐一去实践），但仍能使我们越来越准确地了解周遭的复杂世界。一般情况下，对事实和因果关系的理解也同有效性密不可分，错误理论会因为无效而导致危害发生。磨碎外观像巨蛇舌头的石头（前文所说的舌石），吞下粉末，并不能中和蛇毒。"药效现象"说没有经过验证，而且这个例子中的化石其实是鲨鱼的牙齿。只要我们相信某种错误理论指导下的无效药物，就不可能发现真正有效的疗法。

十七世纪施勒德对化石的怪诞解读之所以错误，不仅因为他不知道后世学者才明白的事实，错误理论的引导也会妨碍正确的理解，使学者在解析化石概念的时候，无法意识到更有价值的问题，无法进行更加有用的观察。按照施勒德的理论，化石是一类矿物，仅当它的外观使人产生同感时，化石才和人类的认知有关联，可以用来治疗对应人体部位的疾病。这一理论不可能让人意识到，化石其实是远古生物的遗体，掩埋于岩石中，常常发生石化。至少有两个因素导致施勒德的理论不可能推动现代古生物学的诞生。

首先，"药效现象"说根本没有将化石视作一大类古生物体，无法识别它们的特征，不能给它们命名，也就无法将它们概念化。在施勒德的分类体系中，化石毫无例外地属于一个较大的类，"岩石中看起来像其他实际事物的东西"。有些"东西"是生命体：舌石是鲨鱼的牙齿，猰狸石是已灭绝头足动物[8]箭石的内壳，骨石是真正的脊椎动物骨骼，犹太石是海胆的棘状突起。另外一些被施勒德归入同一大类的"东西"不是生命体：妊娠石是晶洞玉石（由多个同心层构成的球状岩石，是无机物）；雷石是古人类制造的斧子和箭镞（施勒德眼中的地球刚刚形成几千年，古人类的存在简直不可思议）；血石则是一种红色的无机矿物，由含铁化合物构成。

其次，如果把化石的不同形状，甚至它们的存在，归于为了与人体微观结构的相似形状对应起来，那么我们怎么能料想到化石其实是远古生物的遗迹？如果妊娠石能助产因为它们长得像鸟巢中的蛋；如果雷石能催乳因为它们是从天上坠下的；如果舌石能治疗被蛇咬伤因为它们貌似巨蛇的舌头；如果血石能够止血因为它们是红的；如果骨石能够愈合骨折因为外观似骨；又如果犹太石能够清除肾结石因为它们长得就像肾结石，而且有沟槽能够使结石排出……那么，我们怎么可能从这些假定的药物中拣选出真正的化石呢？它们不过是一大类外观类似人体部位的矿物而已。

于是，我一面迷恋于古老人类思想天马行空的狂野与概念的一致性，一面又不得不承认，这些根本上错误的观念阻碍了人们用更准确、更有效的方法去理解自然，这令我颇感矛盾。所以，当读到《药典》开篇施勒德为美因河畔法兰克福市民撰写的献词时，我陷入了思索。就在这时，我这个来自纽约街头、很少会感到震惊的孩子，忽然被一些文字吸引了目光。虽然我明白这不过是空想，但它仍然以白纸黑字的形式令我震撼，帮助我反思（如果没有彻底解决的话）内心的矛盾。

也许是为了自己的利益，在前言开头，施勒德温和地写下了一段迷人的文字为医学和医生辩护，他的看法深深植根于"药效现象"说和人体微观结构与周遭宏观结构的对应。施勒德相信，三位一体的上帝分别象征了创造、稳定、复原这三大原则。用人类社会打比方，三位一体就是加强平民的生育，维持稳定的好政府以及当系统变弱、出现异常或者受到入侵时进行复原。包括美因河畔法兰克福在内的世界需要好医生来保证后两个功能，药物能够维持人类不断

173

前进，当我们虚弱时能够治愈我们。

到这里，一切都很好。我是实在论者，对于古人喜欢通过更高级、更普遍的秩序将个人存在（和利益）合理化的小缺点，我完全可以一笑置之。接着，施勒德开始探讨所谓"魔鬼的力量"，它能够破坏稳定性和诱导退化，这是好医生经常要对付的两大类疾病。到这里也还可以忍受，直到我读到施勒德对世界上最可怕的恶魔——犹太人领导的（魔鬼）队伍的描述。之后的两行文字更令人憎恶。他说，犹太人对异教徒（*Gojim*）做了卑鄙无耻的事情——施勒德甚至知道希伯来语中的异教徒是 *goyim*（也就是国家 *goy* 的复数，拉丁文字母中没有 y，所以使用 j 替代）。

施勒德写道："按照秘密规定，他（犹太人）可以杀死异教徒，也就是基督徒，前者不受惩罚、不受责难，良心上也不会有任何不安。"让正义人士感到欣慰的是，施勒德接着告诉我们，邪恶的犹太人可以通过与生俱来的丑陋特征得到识别，也就是自然界亲自刻下的邪恶标记，这些特征包括相貌难看、喋喋不休、谎话连篇。

现在，我终于清楚地知道，为什么轰轰烈烈的反犹太主义几乎贯穿了整个欧洲的历史，延续了至少两千年。我还知道，不论人们的自然观在各个阶段如何变化，这一政治与道德的恶魔总能为自己的合理性辩护。人类陆续提出的理论遭到攻击、排挤和歪曲，就是为了给这一早已存在的深刻偏见寻找依据。如果有人没有意识到这一点，我还想说，近代历史上最惨烈的一次种族大屠杀就是以反犹太主义之名进行的，它宣称的所谓"自然"法则不是古老的微观与宏观结构之间的和谐定律，而是对人类多样性演化这一现代理论的曲解。

无论如何，当我意外地读到，有人（愚蠢地）借助这一自然观为反犹太主义进行无耻的辩护时，我对"药效现象"说的好感烟消云散。更加精准的理论带给我们自由，但具有讽刺意味的是，邪恶的人也常常因此能够借助科学进步带来的技术力量，令世界蒙受巨大痛苦。

知识增长不等于道德、同情心也会同步增长——不过，拥有这些知识的确能够帮助我们以最快的速度传播善意（治疗疾病或者教我们的同伴认识世界）。所以，重新认识犹太石，明白它不过是海胆的棘刺（没有治疗人类肾结石的功效）可以使我们逐步意识到，犹太人和其他所有人一样，都拥有同样鲜明的人性，无论肤色或者文化传统多么不同。如果我们不加强自身的道德修养，将所有那些刀剑，那些曾使用克罗尔氏交感油膏涂抹以降低破坏力的武器，改造成善意使用新技术传播和平与繁荣的工具，人类知识的进步就有可能被邪恶势力利用，成为（恶意）制造伤痛的源头。

10

当化石还年轻

1861 年，亚伯拉罕·林肯[1]在第一次就职演说中提出了一些强悍的观点，令崇尚稳固政府的拥趸感到不快。林肯说："这个国家，连同它的各种机构，都属于居住在这里的人民……任何时候，他们对现存政府感到厌倦了，都可以行使自己的宪法权利改革这个政府，或者行使自己的革命权利解散它、推翻它。"与林肯这一宏伟（且正确）的立场相比，那些只能使生活略有改善的微小变化就显得无足挂齿了。不过，我并不因此认为细微的改变毫无意义，它们积土成山，提前阻止每一个可能导致林肯式巨变的动向。所以，尽管不是十全十美，我还是发自内心地赞美纽约地铁引入的空调系统、面包房里的牛角面包、市场上的山羊奶酪（很难想象以前我们是怎么靠着干酪和软奶酪过日子的），还有歌剧院里的字幕显示屏。

在这类实实在在的细小进步中，我想特别提出这么一个小小的改变，它后来被认为是一项创新，因为在全国机场的行程表上得到了普及。以前，机场显示的出发信息毫无例外是严格按照时间顺序排列的，也就是说，10:15 飞往芝加哥的一定排在 10:10 飞往亚特兰大的（以及另外 20 条在 10:10 起飞的信息）后面，而 10:05 飞往芝加哥的排在更前面，与一大堆同一时间起飞的航班混在一起。假如你很清楚自己的起飞时间，又能不厌其烦地在一长串同一时间飞往不同目的地的航班信息中找到自己的那一条，那这样的排列当然没什么问题。不过，对于大部分旅客来说，目的地之间的差异要比短短几分钟的起飞时间差异醒目得多，何况富于经验的旅客都知道，那几分钟时间差是很不可靠的。

几年前，某机智的人灵光一现，想到了这个无数人早该在几十年前想到的问题：为什么不按照目的地城市罗列航班信息呢？可以将时间顺序作为二级排序的依据啊！这样的话，旅客只需根据字母顺序找到"芝加哥"，然后在目的地相同、起飞时间不同的少数几条航班信息中寻找就可以了。现在，我们国家的机场基本上改成了新的排序方式。这一改变虽然是逐步进行的，但仅在几年内就风行所有机场，也让人们的生活舒适了那么一点点儿。而这场功勋卓著的小变革的发起者也完全可以荣膺"斑鸠的歌声"[2]奖章，他解决了人们生活中的小痛苦（请参见《所罗门之歌》中罗列的那些平凡的祈祷，它们的实现将使我们"渐渐进步……直至抵达"更好的国度）。

我认为，文化变迁存在着两大重要且互相影响的特质，导致某些过时而又不方便的体系长久存在，之后被更合理的体系迅速替代。首先，老旧的形式曾经也是很合理的，不是突发奇想的结果。合理性的长久存在或许能够解释政治策略与意识形态下义务责任带来的巨大好处。（我猜测，在早期火车或者公共马车还只能沿着一条大路横穿小镇的时候，按照出发时间排序显然是合理的，因为旅客只能沿着同一方向或相反方向行进："先生，您是要去南站吧？您想几点出发？ 10:30、3:00 还是 5:15？"）

旧的方式在很长的时间内表现不错，也就会持续更长的时间，直到日积月累的变迁令世界变得迥然不同。这时候，某位智者就会提出："我们几乎不需要付出什么代价就可以做得更好啊。"于是改变的简易、改善的显著形成了文化变迁的第二个特征——迅速。只要你想，顽固守旧的厚墙就会轰然倒塌。如果要用生物界的现象来比拟这一转变的速度，我想合适的概念恐怕是"感染"而不是"演化"。

我提起这件事是因为，在翻阅旧书（在不远的将来，电子文本将比原始的纸质文本更普及，即便如此，我们仍然应当保持从纸质书籍的阅读中获取巨大欢愉的能力，或者说可能性）的过程中，我发现了一个非常相似的例子。1546 年，诞生之初的现代古生物学经历了合乎常理的起步阶段；之后度过了一段艰难的岁月，就像我们难于在按照时序排列的一大堆航班信息中搜索一样；直到 1650 年，这一困境才得到解决。这个问题就是，在学术著作的参考文献目录中，作者的姓名应当如何排序？按照字母排序（这一传统由来已久）固然不错，可是遇到有不止一个名字的作者怎么办？

第一个引起我注意、令我困惑的例子是，1613 年卡斯珀·鲍欣一部关于牛黄的著作中的参考文献目录。［来自瑞士的两兄弟卡斯珀·鲍欣（1560-1624）和让·鲍欣（1541-1613）是当时最伟大的植物学家和博物学家。牛黄是一种分层的圆形石头，来自大型食草哺乳动物的内脏，如胃、胆囊和肾脏，主要出现在绵羊和山羊中。在鲍欣兄弟生活的时代，医学和神秘学都认为，牛黄具备神奇的疗效。］

我最喜欢的经典电视喜剧《蜜月伴侣》中有这么一个情节：埃德·诺顿（阿特·卡尼饰）从裁缝升任档案管理员之后遇到了巨大的麻烦，因为他的分类完全按照字母顺序进行——the Smith affair（史密斯相关事务）被归入字母 T 之下。鲍欣采用的分类方法看起来只是略好一些，他是按照作者名字的首字母对文献进行归类的。以字母 A 下的第一大类为例。对于一些古典时期的作者，这种分类体系很不错——比如只有一个名字的 Aristotle（亚里士多德）、早期伊斯兰世界最伟大的科学哲学家 Avicenna（阿维森纳）和 Averroës（阿威罗伊）。

```
                    A
A B D A L A  Anarach Medicus
            Arabs.
Adamus        Lonicerus.
Albertus      Magnus.
Alexander     Maſſaria.
Amatus        Luſitanus.
Ambroſius     Paræus.
Andreas       Alpagius Bellunéſis.
Andreas       Baccius.
Andreas       Cæſalpinus.
Andreas       Dörerus.
Andreas       Lacuna.
Andreas       Libauius.
Andreas       Theuetus.
Andromachus
Anshelmus     Boetius.
Antonius      Forneſius.
Antonius      Fumanellus.
Antonius      Guaynerius.
Antonius      Mizaldus.
Antonius      Muſa Braſſauolas.
Antonius      Portus.
Antonius      Schnebergerus.
Ariſtoteles.
Arnoldus      Manliùs.
Arnoldus      Villanouanus.
Auenzoar      Arabs.
Auerroes.
D. Auguſtinus.
Auicenna.
```

```
Ioannes        Agricola.
Ioan. Antonius Sarracenus.
Ioan.          Arculanus.
Io. Baptiſta   Montanus.
Ioan. Baptiſt. Syluaticus.
Ioan.          Bauhinus.
Ioan.          Bodinus.
Ioan.          Caluinus.
Ioan.          Collerus.
Ioan.          Coſtæus.
Ioan.          Crato.
Ioan.          Fernelius.
Ioan.          Fragoſus.
Ioan. Georgius Agricola.
Ioan Georgius  Schenckius.
Ioan.          Gorræus.
Ioan.          Guinterus Ander-
nacus.
Ioan.          Heurnius.
Ioan.          Hugo à Linſcotten.
Ioan.          Kentmannus.
Ioan.          Langius.
Ioan.          Manardus.
Ioan.          Matthæus.
Ioan.          Meſues.
Ioan.          Porta.
Ioan.          Renodæus.
Ioan.          Schenckius.
Ioan.          Weckerus.
Ioan.          Wittichius.
```

卡斯珀·鲍欣 1613 年制作的参考文献目录，是按照作者名字的首字母排列的

如果我只知道作者的姓氏，要怎样才能够在鲍欣 1613 年制作的参考文献目录中找到他呢？鲍欣的目录是按照作者名字排列的，尤其是诸如 John 这样的名字如此常见，在这个目录里有很多人重名

托马斯·阿奎那[3]的老师阿尔伯图斯（Albertus Magnus）[4]也还可以，因为 Magnus 是他的尊称而不是姓氏（不过，我曾经收到一个学生的期末论文，将他称为 Magnus 先生）。

可是，如果我想找到与鲍欣同时代（这一时期，欧洲的姓氏和名字系统已经稳定下来）的两位我所喜爱的学者——化学家 Andreas Libavius 和解剖学家（也是地质学家）Andreas Caesalpinus，就不得不在一长串 Andreas 中苦苦寻找。John 的列表就更夸张了，在当时和现在，John 都是最常见的名字，此时，这种分类体系就显得很不合理。如果我想仰慕（或者查询）同一家族的学者，就必须记住卡斯珀·鲍欣的亲兄弟叫什么名字。更糟糕的是，我如何才能够找到十六世纪晚期我最尊敬的学者 Giambattista della Porta？我得知道他的名字，还必须记住 Giambattista 就是意大利语的 John the Baptist（施洗者约翰）。结果呢，在这张拉丁文列表中，我总算发现他被写成了 Ioannus，甚至仅仅写了个 John。

（按名字归类原则上没有问题，只是在实际操作中行不通，因为大部分欧洲人就只用那么几个名字。这时候，应倾向于用更加多样的姓氏作为分类的第一标准。有趣的是，在拉丁语国家，姓氏的区分度也很低。于是，那些名字也比较常见的人，比如 Hernándezes 或者 Guzmáns，就会将母亲的姓氏加进来，作为父亲姓氏的补充，如 González y Ramon。这不是出于政治正确的目的，而是为了更有区分度。）

要是能琢磨出这种在 1613 年已经显得不太理想的分类体系为何最开始是合理的，我就不会那么困惑了。不过，在我随便翻阅现代地质学的奠基之作——乔治·阿格里科拉 1546 年出版的专著时，我的疑问涣然得解。

阿格里科拉的《自然界化石》是第一部关于地质学的重要著作，在谷登堡[5]的印刷术推动下得以出版。这部著作罗列的大量参考文献就是按照作者名字排序的，跨越了很长的历史时期（从公元前九世纪的荷马到公元十三世纪的 Albertus Magnus），包罗众多文明（从古希腊剧作家埃斯库罗斯到古代波斯哲阿格里科拉 1546 年制作的参考文献目录是根据作者名字（常常是单名）的首字母排列的，这种排列方式很合理，因为目录里的作者基本上是古典时期的学者，用名字来区分就可以

181

学家琐罗亚斯德）。鲍欣书中以 A 开头的古典时期作者的排序——亚里士多德、阿维森纳、阿威罗伊就是这么来的。但是，在这里，全部使用名字开头的字母进行排序完全说得通，因为阿格里科拉罗列的作者要么只有一个名字，要么就是复合名字按照第一个词排序。

毕竟，阿格里科拉处于现代学术的开端。他的参考文献目录仅涉及中世纪前的作者。一个原因在于，当时还没有拥有两个名字的学者发表过任何地质学领域的重量级作品；另一个原因则在于，文艺复兴（Renaissance，字面意思是"重生"）时期的学者认为，古希腊与古罗马是人类认知的黄金时代，之后走向堕落，他们的任务就是重新发现、重新建立这一无可超越却业已失落的完美。

但是，随着知识的爆炸性增长，文艺复兴时期的崇古观念遭到了摒弃（特别是在科学界），人们开始相信：当代的人类能够获得崭新的知识（在另一项文化变迁中，人们的身份开始通过姓氏辨识），旧的参考文献编排方式——按每个名字的第一个字母排序，不论复合名字的哪一部分具备辨识性——就显得不适用了。于是，现代目录系统几乎毫无争议地迅速被大家认可，在二十世纪末得到普及——它一般使用姓氏为欧洲人排序，但对单名的古代作者（显然）沿用了旧目录系统。1671 年出版的一部重要化学著作（贝歇尔[6] 的《新化学实验》）在参考文献目录中已经使用了"现代"的体系。这里，阿格里科拉和亚里士多德、阿维森纳都列在 A 下，令我敬仰的 Caesalpinus 终于可以在 C 下找到，我无需再记住他那大众化的名字 Andreas 了。

B.

Barnaudus.
Barlæus.
Bartholinus.
Beguinus.
Bernkardus.
Boodt.
Borellus.
Boyle.

C.

Cæsalpinus.
de Castagnia.
Certaldus.
de la Chambre.
Christina Regina.
Chrysostomus.
Claveus.
Clazomerius.

贝歇尔 1671 年制作的参考文献目录，这份目录是按照姓氏排序的，显得很合理简单来讲，科学著作中原始的文献目录系统在 1546 年阿格里科拉出版的书籍中很适用，因为他引用的学者（古典时期的作者）都只有单名。但到了鲍欣著述牛黄的 1613 年，旧的体系已经不再适用，因为学术研究发生了根本性的变化——许多当代人发现了新知识——同时名字的构成也发生了变化，而现代的、使用双名的作者仍然按照旧体系被列入 John、Bill 或 Mike 的名单中。换句话说，鲍欣恰好处在变革即将来临前的短暂过渡时期。就好比他是根据伦敦午后街头表演的时间排序的，而读者却想先知道是哪个城市，再了解具体的时间表。几十年之中，一些智慧的学者稍作调整（按照最具辨识度的名字排列），将旧的制度（参考文献目录）与新的实践（现代作者的相关性和重要性）统一起来。

这几个故事表达的意思其实一样：出于细小而可靠的原因，某种惯例会因此建立起来；但随着世界的变化，这一惯例会变得不合时宜。或许这些故事对于大多数科学家来说仅仅是引起好奇而已，和他们的专业领域没多大关系。我们都知道，在演化过程中，适应了新环境的复杂生物会受历史遗留结构的拖累，不是那么容易从遗传和发育层面去除。鲸至今仍在用肺呼吸；现代人容易患椎间盘突出、下背疼痛，因为我们采用的直立姿势为孱弱的肌肉制造了巨大压力，这对于四足行走的祖先来说是无需承受的。相似地，科学在发展的过程中，也可能会遭到旧观念、旧传统的阻碍——就好像登机前的安检一样，智慧的包袱也应加以检查（至少这一次，为旅客着想的航空公司扔下了这个包袱）。这一原则，理应得到充分的重视。

宪法中最糟糕的偏见终于得到了修正，避免了林肯所说的武装暴动的悲剧：现在，妇女拥有选举权，非洲裔美国人在人口普查中也不再作为五分之三个人计数。但是，不合理的内容如果不那么可怕，它很可能会存在更长时间。例如，我们至今仍遵循着宪法中的规定，总统必须在美国领土范围内出生。就算你的父母是五月花号[7]乘员的后裔，他们发自内心地爱国，但你想要降生到这个世界上的时候他们偏偏在法国旅游，那么，你最好换种方式为历史留下印记。

我在这篇文章中讨论的所有传统，不论是航线信息、参考文献目录还是宪法条文，都属于分类学，即将相关的对象按照一定的顺序归类以辅助我们归纳信息（这也是分类学得以建立的最根本理由），或者试着解释事物为什么具有多样性（这是科学家发明分类系统的主要缘由）。前面谈到的美国宪法就是一个很好的例子，现在看起来令人厌恶或者荒唐可笑的规定其实就是分类问题的答案：谁可以参与选举？我们如何统计人口？怎样规定最高领导者必须具备的"忠诚不渝"？

我之所以强调这个问题是因为，错误的分类系统会形成强大的阻碍，蒙蔽我们的双眼，阻止我们探索真实的自然、建立更好的道德体系。就算一开始，这样的分类系统有理有据，但当它成为传统持续存在时，就只能变得武断（最好的情况），甚至有害（最差的情况）。在科学界，这一问题尤为突出，因为我们习惯于认为自己对世界的观察是客观的，所以很容易误把那些产生于文化传统的、根深蒂固的分类体系当成真实存在的自然事实。

武断的传统体系会导致错误分类系统的产生，一个很好的例子就是鲍欣兄弟。不过这一次，我们要讨论的是卡斯珀的兄长，就是湮没在一大群 John 之中的让。在现代古生物学诞生的前半个世纪——从阿格里科拉 1546 年出版第一部著作到 1600 年前后——几乎没有出版物描述化石，而当时植物学的绘图传统已经催生了几部十分精美的大型植物志，这让现代人听起来太怪异了。阿格里科拉的那部印刷精美的长篇著作里就没有插画，更早时候，普林尼[8]的《博物志》也没有插图。就我所知，十六世纪的诸多著作中，只有四五部印制了化石插画。其中，插画可以算作系统或者充分的只有两部：一部是 1565 年出版的《论化石》，由瑞士伟大的博学者康拉德·格斯纳[9]写作；另一部则是 1598 年出版的专著，讲述了德国博尔地区喷泉的药用性和周围环境，是让·鲍欣写作的（当时他还是个年轻的学生，后来和格斯纳合著）。

格斯纳的著作包罗万象，并非针对特定地点的特定化石。于是，他用简单的木刻画说明了当时欧洲学界所知道的每种主要"化石"分类中的一两个标本（按照现代标准，当时所谓的"化石"是各种杂物的集合，旧石器时代的手斧被认为是雷雨中从天而降的石头，而海胆则被一些学者认为是巨蛇的蛋）。

相反，鲍欣的著作代表了科学界重要传统的真正开端：他的描述不仅限于典型标本或者特征形式，而且试图呈现出某个群的全部品类。也就是说，将自己所看到的和盘托出，不进行任何有争议的拣选或阐释。事实上，在简短的引言中，鲍欣也的确宣称，他将平直地叙述自己看到的东西，不打算掺和任何关于化石含义的争论。如果读者想要对化石的内涵进行任何有趣而（与他的意图）不同的讨论，他们将不得不参考（他敏锐地指出了这一点）前面提到的阿格里科拉和格斯纳的著作。而他自己，让·鲍欣，作为大自然谦卑的仆人，将仅仅将他所看到的化石面貌呈现在读者面前，请读者自行归纳结论。

就这样，鲍欣这部长 53 页、含 211 幅图画的论著就成了第一部完整呈现特定地点化石样本的出版物。作为读者，我们见证了描述、归纳自然界多样性的一种重要传统的起源。但是，不论我们如何欣赏以及如何赞美鲍欣的特立独行，我们仍然要记得本文的主题，要关注这样的核心问题：鲍欣的写作方式到底创造了什么样的惯例？他的惯例在当时行得通吗？在后来的科学发展中，这样的惯例是否最终成为了障碍，被误认为是一种"直白"描述自然界"客观"事实的方式？

令人惊奇的是，我们的绘图习惯最开始可能不过是开创者的突发奇想。鲍欣 1598 年出版的著作中，关于化石的开篇之后的一章就很能说明问题——鲍欣讨论了当地梨和苹果的多样性。一般来说，常见的梨和常见的苹果不会发生混淆。但是，在德国的这个地区，梨和苹果长得千奇百怪，矮胖的苹果、瘦长的苹果，

鲍欣在 1598 年的著作中，尝试通过这样的绘图习惯区分苹果和梨：
苹果的柄朝下，梨的柄朝上

还有扁圆的梨、上大下小的梨，确乎令人迷惑。于是，鲍欣将所有的苹果画成了倒置的，所有的梨画成了正置的。

鲍欣的这一发明没有传承下来，于是我们倾向于认为，他的做法很古怪，明显是出于随心所欲的决定。但是，倘使这一发明变成了惯例呢？我们会不会疑惑，为什么金香苹果要倒置而阳梨要正置呢？甚至，我们到底会不会产生这个疑问？很可能，我们习惯了生活中到处可见的图案，也就不会觉得这和自然界的重力原则——苹果和梨都应该是倒挂在树枝上的——存在任何龃龉之处了。（对于生活在水泥世界的城市居民来说，我们甚至可能从未意识到自然界和艺术表现存在差异。坦白地说，我打小在纽约街头长大，很长时间内都不知道牛奶是从奶牛的乳房中挤出来的，还以为是从瓶子里长出来的！）

读者们大概会觉得这个例子太可笑了。可是，在日常生活中，我们经常遵循着类似的传统，误将它们与自然事实混为一谈。比如，很多英语读物喜欢将蜗牛画成壳顶（尖端）朝上、开口朝下的样子。这当然没问题，不然蜗牛还能长成什么样子呢？可是，法语读物通常将蜗牛画成相反的样子——壳顶朝下、开口朝上，我也不清楚这一差异是怎么来的或者因为什么理由。这样看来，数百万法国人都搞错了蜗牛的样子，不是吗？可是，当你发现了这一差异，思考它为何存在时，突然灵光一闪，你意识到，法语读物与英语读物的差异其实和鲍欣笔下的梨与苹果是一回事。按照自然界的情况，这两种画法都不能说是准确的。大多数蜗牛顺着地面爬行，壳的两端大致与海底平行，从本质上说，朝上或者朝下都不对。

再举一个例子，这个例子对我来说有些尴尬，但也告诉了我传统不等于真实的道理。有一次，我在文章中提到，北极指向上方，地球绕着这根轴逆时针旋转（按上帝或者宇航员的俯视视角）。之后，一位澳大利亚读者写信给我，委婉地提出，宇宙中不存在绝对的"上"或者"下"，我们的绘图传统只不过反映了欧洲大多数制图人的视角。出于爱国情怀（这里还隐含着一个传统，即"上"等于"更好的"），他们眼中的南极才是冲上的，地球围绕着南极呈顺时针方向旋转。

考察地图史，我们会发现情况比这复杂得多，传统产生的影响也大得多。很多中世纪的地图是按照托勒密[10]观念绘制的，地球位于宇宙中心，不会旋转，太阳升起的方向"东方"位于地图上方。单词 orient 意思就是"东方"，从词源上讲，它意味着太阳"升起"，也就具备了象征性的"指引方向"的含义，因为"东方"曾经占据着标准地图中更受欢迎的上方。（出于同样的原因，中国人一度被称为"东方人"，而欧洲人就成了"西方人"，后者字面意思是"落下"，或太阳落下的方向。那时候，这些词语还没有遭到政治上的责难。）

浏览鲍欣书中 200 多幅化石图——堪称十六世纪最大的古生物学图库，我们可以看到若干习惯的起源。虽然现在，这些习惯已遭废弃（大多数现代学者因此不知道它们的存在），但它们曾经在近200年的时间里严重妨碍了人们对化石、对生物历史的正确认知。下面仅举三类例子，都基于十六世纪古生物学的分类惯例。直到十八世纪后期，人们才意识到鲍欣图示的某些内容不过是习惯，并非真实的自然，"现代"图像才得以取代鲍欣的习惯，清晰地证明化石是远古时期的生物，这是古生物学发展早期最重要的一次认识转变，这门学科因此取得了突飞猛进的进步。

1. **不同类别的杂糅**。在鲍欣时代，fossil（化石）这个词来自拉丁语动词 *fodere* 的过去分词，意思是"挖出"，可以指代在土里找到的任何形状的物体，于是人们就把远古生物的遗体与晶体、钟乳石以及很多很多无机物归入了一个大类。现代学者已将有机物的遗体单独列为一类，它们是历史的产物，现代地质学的核心概念就是经由"深时"的连续变化；而在此之前，人们普遍相信地球只有几千岁，它从诞生起就和我们现在看到的样子十分接近——假如有什么例外，那一定是诺亚时代的大洪水造成的。

假如化石来自岩石中的矿物，就好比矿山中生长的晶体、岩洞中形成的钟乳石，那么石化的"外壳"就可以看作是一类由矿物逐渐形成的无机物。因此，鲍欣将蜗牛壳化石和圆锥形的晶体画在一起，两者外观相似，都源自无机物。这样的归类方式已不仅仅如鲍欣所宣称的那样，是对观察结果的直白呈现；相反，他将在现代人看来起源和意义完全不同的两种物体并列在一起，事实上表达了一种关于自然结构、历史模式的看法。这样的观念与科学哲学史上伟大的革命性认知之一，时间的深度与变化的广度，截然对立。

2. **不能区分偶然的相似和真实的本质**。与普遍的印象不同，让·鲍欣和同时代的学者承认并非所有的化石都来自无机物，也承认过去的植物和动物能够留下石化的遗体。可是，他们无法敏锐地区分有机物形成的化石与普通的岩石，这些岩石看起来和生物体或人造石器十分相似，令他们误以为其中存在有意义

Turbo minimus scintillans.

Pyrites turbinatus ma= gnus muricatus.

鲍欣将蜗牛壳化石与无机物形成的晶体放在一起，因为它们的外观非常相似

的关联，哪怕他们猜到这些岩石就是由无机物形成的矿物。正因为此，鲍欣书中有一整页画了六种外观像男性生殖器的石头，还有一页绘制了各类酷似头盔或者戴盔甲的脑袋的晶体。他并不认为这些岩石是石化的阴茎和睾丸，也没有将"头盔"视作阿金库尔战役[11]留下的战利品。可是，在归类时，他却将已确认是偶发形成的矿物与可能的生物化石排在一起，就好比把苹果和橘子混为一谈一样（也可以说，是把苹果和梨混为一谈，而且没有通过正置与倒置区分两种水果），这大大削弱了我们对动植物化石成因与来源的认知能力。

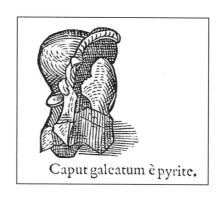

Caput galeatum è pyrite.

鲍欣为这张图写的文字说明是这样的——"黄铁矿形成的戴头盔的头颅"。他将这种偶然的相似视作有意义的现象，至少在象征层面如此

189

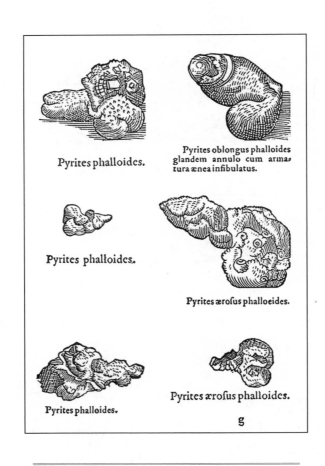

Pyrites phalloides.

Pyrites oblongus phalloides glandem annulo cum arma, tura ænea infibulatus.

Pyrites phalloides.

Pyrites ærosus phalloeides.

Pyrites phalloides.

Pyrites ærosus phalloides.

g

1598 年，鲍欣绘制了六种外观像阴茎的石头。他并没有将它们视为
人类器官的化石，但他相信其中存在因果关系，而现在，我们认为
这种相似也是偶然的

3. 生物化石的绘制出现错误，导致人们无法探知它的来源。鲍欣宣称自己
只是把看到的东西照样画出来，没有掺杂任何关于自然对象的理论。他的想法
固然值得称赞，但我们也必须承认，在实际操作上几乎不可能。岩石斑驳，里

面藏着化石（大多呈碎片状）、矿物颗粒和开裂的沉积层。面对如此复杂和精妙的结构，画手必须熟悉关于这些对象本质的理论知识，才可能将如此杂乱的观察结果按照一定的条理组成一幅真正准确的图画。

鲍欣没能准确识别出许多古代生物的壳体，这些壳体会随着生物的成长而逐渐长大。可是鲍欣并不了解这些，在绘图时，他将蛤蜊化石的生长线画成了同心圆，这暗示贝壳不可能从体表的一个点开始逐渐长大，而更有可能是从两片贝壳结合的地方开始、从壳外缘辐射式地生长出去的。这样的图示会阻碍人们认识到它是一种生物。

鲍欣绘制的这枚蛤蜊化石是错的，生长线不应该是同心圆。他不知道这
其实是一种生物的遗体，不可能按照这种方式生长

鲍欣也比较准确地画出过很多菊石。不过，作为鹦鹉螺已经灭绝的近亲，菊石的螺壳能够不断生长（随着壳内的软体部分一起长大）。而鲍欣笔下的不少菊石，最晚形成的螺环反而比年幼时期的螺环更小。假如我们仔细端详鲍欣的菊石，恐怕没有人会认为这些螺壳来自不断长大的生物。最后，再举一个最有说服力的例子：鲍欣画了三枚箭石（类似乌贼的动物的圆柱形内壳），这些

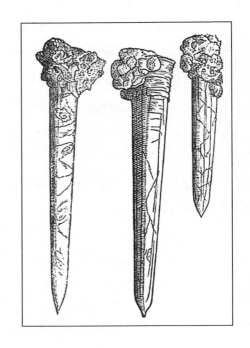

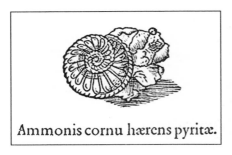

Ammonis cornu hærens pyritæ.

这枚菊石化石最晚形成的螺环较小，说明鲍欣没有意识到这是一种化石生物，它的壳体会随着年龄的增长而变宽

这幅图很好地呈现了鲍欣所建立的绘图惯例，他没能理解化石的生物本质。他笔下的这三枚箭石（类似乌贼的已灭绝生物的内壳）看起来就像是岩洞顶部垂下的钟乳石，后者是无机来源

箭石呈垂直排列，顶上覆盖着一层无机晶体。显然，鲍欣认为这些物体都是无机来源，就好像岩洞顶部垂下的钟乳石。

如果后来的科学家继承了鲍欣在 1598 年开创的三条绘图惯例，那么古生物学将无法建立科学理解生命史的核心原则：将生命的遗体与容易混淆的无机物明确区分开。在过去，两者被混为一谈，当成一大类"形状奇特的石头"。事实上，它们的外观与起源都大相径庭，这样的混淆不可能得出任何有价值的通用结论。

早期的绘图和分类惯例一直延续到十八世纪晚期，阻碍了人类对地球年龄和生命演化史的理解。甚至直到十九世纪早期，*fossil* 这个词才有了现在的定义——被限定为有机体的遗迹。

重提这段被遗忘的故事，不是要指责让·鲍欣所创立的绘图传统。在博物学家尚不了解化石的含义、无法区分生命体遗体与矿物的年代，这样的绘图手法是可靠的。但这一传统很快就失去了合理性，成为阻碍分类学继续进步的障碍。这样的谬误不可避免，前辈无需为后来者未能修正他们的错误负责。

同时，我十分赞赏鲍欣兄弟在植物分类学方面做出的卓越贡献，这也是他们共同擅长的领域。1623 年，研究牛黄石的卡斯珀历经 40 年艰辛努力，出版了他最重要的著作《植物界纵览》，为大约 6,000 种植物建立了分类；让·鲍欣研究博尔地区的化石，1650 年，也就是他去世 37 年后，其伟大的遗作《植物通史》才得以出版，这部著作对 5,226 种不同的植物进行了更加精细的描述和命名。

在鲍欣兄弟之前，人们对植物的分类几乎是随心所欲的，人们考虑的只是便利，从没有关注过不同植物之间相似性的自然基础（之前的几位博物学家干脆按照字母顺序罗列植物名称）。是鲍欣兄弟首先进行了真正的系统性探索，试图基于植物内在的秩序找到"自然"分类。（对他们来说，自然秩序来自上帝的创世意图；而我们则会解释为演化形成的谱系。无论如何，研究"自然"分类这一想法早于所有后来的秩序研究，所以具有更高的价值。）

卡斯珀·鲍欣在那本关于牛黄的书中使用了过时的参考文献目录体系，稍稍延后了目录学的进展；让·鲍欣的负面作用更严重一些，他建立了一套很快就不再适用的绘图惯例，因为后来的科学家缺乏勇气或者缺乏想象力墨守成规，阻碍了古生物学的发展。但是，这些与鲍欣兄弟在植物分类学方面做出的杰出成果相比，都不过是白璧微瑕。事实上，他们建立的分类体系已经十分接近十八世纪中期由林奈提出的双名命名系统，直到现在，双名命名系统依然是动植物分类的基础。

科学界以鲍欣兄弟为荣。早期的林奈学派植物学家将一类生长在热带的树命名为 *Bauhinia*。林奈本人则将这个属的一个种命名为 *Bauhinia bijuga*，意思是"彼此相连的鲍欣兄弟"，向这两位奇人共创的成果致以最诚挚的敬意。或许，这会令我们想起林肯关于广义亲缘纽带的名言（与本文开头的引文一样，都来自他第一次就职时发表的演说），他呼吁战场上的同胞们不要割断彼此之间的联系，"记忆的神秘琴弦"将引领他们在更高的理解层面上重建这种联系。

过时体系的不良影响或许会令人失望、引发冲突。但是，如果我们能够克服被动接受习惯性思维的惰性，寻求更好的解决方案，那么，我们也许可以通过貌似简单实则颇有奇效的方法突破认识局限，打破旧思想的桎梏，建立崭新的分类系统。"起来……与我同去。冬天已往，雨水止住过去了，地上百花开放"（《所罗门之歌》2:10-12）——这正是鲍欣兄弟建立的新的自然，追随者们沉浸其中，继续前进。

11

梅毒和亚特兰蒂斯[1]牧羊人

在一些琐碎的事情上，我们常常会用调侃的口吻互相鄙视一番。在英语中，不辞而别（特别是还没结账的时候）或者未经许可的逃兵被称为"法国式逃离"。可是，法国人却将相同的倾向，也许是普遍存在的人类倾向，称为"英国式逃离"。在英国读大学时，我购置的避孕套（可惜没派上用场）被同学们称为"法国人的信封"。可是，那年夏天在法国，当地的同学又将避孕套称为"英国人的帽子"。

无关紧要的事情可能会放大以致造成危害。名称和符号会激怒我们，为了旗子或者足球赛，人们都曾大动干戈。于是，在十五世纪八十年代或者九十年代（稍后我们将看到，这一差别十分关键）梅毒刚开始肆虐欧洲时，人们为这种新型瘟疫的冠名权爆发了争吵，谁都想把罪责扣到敌人头上。在十五世纪九十年代中期，那不勒斯发生了第一次疾病流行，于是一些人将它称为意大利病或者那不勒斯病。按照至今仍有争议的流行理论，梅毒是哥伦布的舰队从新大陆带回来的，于是有人将它称为西班牙病。而这种疾病又在哥伦布返回处偏东北一点儿的地方更严重，于是被称为德国病。在诸多名称中，最流行的还是法国病（在当时发表的医学论文中，这种疾病通常用拉丁名 *morbus Gallicus* 表示，即高卢病）。法国在当时树敌众多，人们将怒气发泄到年轻的法国国王查理八世[2]头上。他的军队征服了那不勒斯，而那里在 1495 年暴发了第一次梅毒流行。人们认为，就是因为查理遣散了大量雇佣兵，在他们回到家乡之后，将梅毒传遍了整个欧洲。

我是从卢多维科·莫斯卡多的简要描述中第一次了解到这段争论的，他在 1682 年出版的博物馆目录中描述了草本植物的潜在治疗效果："大家不知道到底应该怪谁，西班牙人说这是法国病，法国人说是那不勒斯病，德国人又说是西班牙病。"莫斯卡多接着补充说：还有人认为，梅毒不是人类的过错，而是夜晚天空中火星、木星和土星这三个遥远星球相合时产生的灾难。

那么，新的瘟疫是如何最终成为现在通称的"梅毒"的？梅毒的含义是什么？了解梅毒背后引人注意的特殊起源，会帮助我们理解理智发展的两个关键特征。它们乍一看彼此矛盾，可是，我们必须将它们结合起来，才有望在尊重前人理论的同时，借助科学的力量超越过去。首先，早期科学家看似愚蠢的理论在当时是奏效的，我们应当尊重他们的努力；其次，过去的信仰存在偏差，通过纠正错误、发现自然的真相，科学在实现理论进步的同时，还能够为人类带来巨大的利益。

"梅毒"是一位虚构的牧羊人的名字，来自一首 1,300 行的六音步拉丁文长诗，这首诗是当时最伟大的医生、维罗纳（也是罗密欧和朱丽叶的家乡）先生吉罗拉莫·弗拉卡斯托罗（1478-1553）在 1530 年写作的。弗拉卡斯托罗是那个时代我第二喜欢的科学家，仅次于达·芬奇。弗拉卡斯托罗涉猎天文学（和哥白尼过从甚密，两人 1501 年曾一起在帕多瓦学习医学）、发现化石的某些关键的地质学特征、写作大量哲学著作和古典长诗，在当时最著名的医生中他也享有盛名。（作为教廷医生，他在 1547 年主持将特兰托会议转往博洛尼亚，一方面是为了照顾教皇的政治立场，另一方面也是为了躲避可怕的瘟疫。）简而言之，他是文艺复兴时期的博学之士。

弗拉卡斯托罗 1530 年对这种病的命名和 1998 年梅毒螺旋体（*Treponema pallidum*，导致梅毒发生的真正罪魁祸首）的全基因组测序，这两起事件的差异如此之大，以至于我完全想象不出有什么更夸张的对比，而这也是我写作本文的最初的动机。第一起事件中，弗拉卡斯托罗不清楚梅毒的来源，甚至在一开始都没有意识到梅毒是通过性交传播的。所以，弗拉卡斯托罗在诗里创造了一个神话，将自己虚构的牧羊人命名为梅毒。与之形成鲜明对比的是，《科学》杂志（1998 年 7 月 17 日）发表了一篇由 33 名作者共同署名的文章，这篇严肃的论文揭示了梅毒螺旋体基因组中一段 1,041 个基因的序列，由 1,138,006 对碱基对组成，这才是梅毒真正的生物学诱因。

弗拉卡斯托罗的牧羊人用他中立的名字终结了激烈的争论。可是，作为一名热爱家乡的维罗纳人，弗拉卡斯托罗在这部叙事诗的完整标题中表明了自己的立场《梅毒，一种法国病》。在此，我们稍微介绍一下当地政治的复杂情况：维罗纳一直被更加强盛的邻邦威尼斯控制。当时意大利还没有形成一个国家，那不勒斯王国和威尼斯实际上没有正式的关系，但是，共同的语言与利益促使维罗纳居民与那不勒斯人团结起来，一起抵抗查理八世的法国军队；而法国人希望能够控制意大利，在他们短暂占领那不勒斯之后，遭到了意大利的顽强抵抗，造成了将近 50 年的战争。

同时，哈布斯堡王朝神圣罗马帝国（虽然名字叫罗马帝国，但这个王朝主要由德意志联邦构成，位于欧洲中部）皇帝马克西米连一世令儿子和女儿与西班牙统治者联姻，将西班牙也纳入自己的掌控之中。他还与教皇、威尼斯、西班牙结盟，联合将查理八世赶出意大利。10 年后，随着现实政治局势的变动，马克西米连与法国达成了和解，甚至在向威尼斯宣战时寻求法国的帮助。成功的战役瓦解了威尼斯的统治，1509 年到 1517 年，马克西米连占据了弗拉卡斯托罗所在的城市维罗纳，之后根据条约，管辖权归还给威尼斯。

弗拉卡斯托罗曾经逃离故土，躲避马克西米连与威尼斯的战争。但他 1509 年回到了维罗纳，很快开始了大量创作。据此我推测，弗拉卡斯托罗是效忠马克西米连的。长话短说，关键在于，马克西米连（至少在当时有很长一段时间）控制着西班牙，将法国视作主要的敌人。作为热爱家乡的维罗纳人和马克西米连的拥护者，弗拉卡斯托罗也很不喜欢法国人的作风与傲慢。所以，弗拉卡斯托罗希望能够说明欧洲的梅毒流行与西班牙没什么关系，他拒绝承认流行观点所谓的"西班牙病"，即梅毒是哥伦布舰队无意中与其他战利品一道从新大陆带回来的。这就是为什么弗拉卡斯托罗在新名字"梅毒"后面添加了一个副标题《一种法国病》。

我的拉丁文水平不足以读懂弗氏书中的精妙之处，不过，当时和现在的专家都对他的维吉尔[3]式文风赞誉有加。弗拉卡斯托罗时代最伟大的学者斯卡利杰[4]称赞他的作品为"圣诗"；当代重要的翻译家杰弗里·埃图写道："就算是弗拉卡斯托罗的敌人，都不得不承认他的成就仅次于维吉尔。"本文中，我使用的是 1686 年内厄姆·泰特翻译的英文版，这是第一部完整的外文译本，本身就具有很重要的意义（不过，泰特使用了严格按照五音步抑扬格写作的英雄偶句诗，显得颇为笨拙）。这个译本在长达 200 多年的时间里，一直是英语读者的标准读本。泰特大概是英国史上最默默无闻的桂冠诗人之一，他为亨利·普赛尔的著名短剧《狄朵与埃涅阿斯》写过剧本。一些虔诚的唱诗班歌手可能还知道他写过《当牧羊人凝视》和《如同小鹿渴慕清泉》。当然，他还"改编"过《李尔王》。按照他的版本，考狄利娅与爱德伽成婚，皆大欢喜。这个版本曾经流行一时。

《梅毒，一种法国病》包括三大部分，每一部分都有独立的格式和自身的写作目的。第一部分讨论这种疾病的起源和诱因；第二、第三部分采用近似平行的结构叙述了神话，试图阐明两种最常采用的治疗方法（虽然现在看起来，这些疗法没什么用）。在诗歌的一开始，弗拉卡斯托罗就说明了它为何叫作法国病：

> ……它首先来到的是那不勒斯
>
> 从法国出发，理所当然地带着这个名字
>
> 与战争如影随形……

接着，他提到了西班牙舰队从新大陆带回梅毒的说法，如果是真的，那可真是悲剧性的反讽：

> 如果瘟疫果然随舰队而来
>
> 这一舶来品是多么多么的昂贵啊！

但是，弗拉卡斯托罗坚持认为，我们不应该指责西班牙舰队。这种疾病出现得太突然，又在那么多地点（包括一些从来没有接触过新大陆物品的地区）发生，以至于无法确定单一的来源：

> 不同地方的例子告诉我们
>
> 对于那些从未听闻印第安货品的人
>
> 远道而来的瘟疫也不可能
>
> 同时抵达这些国度。

所以，西班牙是无辜的：

不要首先指责西班牙人

从远离西方大陆的新世界带来了疾病。

从比利牛斯山脚到意大利

瘟疫肆虐法国，而西班牙却毫发无伤……

它的起源一定有更深刻的原因

而这很难被发现。

第一部分剩余的文字描述了弗拉卡斯托罗对于自然的总体观念：自然界是复杂难懂的，但人们可以理解它。这也是文艺复兴时期的人文主义思想，人们正在试图打破学院逻辑分析的桎梏，恢复他们理想中的古典时代的智慧（文艺复兴的意思就是"重生"），但他们还没有意识到经验记录的重要意义，100多年后现代科学的诞生就是以此为特色的。弗拉卡斯托罗告诉我们：梅毒不是人类罪孽招来的惩罚（这在当时是一种流行的看法），虽然我们不得不忍受瘟疫，但不能因此认为它偏离了自然界正常的轨道。

事实上，梅毒起源于自然界是可以被理解的，只是自然界要比我们想象的复杂得多，比人类感官可触及的范围大得多，合理的解释没那么容易得到——自然界的运转方式和尺度都远远超出人类的认知。比如，弗拉卡斯托罗认为，梅毒在扩散前很可能不是单一来源的（借此他再度说明了西班牙是无辜的）。梅毒的传染颗粒（不管到底是什么）肯定是通过空气传播的，但有可能沉寂几百年才暴发出来。所以，任何时间发生的瘟疫都可以追溯到很久以前。此外，还有一些强大的诱因，比如行星相合就有可能向地球散发毒气，这远远超出我们可能的观察或理解。不论如何，弗拉卡斯托罗仍然充满希望地表示，梅毒是一种可以被理解的复杂现象。虽然梅毒突如其来地肆虐人类，但这样的情况将会改变，我们的艰难处境也将得到缓解：

自然是如此的善变

何必对后来的传染病大惊小怪？……

发现自然的各种特质

确定真实影响的起因

是一项艰巨而难以预料的任务……

［但］自然本身永远是真实的。

诗歌第二部分仍然围绕自然中的因果关系与可能的解决方案这一核心主题，但采用了非常不同的方法。弗拉卡斯托罗继承拉丁史诗的传统，构造了一则神话，描述人类骄傲自大的危险和知识带来的救赎。一开始，弗拉卡斯托罗就提出了一套老生常谈的良好生活建议：多进行剧烈运动，采用健康而简朴的饮食，杜绝性行为。（这样的养生方式仅针对男性，弗拉卡斯托罗认为，性会耗竭体能，但不是感染的途径——当时，他还没意识到梅毒是通过性传播的。）当然，治疗需要使用药物。弗拉卡斯托罗相信盖仑的体液学说，认为包括梅毒在内的所有疾病都是基本元素不和谐导致的，必须通过诸如放血、发汗和催泻的手段恢复平衡：

在春天来临的时刻，

或者在秋天，只要身体足够强健，

我建议，通过肾静脉

按照感染程度为病人放血。

接着，他赞美了汞治疗这种病的奇效。汞的确可以抑制梅毒螺旋体的扩散，但弗拉卡斯托罗仅仅根据体液平衡说和排毒来论述汞的疗效——含有汞的药膏能够令人出汗，而吸入汞会导致患者吐出大量痰液。弗拉卡斯托罗承认，汞治疗令人十分不适，但总比梅毒晚期的痴呆、瘫痪和死亡好：

> 不要因为治疗过程的痛苦而不悦。
>
> 就算极度不适，也比病痛要好吧……
>
> 大量体液混在痰液中，
>
> 吐出来，净化身体，
>
> 你会震惊于秽物如此之多，
>
> 赞美治疗的奇效。

最后，弗拉卡斯托罗围绕人类的自负、忏悔与汞的发现编织了一则神话。一位名叫伊尔克奥斯的猎人杀死了狄安娜的一头神鹿。狄安娜的哥哥阿波罗大为震怒，令伊尔克奥斯染上梅毒。满心悔恨的猎人诚心忏悔，感动了女神卡里丽豪。于是，女神将伊尔克奥斯带到远离太阳神威力的地下。在富含矿物的土地中，伊尔克奥斯发现了汞这种良药。

弗拉卡斯托罗在十六世纪初十年代早期就完成了前两部分的写作，原本打算单独出版。不过，到了二十年代，一种新的"完美疗法"（最终被证明无效）出现了，于是弗拉卡斯托罗加上了第三部分，采用与汞疗法相似的神话形式描述了这种新疗法。基本情节一致，不过这次用一位名叫梅毒的牧羊人代替了猎人伊尔克奥斯。感谢读者们的耐心，我们终于要谈到弗拉卡斯托罗命名梅毒的原因和动机了。［安泽尔门特有一篇很好的文章说明了弗拉卡斯托罗诗歌的一些细节：《弗拉卡斯托罗笔下的梅毒：内厄姆·泰特与阿波罗的世界》，《曼彻斯特大学约翰·赖兰兹图书馆公报》73 (1991):105-18。]

　　弗拉卡斯托罗为何将牧羊人命名为梅毒一直是个悬而未决的问题（虽然有过很多讨论），不过，大部分学者认为，梅毒（syphilis，通常写作Syphilus，中世纪时期的拼法为 Sipylus）是奥维德[5]《变形记》中尼俄伯[6]的儿子之一。对于生活在文艺复兴时代的弗拉卡斯托罗来说，《变形记》既是古人智慧的象征，也符合他一贯以来对自然变化的兴趣。在弗拉卡斯托罗叙事诗歌的第三部分，一位尊贵领袖（没有写名字，很可能是哥伦布）手下的海员在新世界发现了很多宝物，但因为杀死太阳神的鹦鹉而触犯了神威（就像伊尔克奥斯因为杀死狄安娜的鹿而激怒了太阳神一样）。阿波罗又一次决定用邪恶的疾病——梅毒来惩罚他们。当水手们跪下乞求太阳神的原谅时，一群土著走了过来。泰特是这样翻译的："他们看起来人模人样，但肤色黑得发亮。"他们也饱受这种疾病的困扰，但他们会到鸟儿欢叫的小树林举行一年一度的仪式，既可以追思厄运的起源，又可以被获准利用当地的草药进行治疗。

　　诗歌告诉我们，这些土著的祖先曾经生活在失落的亚特兰蒂斯岛上，他们是一支落泊的后裔。失去故土与牲畜对他们来说已经够伤心的了，但是一股可怕的热浪烧焦了新的大地，狂暴地扑向国王的牧羊人：

　　　　一名叫作梅毒的牧羊人
　　　　曾经（久负盛名）拥有这片草地。
　　　　溪谷里有他喂养的一千头小母牛
　　　　一千头母羊徜徉在秀丽的河畔……
　　　　干旱令梅毒痛苦万分，
　　　　他的羊群也无法忍受，

抬头对着正午的骄阳，

他愤怒地诅咒神灵。

梅毒咒骂太阳，捣毁阿波罗的祭坛，决心以当地国王阿尔西修斯为崇拜对象建立一种新的宗教。而国王似乎也很满意他的想法：

雄心勃勃的国王狂喜于神一般的礼拜，

下令毁掉所有剩下的祭坛，

宣称他自己就是地球上

唯一、全能的神。

阿波罗越发愤怒了（在第二部分，伊尔克奥斯已经冒犯过他），他令每个人都患上这种病，但梅毒是第一个被感染的，而且他的名字作为这种病的代名词遗臭万年：

目睹这一切的太阳神不再能忍受

蔑视神灵的举动，

他射出致命的光束，

空气、土地与河流无一幸免；

瘟疫开始蔓延，

最先遭殃的是冒犯太阳神的梅毒……

他第一个呈现出可怕的肿胀，

第一个被奇怪的疼痛与难眠的长夜困扰；

> 这种病也因他而得名，
>
> 梅毒感染了周围的牧羊人，
>
> 感染了城市居民，感染了王室，
>
> 把野心勃勃的国王拉下宝座。

一两个牧羊人患病或许还不算太严重，国王病倒就不得不想办法了。主教提议献祭一人以平息阿波罗（这里使用的是太阳神的希腊文名字福玻斯）的愤怒——你们猜猜他们会选谁？幸运的是，女神朱诺决定帮助这位不幸的牧羊人。同圣经中亚伯拉罕和以撒的故事一样，她想出了替代方案：

> 梅毒似乎已经在劫难逃，
>
> 他被捆在祭坛前，
>
> 戴着祭祀用的花冠，
>
> 举起的刀子就要插进他的喉咙，
>
> 这时代为求情的朱诺救下了他，
>
> 请他们屠宰一头小母牛作为替代，
>
> 现在太阳神的怒气已经平息。

从那儿以后，这些从前生活在亚特兰蒂斯岛的土著便会每年举行祭祀，回想梅毒曾经的自大，追忆人们如何通过忏悔得到宽恕。土著仍然没有摆脱梅毒，但他们每年的祭祀让朱诺很是满意。作为回报，朱诺允许他们使用具有神奇疗效的愈疮木，这种植物只在他们居住的小岛上才有。染上梅毒的西班牙水手发现，这种新疗法比汞治疗容易耐受得多，于是他们将愈疮木带回欧洲。

因此，诅咒西班牙人，将梅毒称为"西班牙病"就很不合适了。谴责西班牙人带来梅毒是不对的（因为梅毒在欧洲多个地区同时出现，且早在船只抵达新世界之前，传染源就已经潜伏在那里了）；更何况在了解新世界感染和治疗梅毒的漫长历史之后，西班牙水手还发现了真正有效的疗法。

很多人知道，以前人们是用汞治疗梅毒的，汞的确有些许效果，这种疗法持续了好几百年。然而，愈疮木疗法已经褪色为历史的一个注脚，因为总体来讲，这种神奇的新世界疗法完全没什么用。（帕拉切尔苏斯曾在 1530 年宣布愈疮木无效，即弗拉卡斯托罗发表叙事诗的那一年。）但在这段沉浸于发现新药的短暂欢愉中，弗拉卡斯托罗编写了关于梅毒的神话。愈疮木疗法宣告失败，声名却流传了下来。

弗拉卡斯托罗对愈疮木的热切希望不仅限于科学层面，还包括政治层面，这没什么可奇怪的。势力庞大的富格尔家族（德国著名的银行家族）为马克西米连的孙子查理五世提供了大量资金支持，使他得以成功击败重要对手（也是弗拉卡斯托罗的敌人）弗兰西斯一世[7]，成为神圣罗马帝国皇帝。在查理分期偿还债务的过程中，富格尔家族获得了进口愈疮木到欧洲的皇家垄断权。（西班牙也在哈布斯堡查理五世的控制之下，因此所有船都能开到出产愈疮木的伊斯帕尼奥拉岛。）事实上，富格尔家族还建了一系列医院，专门用愈疮木治疗梅毒。如前文所说，弗拉卡斯托罗效忠于查理五世、效忠于西班牙，所以才有了他笔下的牧羊人梅毒和愈疮木的发现。（愈疮木也被称为 *lignum vitae* 或 *lignum sanctum*，意思是生命之木或者神木。它的确具备一定的药用价值，但不能治疗梅毒。同乌木一样，它的质地十分坚硬，可用于建筑和装潢。）

弗拉卡斯托罗对梅毒的研究不仅在于这部带有政治动机的诗歌。之后，在 1546 年，他出版了《传染源、传染病及其疗法》，获得了长久的声誉（虽然大家的关注点不太对）。弗拉卡斯托罗终于发现，梅毒是一种性病，他写道："这种疾病不是平常的接触可以传染的，传染起来也很不容易，只有当人体与人体进行最密切的接触时才能传播，大部分情况下是通过性交传染的。"弗拉卡斯托罗还发现，染病的母亲能够通过妊娠或者哺乳将这种病传染给自己的孩子。

后来，弗拉卡斯托罗写了一篇文章《当我们年轻时》，以第三人称视角婉转承认了自己当年那部诗歌中的傻念头。这篇文章是在 1546 年写作的，弗拉卡斯托罗准确地描述了梅毒的传染方式和症状的三个时间段：第一阶段是轻微的、难以察觉的生殖器溃疡（常被忽视）；几个月后出现器官损伤和疼痛；可怕的第三阶段会在数月至数年后发生，最严重的情况下会摧毁心脏或大脑（麻痹性痴呆，或伴有痴呆的瘫痪），导致患者死亡。

按照科学史教科书中司空见惯的圣人形象传统，弗拉卡斯托罗被誉为微生物致病论之父，因为他在这篇文章中敏锐、准确地提出了疾病传染的三种形式：直接接触（如梅毒）、通过污染物传播和借助空气远距离传播。弗拉卡斯托罗还讨论了一番感染性颗粒（*semina*），这个取自古希腊医学的术语并没有生物性质或者生物来源的含义。弗拉卡斯托罗对感染性颗粒的性质做出了很多推断，但他始终没有提到微生物。在显微镜发明前 100 多年，这样的假说实在太不可思议了。

事实上，弗拉卡斯托罗仍然认为，梅毒的感染性颗粒可能来自行星相合产生的毒物。他甚至将性行为传播梅毒与天空中星宿重叠产生毒素相提并论，用与梅毒等同的词汇描述天象"星球的交尾与结合"，尤其是"离我们最远的三个天体——土星、木星和火星的结合"。

然而，人们需要英雄，需要一位独具胆识的人物能够打破传统信仰，领悟现代理念的萌芽（这里"萌芽"就是字面上的意思）。于是，在我们的文化神话里，弗拉卡斯托罗赢得了并不相符的声望，被誉为"超越时代"的先知。随后他被遗忘，又被重新发现，那时他已去世很久，不太可能得到人们的赞美。

比如，《不列颠百科全书》中弗拉卡斯托罗词条的最后部分是这样写的：

弗拉卡斯托罗是第一位对传染源、感染、病菌的真正性质和疾病传播方式进行科学描述的学者。他的理论在生前就得到了广泛的赞誉，但很快被文艺复兴时期瑞士医师帕拉切尔苏斯的神秘主义学说所掩盖以致威信扫地，直到科赫[8]和巴斯德[9]证明了他的灼见。

但是，如果将弗拉卡斯托罗放回他所处的时代，他满腹的才华与细腻的情感仍然值得我们给予最热忱的赞美。他的作品对于现代读者来说显得有些古怪——尤其是选择拉丁文创作史诗描述梅毒，用虚构的牧羊人来给疾病命名，又通过主人公的遭遇来表达自己的政治诉求和信仰——只有了解作品背后的故事，我们才可能真正赏识他的天赋。布鲁诺·扎诺比在《科学家传记大辞典》中提到了弗拉卡斯托罗，他基于十六世纪的知识体系为后者撰写了更为准确的评述。他这么描述弗拉卡斯托罗的感染性颗粒理论：

这些由多种元素组成的、各不相同的颗粒很难被察觉。它们在特定形式的腐烂过程中自行产生，具备独特的性质与功能——比如，能够自我增长，有自己的运动方式，可以快速传播，存活时间很长，在远离出生点的地方活动，会产生特别的传染性，也会死去。

这段描述十分精当，但没有暗示这种微粒可能是微小的生物。"毫无疑问，"扎诺比接着写道，"他所谓的颗粒最早可以追溯到德谟克利特[10]的原子论，吸纳了卢克莱修[11]和诺斯替教派的种子说，还受到了圣奥古斯丁[12]和波拿文都拉[13]所延续的新柏拉图主义的影响。"简而言之，弗拉卡斯托罗始终坚持着文艺复兴的理想，认为所有问题都能够在古典时代的先哲那里得到答案。

需要承认，弗拉卡斯托罗确实突破了时代的局限，但医学的进步十分缓慢，直到二十世纪梅毒才得到控制。愈疮木没有治疗效果；汞收效甚微，造成的痛苦却令人不堪忍受。（想想伊拉斯谟[14]的讽刺：想和维纳斯共度一晚，就得先和墨丘利[15]相处一个月。）此外，有超过 50% 感染梅毒螺旋体的患者不会发展到令人闻风丧胆的第三阶段，所以，即使不治疗，这种病也会在大多数时候得到"自愈"（但梅毒螺旋体仍然留存在体内）。如此说来，有人会认为，传统治疗可能根本就是弊大于利。这类普遍的情况让我想起本杰明·富兰克林[16]的俏皮话：虽然梅斯梅尔医生是个神棍，但他的确为患者提供了帮助，因为那些按照他的"理论"采用"动物磁场"治疗的患者没有去"真正"的医生那里接受诸如放血、催泻这些有百害而无一利的操作。

直到 1909 年，保罗·埃尔利希[17]发明了洒尔佛散，梅毒才有了真正有效的药物。1943 年，随着青霉素的发现与开发，治疗变得高效（且相当简单）。梅毒第一阶段的患者只需要使用一个疗程的青霉素，就能够有效控制疾病发展；但是，那些发展到晚期的感染者仍然很难治疗。

不客气地说，科学曾长久地落败于梅毒的治疗，在这段历史中，有长期存在的简单明了的错误（基于错误理论的无效疗法使数以百万计的患者饱受毒害和痛苦），也有无视道德底线的试验。美国历史上最臭名昭著的一幕就是塔斯基吉试验，试验者有意令一组黑人男性不接受治疗作为"对照组"，以便与另一组患者比较，确定疗效。在一场令人感动的纪念仪式中，克林顿总统向对照组遗留的几名幸存者道歉，忏悔美国做下的可耻之事。现在我们可以控制梅毒，甚至已经做到了完全清除（就像天花那样），至少在美国是这样。人类经历了如此多磨难，最终还是要感谢科学带来的认识，没有其他方法能够予我们庇佑。

虽然科学有其令人不齿的地方（还有那些由人类这种暴躁易怒、反复无常的生物所操控的组织），但科学也能够发现真正缓解人类痛苦的办法。我们只有了解了这些外部力量的本质和作用模式，才可能控制它们。失败是成功之母，科学的本质就是在挫折中不断前进。这种两重性特征促使我去比较弗拉卡斯托罗的六音步拉丁文长诗与1998年关于梅毒螺旋体基因组的冗长文章。

现在的学术著作不再具有弗拉卡斯托罗式的优美与迷人（甚至比不上泰特的英雄偶句诗）：既没有牧羊人触怒太阳神的美丽神话，也没有精心构造的句子与音韵。事实上，我几乎觉得，1998年那篇论文的最后一句是我见过的最寡淡的语言，它完全不带感情色彩，平铺直叙地描述了一番未来研究的可能："通过基因组分析，我们对这种生物的生化特征有了更为全面的了解，这为后续开发梅毒螺旋体培养基提供了基础，也为未来的遗传学研究提供了可能。"任何一位作风老派的英语教师都会忍不住删了这句话。

但是，请想一想弗拉卡斯托罗和我们的努力之间存在的本质的也是非常重要的差异。亚特兰大疾病控制和预防中心的 M. E. 圣路易斯和 J. N. 瓦塞海特在一篇涉及基因表达的文章中写道：

　　梅毒具备了一种易于消除的疾病的所有特征。它不会感染动物，人类是唯一的宿主。潜伏期通常是几周，对接触者进行快速的预防治疗能够阻断传播，即便没有进行干预，传染性也只限于12个月以内。［三期梅毒既可怕又致命，但是该阶段的梅毒不具备传染性。］血液检测价格低廉、应用广泛，可用于诊断梅毒。在传染期，使用单次抗生素治疗即可收到疗效。目前尚未发现有耐药性。

有趣的是，弗拉卡斯托罗知道梅毒仅能感染人类，但这个结果让他感到困惑——因为按照他的理论，通过空气传播的有毒颗粒应该能感染所有生物。他

在《梅毒，一种法国病》的第一部分仔细讨论了这一反常现象：

有时候染毒的空气只会摧毁树木，

有时候又会伤害青草和柔嫩的花朵……

大地变得丰饶，却常常有奇怪的疾病

从天而降，只袭击可怜的牛……

于是通过代价高昂的实验，我们发现

疾病有着不同的起源与种类，

现在让我们来看看这种从未见过的

古怪而可怖的传染吧。

而这种与弗拉卡斯托罗的疾病观念大相径庭、令他百思不得其解的特性，在现代微生物理论看来简直是个天大的好消息。

相似地，破解梅毒的基因组序列并不会自动获得灵丹妙药，但除此之外，我们还能指望从中得到什么更好的信息呢？这项研究发现的几种特性为未来的研究指明了方向。我在查阅相关技术文献时看到了一些引人注意的内容，在此仅列举三段：

1. 一组促进运动性的基因——或许可以帮助我们理解，为何梅毒螺旋体能够入侵多种组织——与导致莱姆病的螺旋体（*B. burgdorferi*）中的已知基因几乎相同。

2. 梅毒螺旋体的基因组中仅有少数基因编码内在膜蛋白。这可以解释为何梅毒螺旋体能够成功避开人类免疫应答。如果我们身体中的抗体探测不到入侵者——因为它们的外表面过于"光滑"，那么人体天然免疫系统就发挥不了作用。但是，就算膜蛋白数量稀少，只要我们能够探知它们的特性，就可以开发出特异性药物，或者想办法增强自身的免疫能力。

3. 梅毒螺旋体的基因组中有一大类膜蛋白重复基因可编码孔蛋白和黏附蛋白，换句话说，可以充当良好的黏附剂和侵入物。同样，如果我们能够探知这些基因的特性，令它们"水落石出"，就有可能能够使螺旋体失去活性。

科学发展了大约 500 年，回望过去和现在的差异，我们更应该关注那些好的方面。弗拉卡斯托罗用诗歌虚构了牧羊人的故事，因为他完全不了解这种可怕瘟疫的诱因，而诗歌这种形式非常适合详述感人的细节。恰恰相反，那篇论文的 33 位作者则掌握了真正有用的信息。他们的文章读起来单调无趣，但是，关于梅毒的最伟大的"诗歌"并不是弗拉卡斯托罗 1530 年写作的六音步诗，而是由 1,138,006 对碱基对构成的 1,041 个基因（这些基因组成梅毒螺旋体基因组）的图谱，连同那篇发表于 1998 年的论文。错综复杂的事实有着拯救生命的契机，拥有难以磨灭的美。弗拉卡斯托罗做到了他那个时代的极致，他的名字将永远铭刻在人类成就的丰碑上。现代的基因图谱就和弗拉卡斯托罗在知识扩增史上留下的出色成就一样，都堪称一次伟大的进步，只不过前者的实用性与可靠性更值得赞叹而已。

V

历史掷骰子：演化的六大缩影

(1)

为演化辩护

12

达尔文和堪萨斯的家伙们

1999 年，堪萨斯州教育委员会以 6 票通过、4 票反对决定，从州自然科学课程中去掉进化论和大爆炸学说。教育委员会把他们的权力带到了想象中的世界，如果多萝西[1]生活在新千年，她或许会惊呼："他们还叫这里堪萨斯，可是我觉得这已经不再是那个真实世界了。"新的标准并没有禁止老师讲授进化论，只是这部分内容不再纳入州学业评估考试中。考虑到教育的现状，这其实意味着生物学的核心概念将被淡化乃至消解，就好比不讲元素周期表的化学，或者抹去林肯的美国史。

长久以来，宗教原教旨主义者及其同盟一直试图限制，甚至取消公立学校教授进化论，发生在堪萨斯州的这起事件正是最近爆发的一出。这种在错误思想引导下的努力早就被我们的法院判定为无效，科学家与绝大多数神学家也因此感到失望。所有的科学理论，包括进化论在内，都无法对宗教造成威胁。科学与宗教是人类了解世界的两大工具，它们互为补充（而不是抗衡），在完全不同的领域发挥作用：科学试图查明自然世界的真相，而宗教则致力寻找灵魂的意义与伦理的价值。

在二十世纪二十年代早期，有几个州公然禁止了进化论的教学，之后引发了 1925 年臭名昭著的斯科普斯审判案（一位田纳西州的高中老师因为讲授进化论被判有罪）。直到 1968 年，最高法院宣布，按照宪法第一修正案，这类法律都是不符合宪法的，第一回合的斗争才落下帷幕。二十世纪七十年代晚期发生了第二回合的斗争，阿肯色州和路易斯安那州要求，如果允许教授进化论，就必须花同样多的时间研读《创世记》，可以将之美化为"创世科学"。1987 年，最高法院同样宣布这些法律无效。

堪萨斯州的决策采用第三种方案规避宪法，首次令创世论取得了暂行性的成功 *：他们直接去掉了进化论，而没有例行禁止，也没有要求以研读圣经的方式"替代"教学，他们或许可以在不触犯法律的前提下达到偏袒宗教信仰的目的。

这场斗争发生的时间很晚，以至于好心的美国人会猜测，是不是有某些真正的科学或者哲学的分歧推动了这一事件的发生？进化论是否是猜想，缺乏确凿的根据？进化论会不会威胁到我们的伦理观念，破坏我们赋予生命的意义？作为一名历来尊崇宗教传统又训练有素的古生物学者，我将用这么三条解释来减轻人们的焦虑。

首先，除了美国，没有其他西方国家发生过政治干预进化论的事件。在任何一个与我们有着共同社会文化传统的国家，进化论都是无可争辩的、必须教授的基础知识。

其次，进化论在科学上是有翔实证据的，就好像地球围绕太阳运行而非太阳围绕地球运行一样。在这个层面上，我们可以称进化论为"事实"。（科学

---

* 此"观点"见于 1999 年 8 月 23 日的《时代》杂志。我在其他地方提到，健全科学教育的支持者在 2000 年举行的下一轮选举中击败了创世论者，新当选的教育委员会立即在生物学课程中恢复了进化论。

上一般不说百分之百，所以"事实"可以解释为一种可能性极大的主张，这种暂定的主张很难被反驳。）

教育委员会的主要论点是，大规模演化令人存疑，因为我们还没有直接观察到类似过程。如此荒诞的观点只能说明提出者不了解科学的本质，"好科学（good science）[2]"是利用观察结果做出推断的。跨越如此长时间（本例几乎是人类出现之前的事情）和超出人类观察范围（比如亚原子粒子）的过程是不可能被直接观察到的。如果只有目击证词才算可靠，我们就不会有深时科学了——不会有地质学，也没有古人类史。（所以我到底要不要相信尤利乌斯·凯撒的存在呢？人类演化的确凿证据可比我们深信不疑的凯撒大帝记录可靠得多。）

第三，科学发现的真相（声明自然"是"什么）既不会帮助我们得出伦理学结论（"应该"如何做人），也不会评判存在的意义（生命的"目的"是什么）。后两个问题严格地属于宗教领域，属于哲学，属于人文科学。还有什么比这两个问题更重要呢？科学和宗教应该是一对地位平等、相互尊重的伙伴，在各自的领域辛勤耕耘，以不同的方式对人类生活产生重要影响。

那么，我为什么要重提美国令人沮丧的反智主义漫长历史中这一最新发生的事件呢？作为热爱自己国家的爱国者，我们不得不尴尬地承认，在技术突飞猛进发展的新千年前夕，我们国家中心地带的权力机构却选择去压制人类的一项伟大发现。不能把进化论看作边缘化的课程，因为达尔文理论是所有生命科学的核心原则。就像不读圣经和吟游诗人的作品意味着没有接受过西方传统教育一样，否定进化论也就意味着无法理解科学。

多萝西顺着螺旋形的黄砖小道走向救赎，回到自己的家乡（回到充满梦想与可能的真实的堪萨斯）。然而，堪萨斯州新采取的课程设计却只能通向束缚与愚昧。

13

达尔文的宏伟殿堂 *

有一则维多利亚时代的著名故事描述了某位贵族妇女对异端邪说的态度："让我们期望达尔文先生所说是错误的；如果不是，那也最好不要广为传播。"教师们经常提到这个故事，嘲讽贵族们的痴心妄想（仿佛长久地隐瞒自然界的基本事实就能够帮助上层社会维护公共道德），这荒诞的想法预示了启蒙时代无知者的命运。不过，我想，这位女士应当是一位目光敏锐的社会分析家，至少也是位小先知。因为达尔文先生的学说确实是正确的，而且，至少在我们国家，达尔文的学说没有得到广泛传播。

那么，到底是多么古怪的社会环境，科学与社会之间存在多么奇特的对立，才导致生物进化这一科学界的核心概念、曾被科学所证实的最可靠的事实之一成为争论的焦点，甚至在当代美国仍然被很多人质疑呢？

----

* 这篇短小的社论发表在《科学》杂志的一期有关进化的特刊上。和前面那篇发表在《时代》杂志上的社论一样，这篇文章也是我对堪萨斯州教育委员会拒绝把进化论列入州课程表的即时反馈。我连续收入这两篇文章，私以为读者可能会对我如何将一个主题的文章同时呈现给普罗大众（《时代》杂志）和专业人士（《科学》杂志，美国最著名的科技期刊，出版者是世界上最大的国际科技组织——美国科学促进会）感兴趣。

西格蒙德·弗洛伊德有句充满智慧的评判，比他日渐消退的声名更耐久。他说，所有伟大的科学革新都包括两方面内容：对物质现实的崭新认知，以及发自内心地将自命为万物之尊的人类降级成自然过程的一个偶然结果，当然这个过程也许很有趣、很独特。弗洛伊德提到了两次重要的变革：哥白尼否定地球是宇宙的中心，达尔文将人类从上帝的化身"贬谪"（弗洛伊德的原话）为"动物界的后代"。对于前者，西方世界的态度还算优雅（虽然折磨了一番伽利略），可是后者却是一场更为致命的变革。相比内在本质的探讨，外在物质的结构、真实状况的疑问与人类情感之间的关系更远。在无边无际的宇宙面前，渺小的躯体令我们感到不安，最深处的恐惧于是化作了圣经《诗篇》中的疑问（《诗篇》8）："人算什么，你竟顾念他？"接着，作者解释了一番人的由来，化解了这些焦虑："你叫他比天使微小一点……你派他管理你手所造的，使万物……都服在他的脚下。"早在100多年前，达尔文就否定了这番自欺欺人的慰藉，可是还是有很多人必须要依靠这样的信念支撑才能够在苦难的世间生活。

诋毁与无礼不可能赢得这些人的理解（更不要说信仰了）。只有态度谦逊、推广教育，才可能赢得更多的支持，最终结束这段令人尴尬的历史：一个科技强国在进入二十一世纪时却仍然有将近一半的人口拒绝承认这一生物学史上最伟大的发现。我认为，我们的努力需要遵循三个原则。首先，进化论是正确的——承认这样的事实能够令我们获得自由。第二，进化论解放了人类的灵魂。原则上，真实的自然不会回答关于伦理和存在意义的深层问题，所有有勇气的人应当自己解决这些问题。停止向自然索求它所无法提供的（从而我们能够与外在世界进行真正的交流，而不是按照自己的需求虚妄地表达自然），我们才能不受约束地审视自己的内心。科学能够与哲学、宗教、艺术和人文科学建立真正的协作关系，共同成就色彩斑斓的智慧。第三，进化论是实证的现实，远比所有人类起源的神话令人激动。我们的宗谱可以追溯到40亿年前，从地表以下几英里深处岩石上的细菌，到最高大的巨杉木 [1] 的顶端，甚至还踩上了月球。宙斯 [2] 和沃登 [3] 的神话怎能与此匹敌？真实的世界令我们发自肺腑地惊叹，就像达尔文在《物种起源》结尾写的那样："这种生命观念何其伟大……"让我们赞美进化，摒弃那些掩蔽了真实、靠臆想造出来的浮夸神话，这是人类灵魂的庄严境界，我们不能否认彼此独立又互为补充的精神世界其实是自然的产物。

14

无处不在的达尔文

作为一名职业的古生物学家，同时（这么说没问题吧？）又作为一名典型的自由主义者，我对新近流行在保守派学者中的风潮颇感兴趣，但又有些困惑：他们提到我的领域最著名的人物查尔斯·达尔文，一会儿认为他是保守主义的威胁，一会儿认为他是保守主义的支持者。

达尔文显然不可能同时扮演这两种角色，而且，生物演化的事实（特别是自然选择学说）也无法为道德或者社会哲学提供任何特别的支持，所以我坚信，这位有史以来最伟大的生物学家一定能够抵挡住所有的煽动，不管保守派的攻势有多么猛烈。

举一个极端的例子。达尔文的批判者认为，只要我们将他驱逐出去，人类就能够觉醒。这种想法使某一宗教派别认为，重新恢复过去的基督徒生活是组织体制稳定、有序的关键。例如在《垂头丧气走向罪恶之都》一书中，罗伯特·博克写道："知识分子是宗教复兴的主要障碍"，他们"相信科学已经使得无神论是学者唯一可能的立场。按照传统的观念，弗洛伊德、马克思和达尔文正是无神论者的引路人。现在，学者们已经发现，弗洛伊德和马克思并非无懈可击，似乎该轮到达尔文了，我们需要对他进行一番消解"。

然而，博克对古生物学的了解就和我对宪法的了解一样，几近于零。为了推翻达尔文，他举出了一条老生常谈的荒诞证据："进化论最大的问题在于缺乏化石记录。"要是博克能够让我瞧一眼罪恶之都郊外那闻名于世的盐柱，我也愿意给他看看无数中间阶段的化石证据，它们足以证明生物演化过程中的几次重大飞跃——从爬行动物到哺乳动物，从陆生的祖先到鲸，从类人猿到人。

同时，从另一个极端来看，人们应该赞美达尔文，他的学说能够证明保守主义的正确性：一些世俗信徒试图借此证明，保守派的政治教条正是自然规定的。例如，最近约翰·麦金尼斯在《国民评论》中宣称："和所有其他新的知识体系相比，生物学的新进展有可能为保守主义提供更强大的支持。"

"我们可以这样认为，"麦金尼斯写道，"达尔文政治是一种趋于保守的政治。"接着，麦金尼斯罗列了一些生物学证据，包括利己主义、性别差异以及"生而不平等"——这几个例子都是基于进化论的右翼观念。

此外，按照麦金尼斯的说法，达尔文学说的适应性似乎不仅仅在于支持一般意义上的保守主义观点，还在于能够证实他自己独具一格的想法。比如，他借助似是而非的演化观点责难"纯粹自由意志主义"，他希望借助达尔文来说明，国家有权强迫公民积攒自己的养老费用，也有权控制他们的性取向。

"年轻人很难想象自己年老的样子（主要因为在依赖狩猎 – 采集的原始社会中，大多数人活不到老年），因而别指望大部分人为自己的暮年做打算，"麦金尼斯写道，"所以，国家有理由强迫公民自己攒钱度过退休之后的时光。"此外，"社会有可能需要建立机构来引导、限制人们的性行为"。

对达尔文的误解不仅仅发生在政治权利的讨论中。自由主义者也对达尔文产生了两种完全相反的看法：要么试图否定达尔文的理论（因为这个理论的内涵令他们不快），要么借助达尔文来证明自己的政治观点是注定合理的。

有些自由主义者抨击达尔文，是因为他们误解了他的理论，以为持续不断的"生存竞争"就是战争与杀戮。其实，达尔文所说的"竞争"是隐喻性的，最佳的理解是：一些情况下彼此合作，另一些情况下又彼此竞争。相反，很多二十世纪早期的自由主义者支持达尔文的理论，他们赞扬天赋异禀的人生育后代，同时试图劝阻不够优秀的人生育。

　　简简单单几句话就可以驳倒这些支持者与反对者。对于反对者，我想说，达尔文的进化论作为生物学的核心，至今仍在不断发展、不断丰富——同时，科学通常不会对宗教产生任何威胁，应当把宗教看作是人类探讨道德秩序与灵魂意义的手段。

　　而对于那些试图将宗教问题建立在自然现实上的人，我想提醒他们认真考虑十七世纪科学家托马斯·伯内特教士的话："将圣经的权威与自然界相提并论是一件很危险的事情……时间将阐明所有问题，也将证明用圣经经文解释自然是彻底错误的。"伽利略在十七世纪被判持异端邪说后，罗马天主教会最终将其平反——现代的原教旨主义者在否认生物学核心原则时也应当仔细斟酌。

　　还有那些借助达尔文来支持某种道德或者政治观念的人，你们应当记住，演化生物学至多可以为我们提供了解人类道德问题的启发——为什么一些（或者大多数）人会产生特定的价值观？这可能源于达尔文学说中所说的生存优势。但是，科学从来无法裁决人类的道德观。就算我们认为，在百万年前的非洲草原上，依赖狩猎和采集的原始人类通过侵略、排外、选择性地杀婴以及压迫女性能够获得生存优势，我们也无法因此说明，此时或彼时的这类行为或其他行为是符合道德的。

　　或许，我应当感到高兴，我所在的领域演化生物学已经取代了上个世纪宇宙学，还有早些时候弗洛伊德学说的地位，科学被认为与深层的生命意义问题直接相关。但是，我们必须尊重科学的边界，这样才可能真正从中获益。切斯特顿[1]有句名言："艺术是有限的，每幅画的精髓就是画框。"这句话同样适用于科学。

达尔文自己也很清楚这一原则，他怀疑经过漫长岁月、为别种目的演化形成的人类大脑是否具备足够的能力来解决生命终极意义这个最深刻又最抽象的问题。1860 年，他写信给美国植物学家阿萨·格雷[2]："我强烈地感到，整个问题对于人类的智力来说太深奥了。或许一条狗都能像牛顿那样思考。"

那些通过曲解达尔文来推动自己观点的人应当牢记圣经中的箴言："惟独求恶的，恶必临到他身……扰害己家的，必承受清风。"这精辟地总结了那些妄图阻止美国课堂教授进化论的人所玩的把戏。

(11)

演化和人性

15

看起来少的，其实是多的

2001 年 2 月 12 日星期一，两组研究者正式公布了人类基因组数据。这是他们有意的安排，因为 2 月 12 日是查尔斯·达尔文的生日，正是他在 1859 年出版了《物种起源》，使我们得以对生命的本质和演化有了生物学的理解。在 35 年的教学生涯中，我第二次中断了原本的生物史本科教学计划，组织学生讨论本项工作的重要性。（另一次是在遥远的六十年代末，激进的学生占领了学校礼堂，轰走了院长，导致课程中断了半小时。而这次，我告诉学生，计划的更改正好符合课程的主题。）

我并不喜欢，也不擅长总结、概括一起事件，但是，我告诉学生，今天是科学史和人类认识史上伟大的一天。（就我个人而言，这起科学界大事带来的快乐在我有生以来只有 1969 年的登月可以匹敌。）

实验室进行遗传学研究的主要物种果蝇有 13,000 到 14,000 个基因。而发育学研究的主要物种秀丽隐杆线虫（ C. elegans ）只有 959 个细胞，看起来就像一条小小的、没有固定形状的棍子，除生殖器外就没有什么复杂的解剖学结构了，它只有 19,000 个基因。

一般来说，根据传统观念，人类要比上述生物复杂得多，所以估计人类的基因数量会大大超过 100,000，普遍认可的更精确的数字是 142,634，这个数字很符合预期。可是，现在人们发现，人类拥有的基因数量为 30,000 到 40,000，最终结果可能更接近 30,000。换言之，和外表极其简单（但不一定有失优雅）的小小线虫相比，人体只需要一倍半的基因。

按照遗传学家所说（听起来有些奇怪）的"中心法则"，人体的复杂性不太可能由 30,000 个基因造就。"中心法则"认为：DNA 产生 RNA，RNA 产生蛋白质。也就是说，这是一条单向的路径，从密码到信息再到物质组装，一个密码（基因）最终能够产生一种蛋白质，蛋白质聚集在一起组合成人体。142,000 条信息肯定是存在的，因为人体的复杂性要求具备这么多信息。现在我们知道，先前的认知错误在于，假设每条信息都分别来自一个独立的基因。

我们可以设想若干种方案让基因产生比它数量多得多的信息，这也将成为未来的研究方向。最合理也是讨论得最广泛的机制是，一个基因能够产生几种信息，因为多细胞生物的基因不是彼此独立、不可分离的指令序列。相反，基因由以非编码片段（内含子）隔开的编码片段（外显子）组成。最终能够组装蛋白质的信号仅仅包含相互连接的外显子，内含子在之前被剪切去掉。如果个别外显子遗漏，或者连接顺序改变，那么每个基因就能产生几种不同的信息。

这一发现逐步影响到多个领域。生物工程行业非常相信一个老观念——"修正"一个畸变的基因将能够治愈特异性的人类疾病，其中一些人会急于申请基因的专利谋取商业利益。对社会的意义或许是，让我们最终摆脱那个过于简单而可怕的观念，即认为我们存在的每个方面，不论是生理的还是行为的，都可以找到特定的基因为此负责。当然在很多其他层面上这一观念也是错误的。

然而，大而言之，最深刻的影响当属科学或者哲学。从十七世纪后期开始，现代意义上的科学逐渐成形，并极为推崇简化的思维模式：将复杂事物分解成各个部分，然后试图通过组成部分的性质和它们之间可预测的简单相互作用来解释整体。（"分析"字面上的意思是"分解成基本部件"。）对于简单的系统，简化处理能够产生很好的效果，比如预测日月食或者行星的运动（但不能预测行星复杂表面的形成历史）。但是，人类再一次陷入了不知悔改的自傲，认为只要了解了某些体系，就能掌握所有的自然现象。帕西发尔[1]会明白只有谦逊（以及采用多种解决策略）才能帮助他找到圣杯吗？

原有的原则（一个基因对应一个蛋白质，以及从编码到复杂整体的单向流动）突然失效，这标志着我们所谓的生物是一个复杂系统，无法使用简化法，原因有二。

首先，复杂性随演化过程不断提高的关键与其说在于基因，倒不如说在于少数编码之间的组合与互动——很多这样的互动（用科学界的行话来讲就是突显特征）无法根据单独的编码进行预测，只能从出现的层面来解释。所以，生物体就是生物体，而不是基因之和。

其次，历史不遵循物理法则，其特有的偶然性决定了复杂生物系统的很多特征。30,000个基因仅占到了人类整个基因组的1%左右，剩下的（包括入侵细菌和其他能够复制、移动的片段）更有可能是历史的意外，而不是由物理法则预测的必然结果。而且，这些被贬为"无用DNA"的非编码序列也构成了未来利用的可能，它们比任何其他因素更有可能推动人类复杂性的未来演化。

自大导致的泄气是有益的，不会令人们悲观失望。简化法的失败并不意味着科学的失败，而是敦促我们用更合适的解释替代已经失效的假设，从复杂性自身的层面研究复杂性，尊重历史特有的轨迹。当然，这项任务要比简化理论所想象的困难得多。但是，我们的30,000个基因，以及这些基因之间不可约化的互动产生的繁复组合，赋予了人类足够的复杂性，并且至少为未来的工作做好了准备。

　　如果我们愿意听从历史上另一位出生于 1809 年 2 月 12 日（达尔文生日也是这一天）的伟人亚伯拉罕·林肯的话，或许会更容易走向成功。他在第一次就职演说中强调指出：从"人性中善良的一面"出发，我们应该停止分裂，联合起来。人类独有的智慧是历史形成的，同样具有突显的、无法约化的特征，也同样是固有的、可用的，哪怕我们无法把它归因于某个具体的基因，比如 12 号染色体上的第 26 号基因。

16

达尔文的"文化"程度差异

诗歌会令我们想起人类与自然世界的关联，有时是关于统一性的浪漫想象，有时是亚历山大·蒲柏[1]的英雄偶句诗：

万物合而为一

身体归于自然，灵魂属于上帝

当我们与猿猴四目相对时，无可争辩的相似性令人升起一种诡异的想法，有些人会发笑，有些人会害怕。所谓"比天使微小一点……荣耀尊贵为冠冕"（《诗篇》8），人类一直认为自己是单独被创造出来的高贵生物，而这份骄傲被粉碎了，不安渐渐加深。人类是演化的产物，这是达尔文的主要论点（《人类的由来》）："可以确定，人类的思维与较高等动物之间的差异至多是程度上的，而不是根本的。"

理智上，我们需要接受既定事实，承认演化的连续性；而情感上，我们又需要将自己视作独特的、超越的存在。人们总是试图将两者统一起来，于是采用了最古老也是最糟糕的思维习惯之一：二分法，也就是说，将事物分成两个相反的范畴，价值的属性通常被分成好的或者坏的、高级的或者低级的。为此，我们试图规定一个坚不可摧的标准——"黄金壁垒"，作为人类与所有其他生物在智力和行为上不可逾越的鸿沟。我们可能是从其他生物演化形成的，但在某个时间点，我们发生了一次质变，跨过了所有其他物种无法逾越的卢比孔河[2]。

所以，在人类学的发展史上，我们提出了一条又一条标准，又一次又一次否定它们。我们试着从行为着眼，比如能够使用工具。在这一宽泛的标准失效之后，又提出能够为专门的目的使用工具这一标准。（黑猩猩打破了这个壁垒，它们会剥去枝条上的树叶，用光秃的小棍子从蚁穴中钓取白蚁。）接着，我们又想到了有独特性的思维能力，比如存在道德观念或者有能力进行抽象思考。但是，所有试图证明人类绝对唯一性的标准都失败了（关于语言的意义与传播，以及可能的原理，目前还处于争论状态）。

"文化"的发生（一种由地方种群形成的、独特而复杂的行为，且必须通过后天习得，无法通过遗传获取）一直被认为是一种区分动物和人类的理想的"黄金壁垒"，但现在，这一观念同样遭到了摒弃。一项新近发表于《自然》杂志的研究表明，黑猩猩中也存在复杂的文化。研究证明，黑猩猩通过观察和模仿习得行为习惯，然后将这些习惯教给其他黑猩猩。这项研究是所有致力于长期考察某些野生黑猩猩的重要研究小组的合作成果（尤其值得一提的是，珍妮·古道尔对贡贝黑猩猩进行了将近 40 年的研究）。

很早以前，人们就认识到动物中有文化传播的零碎例证，典型的例子是燕雀有当地"口音"和猕猴在日本小岛上清洗土豆。不过，这些例子显得比较初步，无法作为反驳人与动物之间存在明显差异的证据。但是，黑猩猩研究在总结了历时 151 年、考察 7 个地点的结果之后发现：在文化意义上，有 39 种行为模式存在相当复杂的地区差异。这些行为模式必定源自同地的种群，并通过学习传播。

援引一个例子，两处研究最充分的地域（古道尔在贡贝，西田利贞在马哈雷山，两地相距170千米，没有两地种群发生过接触的记录）存在这样的差异：马哈雷黑猩猩会将双手举过头顶拍手，作为整理仪式的一部分，而贡贝黑猩猩从来不会这样（至少在人类观察时没有发现，整理自己可能是代代相传的能力，但具体方式的变化必定源于文化和文化的传播）。《自然》杂志刊登这篇论文时附有一段评注：亚特兰大耶基斯地区灵长类动物研究中心的弗朗斯·德瓦尔对整个研究进行了总结，"有确凿的证据表明，黑猩猩显然能够发明新的习俗和技术，并通过社会而非遗传的方式进行传播。"

常规的评注到这里就可以结束了。可是，还有一个更重要的问题没有解决，我们为何会对这样的结果感到惊讶？新的文献证据充分而可信，可为何人们会怀疑黑猩猩存在文化？既然我们已经证实其他动物中存在文化，而且知道黑猩猩的精神生活要更为精细。

惊讶或许能够帮助我们认识自己，就像新发现揭示黑猩猩一样。首先，构想它们和我们之间的差异，并为此寻找所谓的"黄金壁垒"，实际上是人类思维的一种深层谬误。达尔文的结论是正确的，人类与其他动物只存在程度上的差异。我们不必为此感到恐慌。量变能够产生质变，冰冻的池塘与沸水池不可同日而语，纽约这座城市也不能仅仅被看作是贡贝黑猩猩树上巢穴的扩增版。

同时，演化无法为智人和其他物种划分出真正的、本质上的差异。差异的真实基础源自局部解剖学和系谱学，而不是能够显现出人类优越性的功能性特征。有一整套过渡形态将我们与黑猩猩（甚至更遥远的物种）联系在一起，从当前人类形态的化石记录向前推两个世系能够追溯到同一祖先。但是，所有的过渡形态已经灭绝，于是，现代人类与黑猩猩之间的演化差异显得无法逾越。从系谱层面上讲，所有人类都是彼此平等的智人。从生物学角度看，物种是由历史和系谱联系定义的，智力最低下的人也同爱因斯坦一样，是完整的人。

如果我们理解演化的基本真相，也许最终就能够领悟亚历山大·蒲柏对人性的描述——"位于中间状态的狭窄地带"。是的，我们兼具兽性与精神上的超越。

我们大概也会接受他对人类特殊地位的精辟描述——"世上的荣耀、世上的笑柄、世上的谜"。

17

从聪明小鼠事件之内和之外想到的

每个时代都会产生一些奇奇怪怪又隐秘不宣的捷径：通过正确的咒语选择彩票中奖号码，通过恰当的祷告在新千年得到福佑，用可靠的配方制造出点金石……而到了科技时代，我们又试图通过转基因迅速解决问题。

可以想见，出于这类古老愿望的驱使，以及出于人类推理出的同样古老的谬误，大众一定会对钱卓等人做出的极富挑战性的杰出成果进行一番误读。

这些科学家饲养了一些有额外基因拷贝量的小鼠，这种基因编码的蛋白质能够促进神经元之间的交流。一种流行的记忆理论认为，记忆力这种最重要的脑力活动与动物建立联系（比如蜜蜂的嗡嗡声与被蜜蜂叮蜇的疼痛）的能力有关，强化交流可能会增强大脑对联系的记录，从而形成记忆。

在错误消息满天飞的时代，自封的权威人士一定会将这个故事理解成：负责智力的基因已经得到克隆，新世纪的人们将能够批量生产聪明丸，供小朋友服用成为天才。* 不论是当下还是可预见的未来，这样的传言都是站不住脚的。

---

*　这个观点来自 1999 年 9 月 13 日的《时代》杂志。

不过，钱卓等人的小鼠研究的确能够帮助我们纠正关于遗传与智力的两大常见错误观念。

1. 错误的标签。 不能认为复杂的生物体是基因的简单叠加，也不能认为特定的解剖结构或行为方式仅仅由基因诱导（见第 15 篇）。大部分基因只能影响解剖结构和行为方式的某些方面，它们必须与其他基因、基因的产物以及生物发育所处的内外环境进行复杂的相互作用，才能够实现自己的功能。所以，当我们谈及基因可以"负责"解剖结构或行为方式的某些方面时，这不仅仅是无伤大雅的过度简化，还出现了深层错误。

没有哪个基因能够决定人体中哪怕是最具体的特征，比如右手大拇指的长度。所以，认为某个基因"负责"某些诸如"智力"之类的复杂事物，这样的观念是荒谬的。我们使用"智力"一词来描述一系列社会定义的、几乎不相干的精神属性，它不是简单事物的量化，不由一个基因决定，无法用一个数字衡量，我们也无法据此将人类的多样性按照相对值大小排成一个序列。

举一个犯类似错误的例子。1996 年，科学家报告发现了某个基因负责创新行为——通常来讲，这是一个优点。1997 年，另一项研究宣称，同一个基因和海洛因成瘾倾向之间存在关联。难道提高创造性的"好"基因变成了为成瘾倾向负责的"坏"基因？生物化学大概不会变，但会受环境和背景的影响。

2. 错误的组合。 就像单个基因不能构成生物体的一个部分一样，整个生物也不能被视为对应基因编码及功能的简单叠加（骨骼不能由头的基因加颈的基因加肋骨的基因等等产生）。类似人类智力、解剖结构之类的复杂系统很容易因某个因素的缺失而无法正常运行并不意味着逆命题成立，即对同一个因素进行加强就能够提升系统的协调性和有效性。对特定异常的"修理"——靠谱的预见是，在不远的未来实施基因治疗——并不意味着我们可以通过生物工程手段得到超级运动员或者超级学者。修补特定缺陷的方法不能成为创造卓越的灵丹妙药。拯救一个溺水的人，只要把他的头托出水面就可以了；然而，我不可能通过向他周围不断输送氧气的办法，使他成为一个天才。

具有讽刺意味的是，钱卓的小鼠研究从根本上否定了基因决定论的这两个谬误。通过识别基因、绘制基因作用的生化基础流程图，钱卓证明了环境富集在功能改善中的价值和必要性。基因无法仅仅通过生化功能使小鼠变得"聪明"。确切地说，基因活动能够使成年小鼠保持幼年小鼠天然具备但在成长过程中逐渐丧失的神经系统的开放性。

哪怕钱卓所说的基因在人类中也存在且具备相同的基本功能（这是有可能的），我们也需要大量学习，才有可能从对它的增强中获益。事实上，我们倾毕生时间都在非常努力地建立一个规则的进程，却常常没有成功，部分原因在于，错误相信基因决定论使我们灰心丧气。这一规则的进程被我们称为"教育"。或许耶稣说这句话时已经表达了对生物界的深刻洞见（《马太福音》18:3）："你们若不回转，变成小孩子的样式，断不得进天国。"

VI

演化的含义和图景

(1)

定义和开端

18

可怕的 E 到底意味着什么？

1956 年我在杰梅卡高中学生物的时候，进化论对纽约市的自由党支持者并没有构成什么威胁。可是，按照法案规定，我们的课本不能这么宣传。1925 年，这一法案导致威廉·詹宁斯·布赖恩和克拉伦斯·达罗为约翰·斯科普斯违规讲授进化论案在田纳西州进行了一番舌战。所以，在我读到的课本中，总共 66 章内容里只有第 63 章十分隐晦地提到了进化论，并且委婉地称之为"人种发生假说"。

二十世纪二十年代初，美国南部几个州就通过了斯科普斯时期的反进化论法案，直到 1968 年，最高法院才宣布这一法案不符合宪法。这类法案从来不曾被严格执行，但却给美国的教育蒙上一层阴影。为了适应所有州的要求，教材出版商不得不推出"最低限度的普适"版本。于是，随着一些偏远的州将进化论判定为不能教授的危险内容，纽约的孩子们也无法学习进化论。

然而，荒唐的是，就在上一个千年接近尾声的时候（这篇文章是我在 1999 年 11 月末写的），美国若干地区又出现了一阵试图消解、预警乃至诅咒进化论的风潮。堪萨斯州教育委员会将贯穿生命科学的核心概念进化论降为生物课的

245

选修内容（这种规定就好比，英语仍然需要学习，但从今以后可以把语法看作可学可不学的内容，允许教但不是必修内容）。*有两个州规定，所有的生物学教科书都需要贴上警示标签，提醒学生除进化论外还可以考虑其他关于人类起源的理论（但是所有其他已确证的科学概念都没有类似的提醒）。最终，至少有两个州仍然在官方的说明和课程中保留了达尔文理论，但将可怕的 E 换成了委婉的说法，就和我高中时课本中写的一样。

为了实现健全（不受政治因素干扰）的科学普及教育，我们必须捍卫关键名词，可以考虑利用具有反讽意味的历史事件推动这项工作，如果我们能进行一番合理阐释的话。因为审判者们很明白，要想扑灭一种思想，最有效的办法就是隐瞒人们对于关键词或者关键人物的记忆。我们不能放弃代替"进化论"的 E，如果让对方掌控了关键词的使用，我们将不战自败。但同时，我们也必须明白，达尔文自己在 1859 年出版的划时代著作《物种起源》中，并没有使用"进化（evolution）"一词，他将这一基础的生物过程称为"伴有修改的传代"。毫无疑问，达尔文回避 evolution 不是因为害怕、调和或者政治因素，而是另有其他重要原因。寻找其中的原因能够帮助我们更深刻地了解达尔文所开启的知识革命，以及了解一些长期导致公众不安的因素（就算站不住脚，也是可以理解的）。

进化概念在前达尔文时代的表述通常为"转变（transformation）""变化（transmutation）"或者"发生假说"，十九世纪初，生物学界对这种有可能不正统的生命观念进行了广泛的讨论。在为自己提出的独特的系谱变化寻找名词时，达尔文绝不会考虑使用 evolution 这个词。在英文中，evolution 所代表的含义与达尔文革命机制中最有特色的假说——自然选择相悖。

evolution 源自拉丁文 *evolvere*，字面意思是"显现"，即按照可预测或可预

* 　值得欣慰的是，现在（即新千年之初我把这篇文章编入本书时）我可以告诉大家，一些政治激进的
　　老派人士在 2000 年教育委员会改选时把原教旨主义者赶了出去，堪萨斯州已经恢复了进化论的教学。

先确定的顺序不断展开，这样的过程本质上是进步的，或者至少是有方向的。（蕨类植物的"卷牙"不断伸展呈现出成体植物的过程就可以看作是一个预成形部位的"显现"。）《牛津英语大词典》将这个词追溯到十七世纪的一首英文诗，在英语中，首次有记录的 evolution 就是指预先确定的潜能逐步显现。例如，英国诗人、哲学家亨利·莫尔（1614-1687）在 1664 年宣称："那些或许早已存在的、隐藏的迷信还没有在我身上显现（evolved）出来。"他的语录占据《牛津英语大词典》中十七世纪引文的大部分。

在前达尔文时代，英语中很少用 evolution 指代系谱变化，即便有，也是指可预测的过程。比如，在为英国读者描述拉马克理论时（见《地质学原理》第二卷，1832 年），查尔斯·赖尔[1] 通常使用中性词语"变化（transmutation）"。唯一的例外是他在强调进步的时候："有壳类［带有贝壳的无脊椎动物］最开始生活在海洋中，后来，一些有壳类通过逐步进化（evolution），成为能够在陆地生活的动物。"

虽然在《物种起源》第一版中，达尔文没有使用 evolution；但是，他的确使用了这个词的动词形式 evolved，是在一个非常显著的位置作为日常语使用的——它是全书的最后一个词！很多学生都不会注意书本最后意蕴深厚的按语，通常，他们把那看作诗意的奇想，作者不过是堆砌了一番内容不甚重要却颇有想象力的辞藻。实际上，惜墨如金的达尔文借这个格外显著的位置召唤人们关注博物学的宏大与重要地位。

通常，人们认为行星物理学堪称严谨科学的典范，而博物学不过是一类无足轻重的实践活动，做无趣的、描述性的编目工作，只要有足够的耐心，任何人都有可能成为博物学家。达尔文不然，在《物种起源》的结尾，他指出，行星物理学研究的主要现象是呆板的、简单的，相反，生命的历史是动态的，宛如一棵不断生长的树。地球的运动周而复始，而生命却不断进化，呈现出越来越复杂的多样性，生长出难以预料的奇特分枝。于是，达尔文如是结束他的著作：

　　随着这颗行星依照引力定律运转不停，无数最美丽、最奇妙的生命
形态就是从这样一个简单的开端演化（evolved）而来的，而且仍在演化
（evolved）之中。

　　不过，达尔文从未将自然选择调控的过程称为 evolution，因为与这个词在英文中的本义不符。自然选择只会使生物随局部环境变化产生有趣的适应，不会产生可预测的所谓"进步"，也不会产生一般意义上的"改善"，这些表述

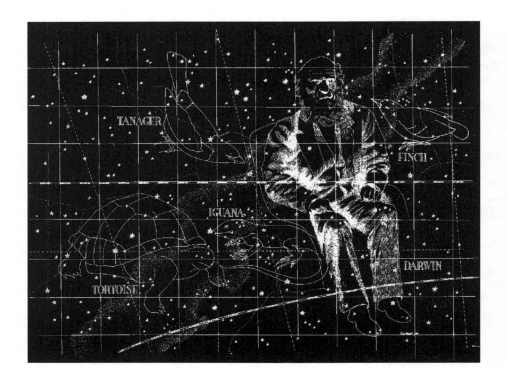

都来自西方人所崇尚的复杂性增加或者智力增长。在达尔文的理论体系中，就算一只解剖结构已退化的寄生虫只是生活在宿主体内的一团不成形的生物，也能适应周围环境，就算它只是一堆获取养分的细胞和生殖细胞，也能和最精巧的生物一样持续不断地演化，全面契合复杂而又危险的外部环境。此外，因为自然选择只会使生物适应当地环境，而当地环境在漫长的地质时期内是随机变化的，所以适应性演化的途径不可预测。

基于缺乏固有的方向性和无法预测这两个根本原因，达尔文几乎不可能把自然选择调控的过程和 evolution 联系在一起，毕竟 evolution 在英语中通常指方向明确、可以预测的事件的显现。那么，问题来了，evolution 是如何成为达尔文理论的名称的？这一转变是如此彻底，以至于 evolution 几乎失去（但没有完全失去，很快我们就会从下文中看到）了"显现"的本义，变成（或者可以说 evolved）生物随时间变化的代名词。

达尔文本人没有对这个有趣的转变发表看法。转变的主要原因在于，虽然绝大多数与达尔文同时代的人认可演化的证据无可辩驳，但无法接受他关于生物变化模式和因果关系的激进观点。最重要的是，令人愉快的传统观念认为，人类的意识必定代表了生物界可预见的（如果不是神的意志）巅峰，人们实在难以摒弃这一观念。倘使科学发现正好证实了人类的优越性，想必大家都很乐意相信证据。但是，达尔文时代的人们（也包括很多生活在今天的人）并不愿意舍弃人类至尊的传统观念，于是只好将系谱变化说成是最终导向人类的可预测过程。简言之，这个过程最好用 evolution 来描述，取按照既定可能不断显现的意思。

赫伯特·斯宾塞对于自然变化的进步主义观点可能是促使达尔文理论得以冠名 evolution 的最重要因素。斯宾塞是维多利亚时代地位卓著的学者，是精通几乎所有领域的大亨。无论如何，达尔文有太多更重要的工作，不愿意为抠字眼而争斗。达尔文很自信，就算公众采用语义相反的词汇形容他的理论，他的观点最终也一定会胜出。（毕竟，达尔文明白，词语的含义也会在新的风气下发生变化，就好比新生态环境下物种的转变一样。）达尔文从来不在著作中广泛使用 E 打头的单词，但在 1871 年出版的《人类的由来》一书中，他首次采用了渐渐被广泛接受的 evolution。［即便如此，达尔文还是没有在任何一本书的标题中使用 evolution。而且，在涉及人类的著作中，他用"传代（descent）"一词强调我们的系谱，而不是意识水平"上升（ascent）"到更高的层次。］

小时候，我在纽约大街上玩耍，自然博物馆成为我的第二个家，带给我很多灵感。我最喜欢的两处展览是四楼的霸王龙骨架和旁边海登天文馆的星展。我把这两种爱好维持了很多年，最后成了古生物学者。（我家在皇后区，卡尔·萨根与我年纪相仿，住在不远处的布鲁克林区，他也很喜欢这两处展览，不过后来，他选择了天文学。我一直怀疑是身体特征差异导致我们选择了相反的方向，卡尔很高，适合仰望天空，而我比一般人矮，更容易看到地面的生物。）

在写作中，我常常会用一些不起眼的小故事阐述普遍意义上的主题。2000 年，为了庆祝海登天文馆的再次开张，我写作了这篇文章，再一次将看起来无所谓的琐事与藏在背后的大事件联系起来，试图借助它们来探讨 evolution 一词在我所挚爱的生物学和天文学领域的旅程，有些很神奇的事情从表面上完全看不出来。当然，我会选择写我所了解的生物学领域的 evolution，为的是说明它与天文学领域 evolution 的含义有着天壤之别。天文学未能成为我的专业，但仍然是我的业余爱好。我相信，生物学与宇宙学 evolution 的显著差异，主要在于两者世界观的不同，也将提醒我们，很多科学上的争执源自词汇使用差异造成的混淆，而不是关乎事物本质的深层概念问题。

不同学科的联合是人类智慧的伟大目标，值得我们付出努力。而了解原则上的差异和互相尊重常常能够更好地促成这一目标。为此，我们需要明确定义并区分本质不同的过程，而不是将表面上相似的内容和看起来一样的术语胡乱联系起来。在统一历时性科学的时候，我们常常会将研究物种历史的科学和研究恒星生命的科学生硬地结合，坚持用相同的原因和解释方法对付两种科学。部分原因在于，它们都使用 evolution 来指代随时间发生的变化。这是一个非常糟糕的原因。这时候，根本性的差异要比表面的相似更重要。只有在我们综合考虑底层差异，找到历时性理论的可能范围之后，才能够实现真正的统一。

达尔文所说的能够产生历时性变化的自然选择原则，也即生物学中的 evolution，是一个双重的过程，它使一个种群产生大量没有指定方向的变异，而能够传给下一代的只是所有变异中经过选择的那部分。这样，某一时刻种群的变异可以通过连续世代平均值（比如平均大小或者平均智力）的差异来说明。基于这个根本性的原因，我们称这类理论中的变化为"变异"，而不是更常规、更直接的"转变"。后者的发展轨迹由自然规律决定，基于物质和环境固有的、可预测的性质。（比如，皮球顺着斜面滚到底端，不是因为选择倾向于移动的差分传输胜过整体稳定性，而是因为重力作用支配圆球顺着光面下滑的运动规律和结果。）

可以这样形象而不失准确地阐释达尔文的变异理论。假设在冰盖形成前的温暖时期，有一群大象生活在西伯利亚。大象体毛的数量会发生随机变化，可能变多也可能变少。随着冰期的临近，西伯利亚越来越冷，体毛较多的大象更容易适应气候变化，从平均来看，它们会留下更多的后代。（繁殖成效的差异应当被看作是从大量个体得到的统计结果，不能保证每个个体都如此。对于任何一代大象，体毛最多的年轻大象也许还没来得及生育小象，就摔进冰隙里死掉了。）父母体毛的多寡会遗传给后代，下一代将有更多的小象披有浓密的体毛（在气候持续变冷的过程中更受自然选择青睐）。平均体毛数量的增加可能会延续很多代，导致进化出长毛猛犸象。

这个小故事告诉我们：对大众而言，达尔文的进化论和描述历史变化的变异理论是多么特立独行，多么不符合西方思维和阐释的传统。达尔文进化论所有古怪的、奇异的特征都源自基于变异的自然选择理论，比如结果合乎情理、可以阐释但完全不可预知（取决于当地环境偶然发生的复杂变化），再比如变化不一定是进步的（只为适应不可预知的局部环境，不是为了形成一般意义上"更好"的大象）。

转变理论就要简单得多，也直接得多。如果我想从 a 变成 b，我可以假设一种直接变成 b 的方法，而不是从 a 的一堆随机变异中选出"一小撮靠谱的"形成平均值接近 b 的新世代，然后从这个位置生成新一轮随机变异，再从新的编队中选出"一小撮靠谱的"，一遍又一遍重复上述过程直至达到 b 为止。如果可以假设从 a 直接变成 b，我所遇到的概念上（和实际上）的麻烦就要少得多。用变异理论来解释我们自己的进化起源，其特殊之处遭到了来自文化和心理层面的强烈反抗——智人被重新定义为生命大树上不可预测的小枝干，而且不见得是进步的——于是我们就能更好地理解，为什么达尔文带来的变革要超出所有其他革命性的科学发现，以及为什么很多人至今都无法理解甚至依然反对这一真正具备解放性的理论。（我不打算在这里谈解放的问题，但是，一旦我们认识到，道德规范和对人生意义的追寻无论怎样都不能通过科学数据得到解释，那么达尔文的变异理论就不再显得那么可怕，甚至能够使我们放下从外界寻找生命目的、寻找伦理价值来源的幻想。）

不幸的是，维多利亚时代的先人将达尔文理论定义为 evolution，与有既定方向的显现混为一谈，导致我们更加不容易探知达尔文的深刻思想。如果 evolution 已经被严格定义为生物学变化，且不再具备其他含义，早期的更符合语源的用法被遗忘，那么今天我们就不会遇到额外的麻烦。可是，重要的词汇很少会发生词义的完全转变，在若干生物学以外的领域，包括天文学领域，

evolution 仍然保留着向可预测的方向显现的原始含义。

当天文学家谈及恒星的演化（evolution）时，他们显然不会涉及达尔文所说的变异理论。恒星随时间变化，不是因为爸爸星和妈妈星生育了若干女儿星，女儿星为更好地适应宇宙环境发生了变异。相反，恒星"演化"理论简直冷酷无情，恒星的转变有确定的、可预测的路线，完全由物理法则决定。（没有哪一种生物学过程与之完全对应，非要类比的话，生物的生命周期要比物种的演化更恰当。）

有趣的是，就算现在 evolution 这个词经过生物学的含义改造，已经能够应用到更广泛的专业讨论中，天文学领域也比生物学更尊重 evolution 的词源和本义。实际上，天文学家十分遵循 evolution 的本义，将其规定为可预测进程的历时性呈现，当描述某些不可预测、没有固定方向的宇宙变化（与生物学中evolution 的关键特征相同）时，他们一定会回避这个术语。

为了说明天文学的情况，我们来看看所有文献中最标准也是最保守的《不列颠百科全书》（1990 年第十五版）是怎么描述"恒星与星团"的。在"恒星的形成与演化（evolution）"一段最开始即将恒星 evolution 类比为程序性的生命周期，evolution 的程度则被定义为可预知路径上的位置：

> 在银河系中……天文学家发现了已经演化完成甚至接近死亡的恒星，发现了零星非常年轻的恒星，或者还在逐渐形成中的恒星。恒星的演化过程值得我们重视。

恒星的"生命周期"是完全可以预测的、单向的过程（也就是天文学家所说的evolution），这说明恒星结构的演变史是物理变化的结果：质量转化为能量，氢耗尽，转变为氦。

> 恒星光度和颜色的逐步变化是演化的结果……随着恒星的演化，其内核的氦–氢比不断增加……燃料耗竭后，恒星的内部结构急剧变化，迅速离开主序星阶段，成为巨星和超巨星。

恒星的生命是从相同的主序星阶段逐步展开的，但变化（也就是天文学家所说的 evolution）的速率会因为质量不同而出现可预测的差异：

> 如同恒星形成的速率，主序星阶段的演化速率也与恒星质量成正比：质量越高，演化速率越快。

更复杂的因素可能会造成恒星生命周期某些阶段存在差异，但基本方向（即天文学家所说的 evolution）不会改变，由自然法则得到的预测仍然是准确的、完备的：

> 巨星、超巨星和亚巨星光度和颜色的差异也是演化事件的结果。恒星离开主序星阶段后，演化将由它的质量、转速（或角动量）、化学组成和是否属于密近双星系统共同决定。

还有一条最具说服力的证据。在天文学的学术"文化"中，如果历史进展太过曲折，方向不够明晰或者复杂程度达到无法用自然法则的简单推论来解释，那么 evolution 一词就会被回避，哪怕根据最终结果和起始状态的明显差异能够说明存在显著的历时性变化。例如，《不列颠百科全书》在描述恒星演化时提到，根据恒星或者行星当前成分中化学元素的相对丰度，人们总是能够推测到它们的起源。但是，地球的地质面貌已经与原始状态很不一样了，所以类似的推论并不能适用于地球。

换言之，地球已经经过了一系列深刻而广泛的定向变化，这些变化是如此深远，以至于我们不再能够根据现在的状态推断自身所在星球的原始构成。然而，由于当前的构成是由复杂的意外事件形成的，不能根据简单的定律加以推断，所以在天文学语境中，这类变化显然不能被称作evolution，只能被当成"受到了影响（affected）"：

> 化学元素的相对丰度能够为星球的起源提供重要线索。地球地壳受到了诸如侵蚀、分馏等地质事件的重大影响，其目前的成分已经大为改变，无法为早期阶段的构成提供线索。

我提出这些差异，不是为了哀痛、为了抱怨或者为了指责天文学的用词。毕竟，天文学意义上的evolution更忠实于词源，更接近英语的原始含义，而经过达尔文理论的改造，这个词的原始意义已经改变。双方都不愿或者说都不该放弃自己的理解：对于天文学家来说，他们保留了词源上正确的原始含义；而对于演化论者来说，他们的重新定义表达了生命史最核心的概念，也是最具革命性的概念。所以，最好的解决方案恐怕就是理解并保留两者的差异，并解释其背后的缘由。

这样，我们至少可以避免因为对词汇的误解而产生的漫长争执，避免因此产生的混淆和挫败，这并非源于自然事物和起源的真正分歧。演化生物学家应当特别注意这个问题，因为对于演化生物学所强调的生命演化的不可预测性和方向不确定性，人们的态度通常是忽喜忽忧，所以我们仍然要面对相当多的反对意见。既然天文学中的evolution具备了相反的两种特质——可预测性和方向确定性，演化生物学家就必须强调这个词在生物学中的独特含义。因为对于大众来说，天文学的演化听起来容易接受得多，如果我们没能阐明这个挑战性结论的逻辑、证据和特殊魅力，人们就会将天文学中的演化套用到生物学中。

新近的两项研究促使我想到了这个主题，因为每一项研究结果都越发肯定了属于生物的、多变的、达尔文式的演化，同时也相当有力地反驳了先前的转变论解释。所谓的"转变"源于文化的偏见，源于人们对天文学领域中演化含义的偏好，这会妨碍我们对生命历史的理解，歪曲我们对重要事件的思考。

1. 古已有之的脊椎动物。 生命史上最关键、最神秘的事件之一便是寒武纪大爆发，几乎所有动物门类在化石记录中首次出现的时间基本相同，前后相隔大约 500 万年（约 52,500 万年前至 53,000 万年前）。寒武纪大爆发向以往所认为的生命有秩序、线性发展的观念提出了挑战。（早在人类出现以前很久，地史上就发生了生命的大爆发。）有一个重要的门虽然拥有可石化的坚硬结构，却既没有出现在寒武纪大爆发中，也没有在整个寒武纪留下踪影，它就是苔藓动物门。这是一类在海洋中营群居生活的生物，大多数非专业人士不太知道（尽管它至今仍然比较常见），但这类生物留下了很突出的早期化石记录。

还有一类动物一直没有在寒武纪大爆发期间的化石记录中找到，直到 1999 年一项新的发现发表，不过晚寒武纪时期的代表种（出现时间比大爆发晚得多）早已为人所知。大众媒体几乎闭口不提苔藓动物，但对另一种动物的缺失却大加渲染，宣称它极其重要。在寒武纪大爆发期间留下的化石中没有发现脊椎动物的踪迹，只找到了同门（脊索动物门）中的近亲，它们不是真正的脊椎动物。（脊索动物门主要分三个子类：尾索动物、文昌鱼及近缘种、真正的脊椎动物。）

岩层中存在几乎所有其他可石化动物门类的化石，却没有脊椎动物。这让人们看到了一丝希望，仿佛我们的确"更高等"，或者说是在可预知的方向上演化程度更高的生物。假如演化是单向的，越后来的越好，那么最后出现的（或者几乎最后出现的，毕竟有讨厌的苔藓虫类）一定会更特别。可是，1999 年 11 月 4 日的《自然》杂志刊登了一篇很有说服力的论文（《中国南方的早寒武纪脊椎动物》，第 402 卷，第 42-46 页），作者是中国西北大学舒德干教授等 10 人。论文称，他们在中国南方的早寒武纪澄江化石群中发现了脊椎动物的两个属，这些动物的生活时代正处于寒武纪大爆发期间。（布尔吉斯页岩是加拿大西部一处著名的化石群，之前人们对早寒武纪动物的了解多源于此，不过，这片化石群的形成时期要比寒武纪大爆发晚几百万年。最新发现的澄江化石动物群同样保留了精致的软结构，10 余年来，人们在其中发现了足可媲美前者甚至更加丰富的宝藏。）

这两个属生物的体长仅有 1 英寸左右，既没有颌骨，也没有脊骨，实际上根本就没有硬骨。这恐怕难以引起普通研究者的注意，把它们与我们尊贵的血统相提并论。实际上，颌骨和脊骨虽然现在很受关注，但它们都是在脊椎动物发展到一定阶段之后才出现的，所以不是脊椎动物独有的、核心的分类标准。例如，脊椎动物的颌骨最早源自支持后侧鳃孔的硬质部分，后来才前移到口腔周围。所有早期鱼类都没有颌骨，它们留存至今的幸存物种七鳃鳗和盲鳗也没有颌骨。

这两个澄江动物的属具备了脊椎动物的所有关键特征——背部有一条起支持作用的硬骨或者说脊索（成体脊柱形成后会消失），身体两侧从前到后有一串锯齿状的肌肉组织，还有一组穿过咽部的成对开口（在后期鱼类中主要作为起呼吸作用的鳃，但在早期脊椎动物中，主要作用是过滤食物）。事实上，在脊椎动物进化树上，最合理的安排顺序是将这两个新属放在现代盲鳗祖先的后面、现代七鳃鳗祖先的前面。如果这一推测成立，那么早在寒武纪大爆发时，脊椎动物就已经表现出丰富的多样性了。无论如何，我们现在确实发现了两种和我们一脉相承的脊椎动物。我们脊椎动物并不见得比无脊椎动物更高级或者出现得更晚，因为所有"高级"的动物门类都在差不多同一时间首次出现在化石记录中。脊椎动物聊以自夸的复杂性并不意味着它必定会较晚出现，来迎合由演化总原则所预测的缓慢、连续的进步。

2. 高度退化的寄生虫，或者"力量是如何丢失的"。复杂多细胞动物构成的门类被统称为后生动物（字面的意思是更高级的动物），而能够移动的单细胞生物被称为原生动物（或者"最早出现的动物"，这实际上是错误的命名，因为大多数这样的生物在进化树的系谱关系上十分接近多细胞植物、真菌，乃至多细胞动物），用文字来表达居于两者之间的形态就是中生动物（或者"处于中间的动物"）。就像名字所暗示的那样，很多分类和演化图表都将中生动物放在单细胞动物和多细胞动物之间，中生动物作为一种较为原始的形态，被进步论者认为是生物发展史上必须历经的中间阶段。

一直以来，中生动物都是一种神秘的存在。主要因为它们寄生在真正的多细胞动物体内，演化形成了极其简单的解剖结构以适应周围环境，有时候不过是一团包裹在宿主体内的吸收组织和生殖组织。所以，寄生生物极度简化的解剖结构很可能是由复杂的、独立生活的祖先演化而来，而不是一直维持在原始状态。

中生动物的一个大类二胚虫是一种微小的寄生生物，居住在鱿鱼和章鱼的肾脏中。成体的结构非常简单：中央是一个轴细胞（能够产生生殖细胞），外面包裹着一层纤毛细胞，数量大约有 10 至 40 个。除身体前端外，这些纤毛细胞围绕着轴细胞呈螺旋形排列。在身体前端，两圈纤毛细胞形成类似"口"的结构（称为"帽"），用以附着宿主组织。

二胚虫在动物界的地位一直饱受争议。一些科学家认为，包括为同代人写过多卷本无脊椎动物解剖学权威著作的莉比·海曼，二胚虫的简单结构是原始的，在演化史上处于复杂度不断提高的中间状态。1940 年，莉比·海曼写道：

"它们的特征大体上是原始的，并非寄生性退化的结果。"但有些研究者认为，二胚虫是独立生活的更复杂祖先的后代，即便这些研究者也不敢宣称如此简单的多细胞生物源自非常复杂的后生动物。比如，和我老师同辈的著名二胚虫研究者霍勒斯·韦斯利·斯顿卡德就认为，中生动物来自除海绵（多孔动物）和珊瑚虫（刺胞动物）以外最简单的后生动物，即扁形动物（扁虫）。

不幸的是，二胚虫的结构实在太过简单，目前还没有证据能够明确地将这类生物与其他动物联系起来，所以现在说不清楚，它们到底是本来就如此原始，还是伴随寄生出现了退化。不过，新的基因测序法或许可以解决这个难题，因为可见的解剖结构或许会消失，系谱或许会变得无法辨认，但演化很难完全消除复杂基因序列留下的所有踪迹。如果我们发现二胚虫的某些基因仅存在于较高等的后生动物中，且这些基因仅能够在后生动物独有的器官和功能下发挥作用，那么，这类生物就应当被判定为退化的后生动物。但如果经过深入探索，没能在二胚虫的基因组中找到后生动物的特征基因，那么中生动物就很可能的确是单细胞生物和多细胞生物之间的中间形态。

1999 年 10 月 21 日版《自然》杂志刊登了小林真理（M. Kobayashi 的音译）、谷屋秀高（H. Furuya 的音译）和彼得·霍兰（P. W. H. Holland）的论文《二胚虫是更高等的动物》，完美解决了这个长久困扰学界的问题。他们在 *Dicyema orientale*（二胚虫属下的一个种）体内发现了 *Hox* 基因，这是一种后生动物特有的基因，参与控制前 – 后（头部到尾部）轴身体结构的分化。这种特殊的 *Hox* 基因仅出现在三胚层动物，即拥有体腔和三层细胞的"较高等"后生动物中，而不会出现在常规认为"低于"三胚层动物的生物（比如多孔动物和刺胞动物）体内。因此，二胚虫应当来自"较高等"的三胚层动物，其身体结构为了适应寄生生活而极度退化。二胚虫并非生命单向发展的初级阶段留下的遗迹。

简而言之，如果常规认为的"最高等"三胚层动物（也即包括高贵的人类

259

在内的脊椎动物）与所有其他三胚层动物一起，同时出现在寒武纪大爆发的化石记录中，如果解剖结构最简单的寄生生物为了适应局部生态环境而从独立生活的"较高等"三胚层动物演化而来，那么生物的变异性和达尔文理论中不可预测且方向不确定的 evolution 将能够得到有力支持，而先前一度被推崇的转变观点将遭到否定。

最后，对比恒星 evolution 的可预测性与生物 evolution 的偶然性和无方向性，我想再次引用达尔文的结束语"行星依照引力定律运转不停"，现在如此，将来则未必。终有一天，恒星 evolution 将走到预期的终点，至少令地球上的生命终结。于是，《不列颠百科全书》关于恒星演化的词条如是说：

> 太阳最终会死去，成为白矮星。在此之前，它将演化为红巨星，并吞没水星和金星。同时，地球表面的大气被吹走，海水会沸腾，这里将不再适合生命存在。

甚至，我们可以预测这场灾难降临的时间——大约 50 亿年后。看起来还很遥远，不过，想一想生命的演化是如何的不同。地球大约诞生于 46 亿年前，历经一半时间才终于在充满偶然性的演化中得到了唯一一种有足够理性思考这个问题的生物。而且，这种生物还只是哺乳动物的一个侧支（在大约 4,000 种哺乳动物中有 200 种灵长类，我们是其中之一，相较而言，在地球上生活的昆虫中至少有 50 万种属于甲虫）。如果地球历经一半时间才曲折创造了一次如人类这样的生物，那么人类所达到的智力水平显然不会是"必然结果"，甚至算不上历史的可能性。

所以，我们何等幸运能够拥有自己的 evolution 途径，而不像养育我们的太阳那样义无反顾地 evolution 到终结，我们未来的 evolution 也有可能因此而结束。

当然，那一天看起来还很遥远，我们还不必为此担忧。可是，思深虑远一向是人类的特点。生命充满偶然性的 evolution 在太阳必然的 evolution 面前什么也保证不了。或许到那时候，人类早已不存在了；或许很多生物也随之灭亡，只剩下一群坚不可摧的细菌无声地等待着太阳的末日，上演一场单细胞生物的大决战。再或许，我们的后代已经征服了宇宙，那时候，他们面对名为"人类起源地博物馆"的小小展览的毁灭只会短暂地流下泪水。无论如何，遥远未来的必然终结令我感到惊诧，也令我深思，更不要说作用于可变化事物之上的自然力了。

19

余生的第一天

在西方历史中，人体与宇宙这对微观与宏观的类比大部分时间可以用作证明自然实在、探寻存在意义的标准方法。比如，达·芬奇就将我们身体的温度、呼吸、血液和骨骼一一对应为火山爆发喷出的熔岩、地震时从地壳深处泻出的气体、地下冒出的泉水以及构成地球框架的岩石，这一连串事物也对应于古希腊人所说的四大元素——火、气、水、土。达·芬奇的说法并非一种诗意的或隐喻性的想象，而是他对于自然结构的最好理解。

现在，这种类比观念已经不太为人接受了。人们意识到，宏伟的宇宙并非因人类而存在，宇宙万物也不是人类身体的镜像。那么，我们大可以承认，在地质学和天文学的时空尺度面前，微不足道的人类为解释规律所做的大部分尝试充其量不过是我们智力与感知限度内的讨喜，一种值得尊敬的努力，甚至走向反面，成为另一个体现人类骄傲自大的笑话。

举一个令人震惊的例子。不论是头头是道的健谈者还是说做就做的实干家，大多数人没有意识到，最近关于新千年过渡的恐慌并不完全源自现代的商业炒作，因为焦虑的根源在于最古老的生存命题：将人类世俗的历法与地球和生命的诞生及历史相对比，人体微观结构与周遭时空宏观结构之间的巧合有着什么样的深刻意义？如此说来，2000年1月1日的到来标志着旧秩序的结束，可能很壮美的崭新未来的开始。日历上的这个重要变化之所以引发我们的注意远不止四个数字从1999变成2000这么简单，如果愿意，你可以称之为"里程计原则"。（当然，在技术发达的现代社会，绝大多数人已经忘记了基督教中千禧年的意义，的确，古老的"千禧年主义"已经烟消云散了。不过，历史的痕迹仍然烙印在我们的历法和言谈中。甚至，有不少人相信极少数"真正的信徒"所痴迷的新千年末日，这可能会导致悲剧性的结果，最严重的例子是1997年"天堂之门"教派[1]39名成员的集体自杀事件。）

按照传统的基督教教义，微观的世俗历法与宏观的宇宙历史是通过5个步骤联系起来的。

1. 千禧年原本来自著名的圣经《启示录》第20章，据说在未来的一千年，随着耶稣的复活，撒旦会被封印，人类将迎来美好时光。需要注意，这里的一千年不等于世俗历法上的一千年。那么，所谓的"千禧年"是如何从未来的一段时间变成现行历法的某个时间点的？

2. 最早的基督徒相信，千禧年会很快降临，因为耶稣曾经预言，他将在肉身死去后很快复活（《马太福音》16:28）："我实在告诉你们，站在这里的，有人在没尝死味以前，必看见人子降临在他的国里。"然而，希望的落空令早期的基督徒思索良久，他们试图重新理解千禧年的意义，推断基督再次降临的真正时间。

3. 人们的观点各不相同。最流行的说法认为，上帝的一天相当于人间的一千年。经文中就是这么说的，比如《彼得后书》3:8云："可是，亲爱的朋友们，有一件事你们不可忘记：在主眼中，千年如一日，一日如千年。"

4. 真正的千禧年开始于世俗历法的哪一天便成了一个如何解读经文的问题。

按照现代的标准，两者的对应是模糊的、不确定的、隐喻性的，但不少先人（他们在聪明程度上与现代人不相上下，只是使用的概念体系不同）很是相信：如果上帝在六天之内创造了世界，在第七天休息，又如果上帝的一天等于人间的一千年，那么地球全部的历史就应当反映长达六千年的上帝创造史，而上帝的第七天就对应了即将到来的快乐的一千年。所以，如果我们能够按千年来计算地球的历史（一千年就等于上帝的一天），我们就会准确地发现当前世界秩序的终结和新千年的开始时间——这一天应当恰好是地球诞生后的六千年。

5. 于是，有一些学者（晚至十七世纪）致力于通过圣经和其他古老的记录构造出真实、准确的宇宙历史。按照最流行的观点，基督是在创世后四千年出生的，所以当前世界秩序可能还可以再维持两千年。最后，如果耶稣的生日恰好就是公历元年，那么公元两千年将终结旧秩序，迎来基督的第二次降临，开启新的千禧年（其本义就是即将到来的快乐时光）。既然如此，我们当然应当遵循世俗历法，因为它记载着宏伟的宇宙历史的纪元，让我们准备好在大灾变之后迎接更好的新世界。

这些都是产生了重大影响的基督教理论，我将它们罗列于此是为了引出下一个主题。这个主题对你们来说太过熟悉——大家从小学就开始不断重复，甚至都不愿意再想起它。每次长假（可以是暑假，也可以是圣诞节假期）之后返回学校都会问："你在……期间做了什么？"现在，我要讲的正是这类讨厌的主题——"我在 2000 年 1 月 1 日做了什么"。但愿我的叙述和前面的铺垫不会让你们感觉太糟糕。

要说我到底做了什么，一句话就够了：我参加了约瑟夫·海顿[2]所作著名宗教剧《创世记》的演出，波士顿塞西莉合唱团任主唱，演出地点在约旦音乐厅。不过，为了扩大讨论范围，我打算解释一下（这要比之前有理有据的陈述复杂一些）为何这场宗教剧与新千年的结合显得尤为合适，为何有幸参与这场演出对我来说意义重大（这是比较私人的部分，不过从 400 多年前的作家蒙田 [3] 开始，散文就是一种个人的叙述，而不是什么概论类的文字），以及为何这个话题看起来如此非同寻常（两个常见的隐喻奇异地组合在一起）。我参演的音乐剧是以创世神话《创世记》[1] 为蓝本的，现在这段文本被反科学人士用于阻止美国公立学校教授进化论，也许它在一本以博物学为主题的文集中出现更合适。

不过，在讨论海顿伟大的 C 大调《创世记》之前，请保持耐心让我再费一点儿笔墨对所谓的日期进行一番必要（也是开场白性质）的注解，内容有三。

1. 遗憾的是，现代科学的进步让我们了解到人类和动物祖先的故事。地球其实已经存在大约 46 亿年了，已知的生命体的化石记录可以追溯到约 36 亿年前。所以，不论是天还是千年，在生命起源和历史面前都微不足道。

2. 就算我们认为，上帝的一天相当于人世的一千年，当前世界将在第六天结束时终结，将末日定为公元 2000 年也是经不起推敲的。不幸的是，生活在六世纪的僧侣小狄奥尼西 [4] 在编订公元纪年时，弄错了基督的生日。实际上，我们没有直接的证据证明耶稣是历史人物，也没有目击者能够说明他的生日。但是，我们的确知道，希律一世 [5] 是在公元前 4 年去世的。（相较可怜的平民，国王常常会留下更多的书面史料。）如果希律一世和耶稣生活的时代有所重合——否则有一些最重要的圣经故事会失去可靠性（屠戮无辜者一段中，东方三博士没有回去见希律，而是回到了自己的故乡）——那么耶稣肯定出生在公元前 4 年或者更早，除非经文中有相互矛盾之处。因此，按照千年的算法，我们所在的世界应当在几年前就结束了，然而事实并非如此。

3. 就算我们搞不清楚耶稣具体生日这个令人为难的问题，假定他的诞辰刚好在公元元年，我们仍然不应当将世界终结的恐惧定格在 1999 年和 2000 年之交。这一次始作俑者又是小狄奥尼西，不过我们不能太过责怪他。小狄奥尼西制定历法时，西方数学中还没有零的概念，所以他将公元纪年的开始定为公元 1 年

1月1日，我们的日历也从来没有出现过第零年。因此，如果您相信耶稣第二次降临的千禧年准确地开始于他出生后两千年，那么您还得再等一年。因为从耶稣出生之日开始计算，要到 2000 年和 2001 年之交时才满两千年，而不是刚刚过去的 2000 年。

当然，正如大部分人所知晓的那样，这个问题导致了一场注定没有结果的荒唐大辩论：新千年到底应该从 2000 年算起还是从 2001 年算起。在此我无意重提这笔已讨论透彻的旧账，要是有人对这个主题仍有兴趣，可以看看我那本正在甩卖的书《追问千禧年》。我只想说——我保证这是最后一次提它——这样的辩论毫无新意，几乎每到世纪之交就会出现一次（大家都认为，这一次更剧烈，因为千年更迭刚好发生在横扫一切的媒体时代）。我附上了一张封面，来自 1699 年出版的一本法语小册子，书名叫《新世纪何时开始及相关问题的解答：下个世纪是从 1700 年还是从 1701 年开始》。就像我们的法国兄弟说的那样：*plus ça change, plus c'est la même chose*（万变不离其宗）。

海顿的剧本是严格按照《创世记》1 中创造世界的六天顺序写作的，基于认为（正如前文提到的传统观点）我们演唱的那一天是历史的终结和新秩序的开始。（海顿的《创世记》是用德语写作的，但主要的根据是圣经《创世记》的英译本，还参考了弥尔顿[6]的《失乐园》。海顿的剧本以双语发表，明显是为了便于用两种语言演出。）

人们很容易为海顿找到理所应当的理由："如此伟大的音乐……"而且"达尔文 1859 年才提出进化论，你不能指责海顿没有在 1798 年预知到这一切"。可是，作为一名演化生物学家和古生物学家，在台上与合唱团一起演唱拉弗尔天使[7]的叙述难道不觉得稍微有一点儿不妥吗？毕竟歌词中明明白白地写到，陆生动物都是在第六天突然出现的，而且一出现便是"完美的形态"。

的确，在参加合唱时，我有时会感到尴尬，情感上会产生排斥。特别是那

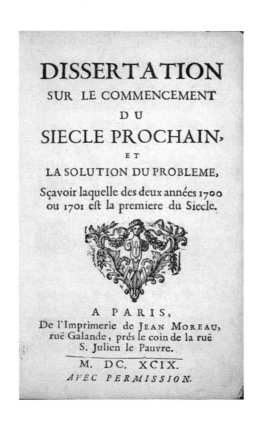

DISSERTATION
SUR LE COMMENCEMENT
DU
SIECLE PROCHAIN,
ET
LA SOLUTION DU PROBLEME,
Sçavoir laquelle des deux années 1700
ou 1701 est la premiere du Siecle.

A PARIS,
De l'Imprimerie de JEAN MOREAU,
ruë Galande, prés le coin de la ruë
S. Julien le Pauvre.
M. DC. XCIX.
AVEC PERMISSION.

一本法语小册子的封面，出版于 1699 年，记录了古人对世纪
（和千年）究竟开始于 ×××0 年还是 ×××1 年的讨论

些带有强烈排犹主义的段落，充斥着犹太人如何诅咒耶稣，如何盼望耶稣死去，
比如巴赫创作的《马太受难曲》和《约翰受难曲》，尽管这些曲目可能是有史
以来最伟大的合唱曲。（然而，音乐的力量和美妙，只能加深我内心的不安。）
《马太受难曲》中的"血债"部分尤其令我不安，因为我知道，数百年来，犹
太人因此背负着杀死基督的恶名，也常常因此遭到屠戮。（我早已有了自己的

解决方案：遇到类似的段落，我至少会在第一次排练时阐述一番歌词的历史语境，告诉大家这样的血债理应由我们和我们的孩子来负担。根据是，彼拉多[8]后来发现耶稣没有任何罪过，他用水盥洗双手，告诉人群：他的血归到我们，和我们的子孙身上。）

当然，我完全理解巴赫所处时代的不同历史背景。对于这位伟大的音乐家，我也毫无冒犯的意思。他可能根本不了解犹太人，也从没有想过这些问题，他只是使用了《马太福音》的文本而已。我也不会为了现代演出而更改歌词，尽管这一举动看起来合情合理，但很可能成为人们肆意修改名作以迎合流行风尚的先例。然而，我们不可以回避这个问题，常规的做法应当是通过音乐会前的座谈、曲目说明等场合明确地指出来。

不过，在演唱海顿的《创世记》时，我却没有感到哪怕一星半点儿不安，甚至，满心都是欢喜。那么，为何会产生如此不同的反应呢？首先，事实的准确性不应当作为判定歌剧剧本的主要标准，就好比我不会将审美的愉悦（对我个人来说）或者道德的高尚作为科学结论有效性的判定标准。（有很多自然界的事实对我们来说是肮脏的、不悦的，但不影响事实的真实性和对我们的吸引力。）我不喜欢关于耶稣受难的排犹主义文字，它呈现了人性最黑暗的一面，造成了真正的浩劫与死亡。相反，海顿的《创世记》表现出的道德和审美特征令我称赏，事实的准确性在这里无关紧要。

毕竟，圣经是一部关乎道德争论和指导的典籍，并不是博物学论著。而且，就算海顿想要谈论一番当时的科学，他也不会在剧本中提到进化论。作为一名虔诚的天主教徒，海顿一定不会认为，《创世记》所说的一天就是指24小时。在当时的教会中，没有谁会按字面意思解经。早在一千多年前，圣奥古斯丁就完全抛弃了这种解经法，后来再没有流行过。现在饱受批判的原教旨主义，或者说圣经直译主义，是之后出现的，源自不同的传统。将上帝的一天类比为人间的一千年，仍远远短于实际的地质时间，但至少说明，天主教徒愿意将创造世界所用的"天"解读为一段持续的时间，而不是按照上帝预设的停表瞬间完成。

所有文化都有自己的创世神话，这些神话在人类生活中扮演着同自然科学所揭露的真相完全不同的角色。就此，我想谈谈自己对于海顿剧本的想法。《创世记》1和2有两段完全不同的创世神话：我发现第二个神话有两处道义上的麻烦；除了一处例外，我很喜欢第一个神话的寓意。恰好，海顿的剧本只使用了第一个创世神话，并且去掉了那个我不太喜欢（对人类历史也造成了很大麻烦）的话题——人类能够凌驾于上帝创造的其他生物之上。文本的选择不是偶然的，海顿的《创世记》其实肯定了所有充满智慧而有大用处的创世神话所应当具备的品质——愉悦、慷慨、积极，同时也没有遗忘人性的黑暗，要知道人类完全能够将完美世界搞得一团糟。

《创世记》2中的第二个创世神话（海顿没有提到）则强调了两个不太令人振奋的主题：上帝命令（只有指令，没有解释）我们不能够寻求某些特定的知识，以及压迫女性是有解剖学依据的。我们常常会忘记两则创世神话之间的深层差异，习惯于将第二个神话的情节拼凑到最初记忆的第一个创世神话中（关于两则神话差异的详细分析可参见第7篇）。按照《创世记》2，上帝先创造亚当，然后建造伊甸园。为了缓解亚当的孤独，上帝又创造了动物，允许亚当为它们命名。可是，亚当还是很孤独，于是上帝用他的肋骨创造了夏娃。（《创世记》1和海顿剧本都没有提到禁果，而且男人和女人是同时被创造出来的："神就照着自己的形像造人，乃是照着他的形像造男造女。"）

仅在《创世记》2中才有禁果的故事。（当然，某些评注家可以也的确对这几个段落进行了积极的解读，即通过道德约束人性的阴暗面。可是，纵观西方历史，大部分人将这个故事理解为神圣的启示：我们不应当质疑特定的权威，不能去寻求特定的知识。对于科学家来说，这是无法接受的。）"耶和华神吩咐他说：'园中各样树上的果子，你可以随意吃，只是分别善恶树上的果子，你不可吃，因为你吃的日子必定死'"（《创世记》2:16-17）。

类似地，《创世记》1 中也丝毫没有提到两性地位不平等。可是在《创世记》2 中，亚当却认为，夏娃是后来者，又是从他的肋骨生出的。"那人说：'这是我骨中的骨，肉中的肉，可以称她为女人，因为她是从男人身上取出来的'"（《创世记》2:23）。

海顿的剧本将《创世记》1 中的神话按戏剧表演要求分成了三个部分。人们通常将六天的创世理解成连续添加的过程，可是，这样的理解严重偏离了神话的原意（详细讨论见第 20 篇）。限于人类智力的极限，也限于物质世界结构的可能，创世神话只能按照几种基本方式"进行"。就《创世记》1 来讲，世界是从起始的混沌连续分化形成的，而不是持续地添加事物。最开始，宇宙是一片混乱（"没有形状，空空荡荡"）。之后，在前四天，上帝建立了一系列区分和分离。第一天，上帝将光明与黑暗分开。为了体现原始的混沌状态，海顿谱写了一段奇妙的序曲，采用了与当时音乐传统很不一样的调性和结构。接着，在描述光明诞生的第一段合唱结束时，海顿采用了极其简单又（至今都）令人震惊的配器：一连串明亮而纯洁的 C 大调和弦。（谈及古典音乐史，人们常常会提到海顿的这段音乐，认为这是最令人震撼的 C 大调和弦，事实也的确如此。）

第二天，上帝将地面和天空的水分开。第三天，他将地球分成了水和陆地（并使陆地能够生长植物）。第四天，他回到天空，将散乱的光汇聚成太阳和月亮（之后"上帝同样创造了星辰"）。一段段独唱描述了上帝每一天的劳作，每一段独唱之后则是动听的合唱。第一部分结尾是海顿最著名的合唱《天空讲述着上帝的荣光》——之所以是天空，因为这时还没有动物出现。

第二部分描述了第五天和第六天的工作，即如何创造了动物：第五天，上帝创造了水里的和天空中的动物；第六天，创造了陆地上的动物，包括人。和第一部分一样，合唱与独唱交替进行。海顿的音乐流淌着美、力量、激情……也蕴含着古怪、质朴和平凡，这种混合的气质正反映了人文主义（或者说自然主义）的精髓——卑微者与宏大者一样拥有荣耀，一样引人入胜。这两面正是通过上帝创造动物体现出来的。首先，海顿谱写了一段迷人的田园诗般的咏叹调，由女高音独唱者——叙述高贵的鹰、柔情的鸽子、欢快的百灵鸟和夜莺，它们还没有（但很快就能）学会发出不快的音符："没有忧郁逼迫内心，婉转的歌喉没有悲伤的低吟。"男低音独唱者在牧歌和搞笑之间转换，然后叙述了黄褐色的狮子、温顺的虎和灵巧的雄鹿，最后唱道："长路上，一只蠕虫扭着柔软的身子往前爬"（通常在低音 D 上结束，如果男低音独唱和我们的合唱能够做到的话。实际上，海顿将它调高了八度，但独唱歌手按照常规的唱法演唱了低音，就像高音歌手常常会插入高音 C 一样）。

第三部分稍短一些，海顿借鉴弥尔顿的风格（假如没有原样照搬的话），为亚当和夏娃写作了两段长长的、充满狂喜的二重唱，与合唱团的赞美诗彼此交织，最后一段赞歌（配乐）将演出推向高潮，作为一名演唱者，我常常激动不已（我希望听众也喜欢）。最后欢乐的忠告是为了赞叹地球和生命的千姿百态——"赞美上帝，感激上帝吧，阿门。"这句歌词重复了两遍，第一遍是四重唱与合唱的交替，第二遍则只有更洪亮的合唱。这样的步进更多时候是情绪上的需要而不是为了音乐结构的美感（当然，如此精心的设计也说明作曲家拥有杰出的才能）。我常常觉得，应当更进一步，要让声音绕梁不绝（虽然原本的结尾就已经够宏大了）。

海顿的剧本是一部充满乐观主义和人文主义的伟大作品，它所略去的部分和吸纳的部分一样值得人们关注。有意思的是，海顿采纳了《创世记》1 中几乎所有文字，却明显（我认为是有意的）遗漏了神授意人类能够驾驭自然的文字，这一长段内容"令人反感"（至少对我来说如此）。"神说：'我们要照着我们的形像，按着我们的样式造人，使他们管理海里的鱼、空中的鸟、地上的牲畜和全地……'神就赐福给他们，又对他们说：'要生养众多，遍满地面，治理这地；也要管理……地上各样行动的活物'"（《创世记》1:26 和 1:28）。

相反，海顿在上帝创造陆地动物之后插入了一段不同于圣经的文字，为人类的诞生赋予了不一样的理由。在《创世记》1 中，上帝许可我们管理万物。可是，在海顿的剧本中，上帝创造人类仅仅因为他在制作了众多生物之后，世界看起来还不够完满，还不够有生气，哪怕已经有了黄褐色的狮子和蠕动的小虫。经过几乎整整六天辛勤劳作，上帝已经为地球制作了一大堆形形色色的生物。可是后来上帝意识到：假使没有人类，这一宏伟的构造仍然是不够完满的（这一构造远远超出法佐尔特和法夫纳在建造瓦尔哈拉殿堂⁹上的成就）。没有哪种生物能够拥有足够的智力去体会万物的美好。于是，上帝需要创造男人和女人，这样才有了能够了解和赞美伟大世界的生命。于是，在用降 D 调描绘了一番蠕虫之后，拉弗尔唱道："但工作还没有完成，还缺少一些妙不可言的生物，他们会衷心感谢上帝的力量，赞美上帝的好意。"

当然，我不想将这里的引文，或者说海顿的剧本，描述得过于美好、过于单纯。人文主义传统并不否认人类的黑暗面，但希望以这样的主题警告人类改邪归正，而不是必然的堕落。所以，海顿没有完全忽略圣经中强调的知识越多越危险（在《创世记》2 中很明显），但将其弱化成了一个可能性极小的事件。就在最后的大合唱结束前，男高音独唱者用宣叙调平铺直叙地快速唱道（配器只有键盘和数字低音）："幸福的一对啊，只要错误的念头不误导你们，幸福将永远存在，比你们想象的更多，比你们应该知道的更多！" 而在第二段二重唱中，夏娃表示要依从亚当，这对于现代听众来说，可能同样是不合适的（这段歌词源自弥尔顿，而不是《创世记》1）——虽然在此之前，亚当已经允诺将和夏娃一起领略新世界，将会"带来新的喜悦"和"处处皆是神奇"。当然，我们不能用2000年的思想来批判1798年的人们，就算在当代，也不见得符合普适的正义。

如果我们将海顿的剧本看作是一部创世神话，它充溢着对地球、对生命的热爱与赞叹，那么，我们将遇到一个历史谜题。海顿1794年开始创作这部作品，首演是在1798年（由海顿担任指挥，大键琴手则是在《莫扎特传》中被严重污名化了的安东尼奥·萨列里 [10]）。这样一部充满了乐观精神的剧本看起来和当时的环境格格不入——那时候，法国大革命刚刚结束，整个欧洲笼罩在保守派的阴郁气氛中。1794年，将无数人送上断头台的统治者罗伯斯比尔 [11] 遭到斩首，压抑的氛围达到了顶点。虽然音乐和艺术的浪漫主义精神尽其所能得到传播，却并不能抗衡以客观世界为愉悦对象的老派观念。

看起来，一个奇妙的想法能够解释这一谜题。海顿写作《创世记》的灵感来自他的伦敦之旅，特别是在1791年，他从韩德尔的宗教剧中获得了鼓舞（甚至是被征服）。很多人注意到了这层关联，演唱海顿《创世记》的乐趣至少有一部分在于，从华美的古典主义和带有些许浪漫主义的配器中寻觅韩德尔的踪迹。可是，韩德尔对后世的影响远不止此。海顿剧本的来源一直是个谜。这是谁创作的？海顿是如何得到这个剧本，又是如何获得使用权的？（我们知道海顿的朋友巴龙·戈特弗里德·斯威藤将剧本从英文翻译成了德文，可是最初的剧本到底是从哪儿来的？）最新的研究认为，剧本可能出现于40多年前，是为韩德尔写的（韩德尔死于1759年），但是一直没有伟大的宗教剧大师来谱曲，所以仍然能够轮到两代人之后的海顿。

这样大概能够解决内容来源的问题。如果海顿的剧本真的诞生于十八世纪四十年代或五十年代，那么不协调的问题就不复存在了。当时正值启蒙运动时代，这一席卷学术界和艺术界的运动弘扬自然所蕴含的乐观精神，赞颂自然的美感，相信人类的理智与道德能够联合起来，为人类带来光明和正义。《创世记》所描绘的正是这样一个充满希望的世界，当时林奈在乌普萨拉工作，将所有的动物和植物分门别类，以展现上帝的荣光和人类的智识，而本杰明·富兰克林正忙着在费城推动消防设备、公共图书馆和大学的建造。就人类和世界的可能性来说，启蒙运动乐观得有点儿天真，可是其目标并非遥不可及——当然，前提是要心怀希望、精神振奋，让我们相信自己吧。

这一目标（另一位启蒙运动的著名思想家将其总结成了一句话，所有人都应当有"生命、自由、追求幸福"的权利）的难点在于，我们必须调用人类成就的各个方面。我们需要科学，就填饱肚子和保持健康而言，科学使我们能够长大成人。我们还需要道德和宗教的指引，需要人文学科、需要艺术，它们的重要性绝不亚于科学，否则，人性的黑暗将战胜光明，人类将陷入争斗和谩骂，令自己灭亡。

艺术和科学为相同的问题提供了合乎常规的不同视角，这两种解决方案我们都需要。因此，我虽然将全部的职业生涯都交给了进化论（请容许我同时自命为严肃的、具备相当专业水准的合唱歌手，而不是偶然光顾钢琴酒吧周六晚会的充数者），但我从不认为达尔文理论和海顿的创世神话之间存在任何冲突，它们是和谐的。达尔文在伟大的科学著作末尾用诗的语言表达了自己的敬畏，而海顿则为一部来自启蒙时代的创世神话谱写了鼓舞人心的乐曲，两者所叙述的对象是一致的（只是方法不同而已）。进化论揭示的真相不会冲淡优秀的创世神话所试图表现的思想。"这种生命观念何其伟大……"达尔文如是说。"天空讲述着上帝的荣光。"海顿也这样写道。

这是一项艰巨的任务，我们不仅需要科学和道德，也需要各种各样被称为智慧的工具。我们还需要用象征手段强化并概括我们的成就，最终使我们团结在一起而不至于分别被处以绞刑（to hang together or hang separately，这是启蒙时代富兰克林先生机智的双关语）。就我个人偏好而言，再没有什么行为比在新千年之初参与《创世记》的演唱更有象征意义了。还有，陪伴我五年级的蓬蒂老师，我一直深爱着您，我要用"我在……期间做了什么"向您致敬，感谢您如此慷慨地用爱与技巧为我带来灵感。

　　按照源远流长的传统，新千年将迎来旧世界的终结，有些人为此担忧不已。而我和一群同事以一次有组织的活动度过了这一天，他们花费很长时间精心准备了《创世记》的演出。这是一部描写世界诞生的最伟大的作品，它洋溢着光明与快乐，积极而乐观。在人类所能触及的时间范围内，世界不会终结，除非人们不能将达尔文和海顿的精神结合到一起，不能有效地利用大自然的救赎，而这样的结合有很多种表达方式。虽然《创世记》1 最后的结语不符合我个人的想法，但谁能否认其中蕴藏着高贵的情感呢？所有善良的人一旦明白自己能够扼杀某些美好的生物——这些生物原本不是为我们而生，也不是由我们创造的——就一定会感到恐惧（也会因此想办法避免这种情况的发生）。"神看着一切所造的都甚好。"

20

圣马可大教堂的前廊和泛生论的典范

　　我当然明白，最伟大的上帝是如何在创世的头六天艰辛、勤勉地付出的，正如吉尔伯特和沙利文演绎的警长（见《彭赞斯的海盗》）所说，"也许我们不应当苛求什么"。不过，我必须坦白一件事，我一直困惑于第二天的成果看起来不像其他日子那样卓著，甚至令人感到可笑。第一天，上帝创造了光（这是所有准备工作中最重要的，也是所有后续工作的基础）；第三天，上帝创造了陆地，陆地上有水，甚至还有最初的生命征兆植物；第四天为天空补上了太阳、月亮和星星；第五天，天空和海洋中有了动物；第六天则为陆地创造了生命，特别是创造了尊贵的人类。

　　可是在比较懈怠的第二天，上帝仅仅制造了一个平面（詹姆斯国王钦定版圣经中称之为"苍穹"，很多现代译本中称之为"天空"，但在原始希伯来文版本中类似一个薄的金属板），用于分开上面的水和下面的水。了不起的工作！不过，和其余五天的浩大工程相比，这一天上帝没创造什么新鲜的东西，只是将原本混沌一片的世界分开了而已。是因为上帝在第一天创造了光之后需要休息一下吗？是因为上帝不得不停下来恢复元气，以便一鼓作气地完成整个

这幅威尼斯圣马可大教堂前廊的镶嵌画表现了创世第二天的场景：上帝正水平滚动一个球将水分成苍穹之上和苍穹之下两部分

作品吗？

　　几年前，当我在威尼斯圣马可大教堂前廊（正门前面带有屋顶的欧式走廊）南侧穹顶下阅读十三世纪的创世神话（当然是《创世记》1）镶嵌画时，疑惑良久的我终于豁然开朗（可见上帝第一天创造的光是多么有用[1]），这也能够解释本篇古怪标题的前半部分（很快我将在恰当时候解释标题中更加古怪的后半部分）。

277

在这幅万物有灵的镶嵌画中，从穹顶开始，画着三个大圈，每个圈里绘制着上帝创世的场景。画面里拜占庭风格[2]的希腊传统上帝青春年少，还没到长胡须的年龄，他正做着每天约定好的工作，身边有几位天使正在帮忙或者围观（奥托·德穆斯关于圣马可大教堂镶嵌画的四卷本权威著作令人信服地指出，这里的创世场景取材于一份五世纪的希腊《创世记》手稿）。

在第二天的场景中，上帝推着一个球水平滚动，以分开原本混在一起的水，为"上面"和"下面"划出一道屏障——希望读者能够原谅我阐述时的不敬。这一天，两位天使笨拙地站在画面右侧，充其量处于从属地位（因为他们右侧的水还没有分开）。（德穆斯解释说，这幅镶嵌画有很大部分是后来复原的，最开始图画中的屏障也许一直延伸到画面的最右边。）

然而，当我退回去思忖第一天的场景时，忽然意识到了自己的错误。这次，上帝依然站在画面的左侧，但他是通过垂直区分景象来创造光的——右边黑色的球代表黑夜，代表白天的明亮的球位于靠近上帝的左侧。第一天的场景中只有一位可爱的天使，他张开双翅，右臂上的翅膀在光明中熠熠发光（天使面向我们，所以他的右臂位于左侧有光的区域），左侧的翅膀则在黑夜中暗淡无光。每个球都射出六道光芒，象征着上帝创世的六天。

现在我发现了自己最严重的错误：因为我理解错了整个故事的结构主题，所以认为第二天的工作无足轻重。我一直以为，《创世记》1中叙述的创世过程是连续地添加新事物。大多数人可能也这么理解，毕竟当代人喜好将历史解读为一个不断积累的过程，特别是科技成就。我小时候从世俗学者和修道者那里得到的教育都是这样的：第一天有了光，第二天与水有关，第三天有了陆地和植物，第四天出现太阳和月亮，第五天新加了鱼和鸟，第六天才有了人和其他哺乳动物。

但是，圣马可大教堂的镶嵌画显然用天真无邪的形象表达了一种完全不同

创世第一天的场景。上帝（左侧）将黑暗（右侧）和光明（左侧）分开。中间的天使一只翅膀沐浴着光明，另一只翅膀仍然淹没在黑暗中。而在左边的场景中，一只鸽子飞翔于上帝第一天创世前的混沌与虚空之上

的结构主题。至少，前三天的画面呈现的是一个连续的切分过程：从原始的混沌中骤然得到有形的事物，所有新事物的原型或者起源在最开始就已经存在了。换言之，这是一个渐进分化的故事——原始形态就已经包孕着万物的萌芽，而不是新事物不断出现、不断进步的连续添加过程。

画面上垂直屏障和水平屏障的交替切割十分明确地说明了绘画者对上帝创世的理解，我相信，这正是创世故事作者的原意，在画中用数以百万计的镶嵌色块表现出来。至少一两千年之后，西方文化的剧变模糊了原来的文本，我们

创世第三天的进一步切分。一条垂直的带子将苍穹之下的大地分成了陆地和海洋

才开始用完全不同的方式解读创世故事。

　　圣马可大教堂的创世故事是从一片包含着无限可能的混沌开始的。第一个场景中，一只鸽子（代表上帝的精神）在初始物质构成的匀质水波上翱翔。接着，

切割开始了：第一天，一道垂直的屏障分开了光明与黑暗；第二天，一道水平的屏障（滚动的球穿过水体）分开了雨水和河水；第三天，水平和垂直的带状陆地将"苍穹"之下的大地分成了陆地和海洋，这进一步说明，创世是一个切分的过程而不是不断添加的过程。

长久以来，因为我将《创世记》1理解成连续添加、不断完善的过程，所以产生了两大疑惑。一旦明白了不一样的解读方法，我的谜团也就涣然冰释了。首先，就我开篇提出的疑问而言，第二天的工作并不那么无足轻重——在切分模式下，分开水是整个故事中非常重要、非常关键的一个环节。在论及基本元素的前科学观念中，水通常被看作是宇宙构成的基本成分之一（至少按照经典的古希腊传统，基本元素是水、土、火、气）。我们的祖先不知道海洋表面的水会蒸发成云，然后以雨的形式落回大地。所以，在他们看来，孕育生命的水来自两个相距甚远的世界，一个是来自脚下的河流与海洋，另一个是来自天空的雨水，水的两大来源这个难题一定得在创世之初解决。一旦我们认识到《创世记》1描述的是一个不断切分的故事，认识到水是基本元素之一和所有生命的源头，第二天的工作就成了极为重要的核心任务。将孕育生命的水分成两大源头，分别放置在宇宙的两极，当然值得上帝付出整整一天的努力。

其次，用切分过程取代添加也说明《创世记》1的作者对植物的理解可能和现在很不一样。万物通常被分成生命体和非生命体两大类，植物肯定属于第一类，不过我们一般认为，植物的地位低于动物，动物的地位又低于人。（甚至有些地方所说的"动物"仅仅指代哺乳动物，比如有一种儿童卡牌游戏叫"鸟儿、鱼儿和动物"，作为一位生物学家，一开始我根本没搞明白这个游戏怎么玩，直到翻看卡片，才发现这里的"动物"居然仅仅指狮子、老虎和狗熊，我的天！这游戏的名字令我抓狂。要是制作者能够将名字改成"鸟儿、鱼儿和哺乳动物"就好了，既不损害游戏本身，又有教育意义。）而传统的生命体、非生命体分类法又进一步加深了我们对《创世记》1的误解——原始植物的出现时间（第三天）理应比所有较高等的动物（第五天）早。既然如此，为什么在介于中间的第四天上帝没有创造生命呢？

如果我们把《创世记》1重新诠释为一个不断切分的创世故事，那么另一种分类法可以很好地解释第三天创造植物与从第五天开始连续创造各种动物之间的中断。圣马可大教堂第三天的镶嵌画有横向和纵向两条切分线，标志了地球自然可能性的分化——将"苍穹"之下原本混乱的大地分成了水和陆地。同一天，植物的诞生（和下一段描述的内容）似乎暗示《创世记》1的作者认为，植物是陆地分化的最终状态，它们不属于后来出现的生命体，仅只是物质世界的一部分。简而言之，我确信，按照《创世记》1的分类，植物和土壤属于一类，与动物无关。

古代创世神话对现代人理解博物学很重要，这和创世神话的真实性无关。我认为，原始神话能够为我们提供的重要信息是，人类在将复杂材料组合成有意义的故事时，思维极限在哪里，能力又如何。所有文化都有自己的创世神话，不然我们是怎么从周遭世界恼人的多样性和复杂性中找到秩序的？人类学者、人种志学者和民俗学研究者很早就发现，生活在遥远大陆、没有发生过已知联络的人群能够创造出十分相似的创世神话。

一般而言，这样的相似可以用两种方法解释：（1）人类可能仅创造了一个创世神话，它从一个人群传到另一个人群，但人类学家迄今为止还没有发现这么高效的传播途径；或者（2）这些故事可能真的是独立出现的，但人类固有的思维偏好和想象造成了令人惊叹的相似性，这就是荣格心理学所谓的原始意象，它深深植根于人类大脑演化形成的天然结构。不过，我觉得还应当有第三种可能：故事结构存在逻辑局限性，而不是内容上的相似。这或者源自神话的直接传播，或者源自所有人类大脑的共同特质。（当然，我们的心智也存在这样的逻辑局限性，但第三种可能中涉及的理智不同于荣格所说的原始意象，它具备更普遍的意义。）毕竟，可理解的故事只能按照有限的几种方式进行——全球范围内各种文化独立产生的创世神话虽然数量众多，但必定能够分成几大类，每一大类底下都会有几个神话。

类别的数量虽然远远少于故事的数量，但已经相当丰富了。例如，创世故事可能是消减型的，最开始，不加选择的创始者用所有可能的形式填满整个宇宙，让宇宙自己去掉畸形和无法正常运转的形式。创世故事也可以是循环式的，完整的秩序会不断消亡，新的世代取而代之，享受自己暂时性的繁荣。正是这样，朱庇特[3]一代的神才取代了他们的先辈农神，而在瓦格纳四联剧歌剧的最后一部《诸神的黄昏》中，沃坦和他的同伴们终于遭到灭亡，新的一天来临了。

但是，如果一种文明选择将创世神话构造成不断进步的过程——这即便不是大多数人群所偏好的主题，也是较常见的主题——那么只存在两种可能（不论哪种复杂的原因，都会涉及心智偏好和客观事物两大方面）。持续的进步要么是连续添加的过程（先造出一个，再添加更高等的另一个，以此类推），要么是区分细化的过程（最开始是一大锅液体，包含了所有未成形的最终产物，接着发生分离－凝结－固化、分离－凝结－固化，以此类推）。也许还有其他可能，创世神话当然可以（通常情况也是如此）同时包含两种结构。但不论是添加还是切分，都决定了创世神话的基调是不断进步的。

现在该到解释那个自我沉浸的神秘标题的时候了。之前解释过前廊部分，读者也许已经原谅我了。可是，与"泛生论（pangenesis）"相关的内容还需要请求你们宽容。首先，使用"泛生论"是为了向我的偶像查尔斯·达尔文致敬，我的十卷专栏文集都是受他的启发而作。在他最庞大的著作——1868 年出版的两卷本《动物和植物在家养下的变异》中，达尔文根据自己的判断提出了一个"暂定的假设"，即一种被他称为"泛生论"的遗传理论。这一错误的理论已经完全被历史遗忘了——奇怪的是，经过颇为曲折的过程，在现代语言中具有突出地位的"基因（gene）"一词正是为了表达对达尔文的失败努力的敬意。

根据泛生论，生物的每个器官都会产生被称为"胚芽"的微小颗粒。胚芽在身体内循环流动，每个性细胞最终都会得到一套完整的胚芽。于是，受精卵包含了发育出成体各个部分的全套成长因子，胚胎学也就成了研究胚芽孕育和成长的学问。换言之，泛生论在解释生物体的发展时是切分式的而不是添加式的。最初的受精卵（类似《创世记》1 最开始的混沌）包含了复杂成体的所有组成部分，但是尚未得到表达，还处于不成熟的状态。于是胚胎学就成了研究这些已经存在于自身但尚未成型的因子渐渐显现的学问。因此，源自达尔文的泛生论模式包含一类能够使复杂性随时间不断增加的切分过程，而不是逐步添加的过程。显然，圣马可大教堂描绘的创世过程与泛生论一致。

现在来解释这个标题自我沉浸的一面：迄今为止我写过的科学论文中被引次数最多的（除去我的第一篇关于间断平衡[4]的论文，合著者为奈尔斯·埃尔德里奇）是《圣马可大教堂的拱肩与盲目乐观者范例》（和我的同事迪克·列万廷共同完成，他是我见过的最聪明的学者）。出于各种各样与本文主题无关的原因，关于拱肩的论文遭到了很多深信适应主义的生物学家的攻击，因为那篇论文质疑了他们笃信的理论。（当然也有人称赞我们的论文，我相信，支持的人多于反对的人，不论在数量上还是在智力水平上！）在很多发表的质疑文章中，有些作者模仿了我们原始的标题，比如《圣马可的丑闻》，甚至《圣马克思的走狗》。[5]经过这么多责难，我想倒不如放纵一下自己，也仿拟标题写作一篇文章，尽管主题很不相同。对不起啦，读者们，这就是我要坦白的所有故事。

我几乎可以肯定，《创世记》1 中描述的前三天是一个不断切分而非不断添加的过程。相似地，我认为第四天也延续了前三天的模式，即上帝在第三天将大地分成了水和陆地（包括植物），接着在第四天将天空的光分成了太阳、月亮和星星。可是，第五天和第六天的描述又令我感到困惑：难道上帝改变了模式，试图通过添加的方法来为（通过切分形成的）宇宙创造生物吗？或者，动物起源也沿袭了切分的模式？比如，第五天水和空气通过沉淀，分离出具有生命的部分，而同理，陆地在第六天产生了自己的生命形式。

圣马可大教堂镶嵌画中亚当诞生的场景或许可以说明，作者仍然采用了切分的结构主题。亚当从他诞生的地方（大地里）出现，有着土壤一样的暗色（这也是希伯来文中 Adam 的字面意思），他不是从天而降硬生生出现在地面上的生物。［常见的拉丁文双关语 homo ex humo（来自大地的人类）有着相同的含义，正如那句古训所说："你本是尘土，仍要归于尘土。"］

尽管不专业，但直觉告诉我，前四天一定是切分式的：第一天分开光明和黑暗，第二天分开天上的雨水和地上的河流湖泊，第三天将大地分成陆地和海洋，第四天分开天空中的太阳和月亮（将先前弥散的光归到一起）。于是我认为，虽然第五天和第六天的创造某种程度上相当于在周遭世界中放入新事物（添加的成分高于切分），但实际上还是一种切分——水、空气和陆地都表现出相应的生命形式。

当然，也有很多其他的解释。我从两本书和几封读者来信中了解到了一种流行说法，六天的创世可以分成两个相同的循序：三天准备和三天添加（第四天为天空创造日月星辰，第五天为海洋和空气创造会游泳和会飞的动物，第六天为大地创造陆生动物和人类）。按照这种解读方法，有人可能会认为，头三天是切分式的（而我的理解是前四天），后三天主要为添加。然而，不论如何解读这个故事，将所有六天创世视作连续添加的常规解读都难以自圆其说。至少前三天，也可能是前四天，甚至全部六天的创世神话，都应当被重新解释为基于未成形的原始形态切分而来，而非逐步添加。

切分和添加是描述连续进步过程的两种主要方式。它们之间的不同，对博物学研究者来说，不仅仅是解读人类早期思想（历史记录中最早的创世神话）

的框架，也是理解当代问题和冲突的指南。特别地，我们的历史观念并非仅仅源自科学研究得到的真实结果，还受制于人类思维逻辑模式和认知模式产生的内在局限性，于是，我们就能够意识到所有伟大理论都包含的思想与自然（或者内部与外部）的复杂互动。

远古时代的创世神话因此有了特别的意义。那时候，我们的祖先没有直接的数据，不了解化石所记录的生命历史的实际过程。所以，这些神话几乎代表了人类思维的所有可能性，体现出在没有任何确凿信息限制想象力的情况下，人类是如何解释自然世界的。

我们对自然秩序的基本认识往往来自于思想与自然的互动，这一结论在当前的科学时代尤为重要。现代人普遍低估了思维潜能和局限的重要性，倾向于认为自然理论完完全全是客观观察的结果。特别地，神话中描述连续性进展的逻辑受限于两种基本模式（本文称之为切分和添加），这能够帮助我们了解当前的理论（也能够了解科学的缺陷，比如当心智的偏好遮蔽了一种不同的真实情况时）。

想一想研究生物学的两种主要方法胚胎学和进化论，将它们应用到人类历史上，就必然会被描述为连续发展、形成更高复杂性的过程。（两种方法，尤其是进化论，都无法得到这一结论。不过就人类这一特例来讲，这个模式还算合理。）不论是过去还是现在，人类对胚胎学和进化论的认识都可以看作是在切分和添加模式之间不断变更的过程，这并非蓄意的讽刺或者过度的简化。

从十七世纪显微镜的发明到现代的遗传学，对于切分和添加的争论都是脊椎动物胚胎学研究的主要特色，争论的焦点在于，同质的微小卵子是如何不断变大、不断复杂化，最终形成解剖结构和成体一样复杂的新生儿的。在十七八世纪的大部分时间里，"渐成论"和"先成论"几乎构成了胚胎学研究的全部内容。渐成论者信奉添加模式，他们认为，原始的卵子就和字面含义一样，只是一团具备多种潜能的物质，没有结构可言，但最终会形成新生儿复杂的解剖结构。原因仅在于，构成法则决定了最初的同质物质能够通过一步一步不犯错的发展实现（只要胚胎发育是正常的）最终产物应有的复杂性。（"渐成论"的字面意思就是"由……形成"，也即逐步的过程。）

相反，先成论者支持切分化的策略，认为最原始的细胞就已经具备了新生儿应有的结构复杂性，胚胎发育不过是使其变得清晰可见。在讽刺画中，先成论常常被嘲弄成一个完美的小人躺在一个精子或者卵子中。其实，没有一位怀有严肃科学态度的先成论者同意这样的观点。相反，他们认为，所有的结构一定存在于原始的细胞中，只不过它们太过细小、太过透明、太过分散以至于无法分辨（就和《创世记》1一开始的混沌状态一样，而非一个完全成形的小人）。于是，胚胎发育就成了一个切分的过程，这个过程包括浓缩、凝结、固化和成长。

尽管十九世纪进化论观念渗透到了整个胚胎学领域，两种主流解释仍然维持着添加模式或者切分模式的对立。海克尔提出的著名重演学说就是添加式理念的典范，他认为胚胎不断增加的复杂性再现了种系演化过程中成体的各个阶段。所以，照字面理解，复杂动物的胚胎发育其实就是沿自身世系的进化树不断上升的过程。另一种模式以冯·贝尔6提出的切分论为代表，认为看起来更简单的早期阶段并非远古祖先进化过程的重演（如海克尔所说的那样），而是同质化程度较高、区分度较低状态的一种常见形式，具备了后期发育出所有复杂结构的潜能。所以，在发育的早期阶段我们就知道胚胎将成为一个脊椎动物，稍晚阶段知道是一只哺乳动物，然后知道是灵长类，再然后是人科动物，最后知道是一个人——这是一个不断细化的过程，而不是海克尔所说的复杂性持续增加的添加模式。

当我们考虑智人经历了漫长的演化过程最终形成今天的人类，而不是每个智人个体短短九个月的胚胎阶段时，我们会发现，进化概念也可以分成切分模式和添加模式两类。达尔文学说采用的是添加模式。因为达尔文理论在科学界占据主导地位，所以我们几乎忘记了曾经有过若干种鼓吹切分模式的进化理论。那些理论推测，寒武纪大爆发中出现的第一个脊椎动物，虽然体长仅一两英寸，没有骨骼也没有上下颚，但已经具备了所有结构和潜能，经过漫长的历史过程，终将形成人类。由"程序化"切分推出的机制无所不包，从上帝的创造（显然是一些神学观念）到未知但完全唯物的自然法则（有些无神论者的观点走向了完全相反的另一面）。

如果执著于添加模式或者切分模式不会根本改变我们的生命观，那么我们满可以将这些内容视作无谓的脑力游戏，不需要考虑科学层面的意义；但我们偏好的理论常常会严重影响我们对自然世界的基本理解，而且，添加和切分在阐释历史秩序时所具备的重要性、特征和意义并不相同。从科学史的角度来看，我们可以这样认为，每一种基本模式都有自己的特色，也面临重要的难题。

切分模式中，事物是由内而外发生的。在最开始的同质化阶段，所有最终结果都已存在，只不过还没有得到表达。那么，这些可能是如何一一实现的？正好相反，在添加模式中，事物是由外而内发生的。也就是说，世界起源于尚未成形的物质，在外力作用下一切皆有可能。那么，外因究竟是如何将乱七八糟的一团东西塑造成复杂的最终产物的（这个问题给胚胎学带来的挑战大于进化论，因为塑造过程必须在同一物种的每一个正常胚胎中重复实现，而演化的结果每次都不一样）？

两种模式的重要差异在于，切分模式能够更好地应用于可预知体系，而添加模式在偶然性主导的世界占优势。在偶然性主导的世界里，每一段历史都存在无数种（无法预知的）可能，实际结果由一系列特定的外部力量促成——在漫长的时间里，充满各种可能的滚球刚好掉到正确的轨道，如此而已。正因为这个原因，现代胚胎学倾向于采用切分模式，而演化生物学则更适合添加模式。

毕竟，按照现代遗传学的理解，胚胎发育通常会沿着预设的内部程序进行，但决定因素不是先成论者所认为的早已存在的结构，而是编码的信息。（我们不应当苛责十八世纪的先成论者愚蠢地将正确的想法安到错误的对象上。那时候，他们的脑子里还没有编码信息的概念，非说有的话，大概就是音乐盒这类古老的小玩意儿或者新潮的提花织布机。而对于生活在电脑时代和基因时代的我们来说，没有哪个神志正常的人会否认这样的信息模式占据核心地位。）

相反，任何生物世系的演化都充满了不确定性和不可预知性，它们走过的道路构成了一部复杂的历史。少数世系，比如我们自己，的确随着时间变得越来越复杂，从回溯的视角来看，逐步增加的细微结构是有意义的。但就算站在上帝视角，我们也无法判定不可预知的未来会走向哪一步。因此，描述生物演化更适合采用添加模式（需要外部因素促使事物逐步变化），而不是切分模式（必须假设未来完全包含在现有的形式之中）。

现在回过头来看《创世记》1，我们就不会惊讶它所采取的模式为什么是切分而不是添加，不管人们通常的解释是怎样的。毕竟，上帝是按照自己的意愿和想法创造世界的，或许他在动手之前就对终产物的样子有非常准确的认识。相反，至少对人类不靠谱的思维体系来说，生物演化似乎按照不固定的一系列轨道蜿蜒前行，存在着很宽泛的可能性。

人类所偏好的两种模式的确存在差异，所以我们在试图理解生命史时，必须注意添加模式和切分模式的不同意义。但不论哪一类解读，每一个敏锐而热情的心灵都会为之肃然起敬。我们生活在极为不可思议的宇宙之中，不管它是如何构成的。所以，不知道可不可以恳请读者最后一次原谅我，我想借用第19篇文章中讨论过的意象作为结语，欢喜地赞美两种完全不同的创世模式。首先是《创世记》1中的切分模式，结局令人格外惬意："神看着一切所造的都甚好。"接着是进化论中自然选择的添加模式，查尔斯·达尔文在《物种起源》的最后一段同样深情地赞叹道："这种生命观念何其伟大……"

(II)

解析和推进

21

林奈的幸运？

现代分类学奠基者、本文主人公卡尔·林奈（1707-1778）经常借用一句古训阐述自己的生命观：自然界从不飞跃。绵延不绝的连续性主导着物质世界，但我们人类总是渴望秩序、渴望明确的区分，也就会指定某个特定的时刻或者事件作为新事物的"法定"起点。于是，1776 年 7 月 4 日《独立宣言》的签字标志着一个国家的诞生；第 11 月第 11 日第 11 点，这个很容易记住的时间点（1918 年 11 月 11 日）成为了世界大战的休止符，据说这场战争可以一次性解决所有未来的争端。具有讽刺意味的是，就连我们这些笃信自然连续性的人都在鼓吹新事物的象征性跨越——1758 年，林奈《自然系统》第十版的出版标志着现代动物分类学的开端。

目前的动物分类或许会自夸这一正式规定的开端，不过对开端的认可并不意味着承认其重要性。事实上，各位著名科学家对分类学的评价可谓天差地别。伟大的英国物理学家卢瑟福[1]（出生于新西兰）发现，放射性衰变鉴年法能够确定地球的真正年龄（长达数十亿年，而不是人们通常认为的数百万年），那个时候，他嘲笑古生物学家，认为他们通过分析化石所做的分类工作不过是最低级的描

293

述性工作，简直配不上"科学"这一名号。他愤愤地说，分类学工作所需要的智力也就"集邮"水平。这句老生常谈让我非常生气，因为我两种身份都具备：现在是分类学家，过去是集邮爱好者。

卢瑟福的诅咒来自二十世纪初十年代。有意思的是，二十世纪九十年代，另一位研究方向相近的物理学家路易斯·阿尔瓦雷茨也对一些古生物学家表示不屑，他提出了相似的批评："他们算不上很好的科学家，顶多就是集邮爱好者。"我当然不会接受这样的比喻和贬损，毕竟这不过是大部分人的陈词滥调而已。当时，路易斯提出观点称，6,500万年前，地外天体的影响导致了大灭绝的发生，使恐龙和将近50%的海洋动物走向灭绝。这一显然正确的结论没有经过仔细权衡，就遭到了大多数古生物学家的反对，使路易斯大为光火，他发出这样的批判也就情有可原了。

将分类学贬斥为集邮，这一比喻隐含着这样的假设：对于任何一个还算合格的观察者而言，生物之间的秩序是显而易见的。因此，分类学研究就类似最无聊的编目工作——将一大堆东西分配到各自预设的位置，那么自然可以生出一系列轻蔑的比喻：将邮票贴到大自然这个邮册的指定位置，将帽子挂在世界这个衣帽架的合适挂钩上，或者将一大包东西放进演化这个仓库的正确分类架上。

与此完全相反的则是瑞士著名动物学家路易斯·阿加西的观点。1859年，他在将要度过余生的美国建立了哈佛大学比较动物学博物馆，并称赞分类学是所有学科中最高级的形式。阿加西认为，每个物种都是上帝按照独一无二的理念创造出来的，所以物种之间的自然秩序，也就是分类学，反映了神的思维结构。于是阿加西的结论是，如果我们能够准确判定物种间关系所呈现的系统，那么我们将达到理性所能够实现的、离上帝最近的地方。

尽管卢瑟福和阿加西对分类学的态度大相径庭，但他们如盟友一般，都遵循着相同的前提，即"真实世界"存在一种客观的秩序，它就"在那儿"，恰当的分类能够将每一种生物安排到一个真实系统的指定位置上。（卢瑟福认为，这样的秩序对于宏观自然来说是单调而易于确定的，它远离基础定律所规范的原子世界，没有太大的科学意义或者启发价值。与之截然相反，阿加西认为，这样的秩序能够帮助我们捕捉到上帝捉摸不透、神秘隐蔽的智慧。）

假使我们想要以"金发美女"的现代方式捍卫分类学的重要性——既不像卢瑟福那样冷漠，又要比阿加西充满激情的信仰冷静——那么第一步就是摒弃他们的共同假设，即一个真正的秩序就"在那儿"，正确的分类宛如精确的地图。采用与之相反的假设就可以很好地说明分类学的科学意义：所有的分类系统都能够说明秩序产生的原因，因此，它们是概念和认知的复杂综合，即人类思维倾向与对自然神秘现实的观察结果的结合。可以把良好的分类学比作一张有用的地图，不过，它们还能够（和所有好地图一样）揭示我们喜爱的思维路径和我们在制图中选择用来规整、呈现的外部真实。

认识到分类学仅能用人类思维所发明的理论表现自然客观现实这一论点，不应当助长后现代主义所谓的知识相对性的悲观情绪。自然事实必须经过人类思维和认知的过滤，所以，并非所有的分类都是可靠的。有些广为人知的分类很可能在数个世纪后被发现是完全错误的。（例如，珊瑚是动物而非植物。）另有一些分类则会因为在很多情况下制造的混乱大于帮助而遭到弃置。（按照谱系把鲸归入哺乳动物，要好于将它们和鱿鱼、鲨鱼一道归入什么"在海洋中游得很快的生物"，因为演化上不同源。）

专业的分类学者当然清楚不同命名系统的不同，因此他们宣布，分类学的目的就是寻找一种"自然"的分类法。尽管把"自然"这个词用在最优的分类法上显得奇特甚至狂妄，但选择这个词的理由也很明显。如果所有分类学都必须是呈现自然秩序的理论，那么最"自然"的分类大概就是最好地尊重、揭示并反映生物多样性产生原因的方法了（从而促使我们最先进行分类）。

一名动物园主管出于实际操作的需要，可能会按体形大小（方便购置笼子）或者气候要求（这样北极熊才不会在热带雨林的展览馆中窒息）区分各种动物。不过，这样的分类方式显然是武断的，因为我们知道，在整个地质时代的世系演化中，不同生物产生了相互关联。因此，我们可以认为，最"自然"的分类就是最能通过分类的名称和形式帮助我们了知不同生物之间谱系关系的分类，即它们相似和不同的主要原因。

如果我们认识到所有具有影响力的分类都是在秩序起源理论下产生的、对于生物的仔细描述，那么，我们迟早会被分类学所吸引，认为它对思想和自然都富于洞见。尤其是分类变化的历史，其内涵远不止是从自然这一邮局中陆续购置邮票（新物种的发现）的单调记录，也不是只要仔细分拣并正确贴到一本永久集邮册的预设位置就可以（在这一比喻中，已定义类别的分类学列表总是有位置留给新物种，而且它们所归属的类别通常会越来越庞大，而不会改变已确定的性质或结构）。相反，重大的分类学修正常常会彻底推翻过去的想法，采用全新结构迎合迥然不同的分类方案。

有一个显著的例子可以说明这一点。阿加西认为，宏伟的分类学架构正是上帝意志的具象体现，新的观察虽然否定了他一直坚信的水母和海星具有近缘关系这一点（现在被认为分属两门，之前由于两者具备共同的辐射对称特征，被阿加西误认为是同一类），但并没有动摇他对分类学的信念。相反，生物学史上最伟大的理论革新——达尔文的进化论说明，生物的分类秩序存在迥然不同的原因。演化消除了旧有的成见，创造了重建分类学构架的新理念，更好地展现了达尔文在"这种生命观念"中所呈现的"宏伟蓝图"。具有讽刺意味的是，1859 年，阿加西开办了自己的博物馆，同年，达尔文出版《物种起源》。于是，阿加西穿过两层隔离（从神圣思想的结构到生物的分类安排，再到博物馆中有秩序的展览）对上帝永恒意志的复现无意间呈现了历史谱系的变迁和延续。

但是，认为分类学史吸引人的原因，至少在很大程度上，源于思想（不断变化的秩序起源理论）和物质（对自然事实愈发深刻、准确的认知）的动态相互作用，现在看起来像是一个悖论。于是，我们不得不回到官方认定的分类学奠基人卡尔·林奈那里，开始下半部分的讨论。达尔文的进化论定格了我们理解生物多样性起源的现代学术语境。但是，如果分类学总是记录分类结构背后的秩序起源，如果演化形成了分类学试图传达的生物相似性，那么林奈，这位生活年代早达尔文整整一个世纪、发现了生物学秩序基础的创世论者，是如何成为现代分类学即演化分类学之父的呢？简言之，在达尔文的美好新世界中，林奈的系统为何能够持续发挥作用？

或许，为解决这个矛盾，我们不得不降低理论在分类学中的地位。我们是不是应该采纳卢瑟福的集邮模型，承认生物间相互关系是自然界中能够观察到的简单事实，不太会受学术风向的影响？从集邮的角度出发，林奈的成功大概就来自他高超的观察技巧。

或者，我们也可以采取完全相反的立场：林奈不过是历史掷骰子中的幸运儿。也许理论确实是所有重要分类系统中秩序的基础，但林奈的创世论想法恰好采用了一种能够无损迁移到达尔文新生物学演化论框架下的结构，这样的巧合纯粹是运气使然。

这是两种互为极端的观点，一者认为分类学基于针对现实世界的范式观察技巧，一者则认为林奈只是交上了好运，得以在理论导向的研究中立足。而我，将采取折中的看法。毫无疑问，林奈在当时（或者说在任何时代）肯定是最棒的观察者，也是最聪明的科学家之一。但是，按照我信奉的核心观念，分类学本质上应该是准确观察和完美理论的结合体，可认为林奈之所以能够流芳百世，是因为他既表现出当时最优秀的观察能力，又采取了一种解释生物关系的理论概念，这一概念恰恰能够被进化论体系所接纳。虽然林奈自己是用创世论来解释分类原则的，但这样的巧合也不是完全出于偶然。〔至于林奈设计的体系与进化论能够相容，是因为他依稀瞥见了"真相"，还是因为他的生物直觉下意识地令他的理论偏好微妙地转向一个非常完美的方向，这个偏于心理学的问题令人好奇，我猜（就和所有涉及人类动机的猜测一样）只有林奈自己说得清楚。〕

林奈设计的体系被称为"双名法"，每一物种的学名由两部分组成：第一个是属名，首字母大写（人类的属名是 *Homo*，犬类的属名是 *Canis* 等等）；第二个是所谓的"小名"，全部字母小写（*sapiens* 用以说明我们是 *Homo* 属内的一种；代表家犬的 *familiaris* 则可以区分 *Canis* 属下的其他犬，比如狼的学名是 *Canis lupus*）。顺便纠正一个常见的误解，小名本身没有名分，无法用于定义一个物种。例如我们人类按双名法命名，全称是 *Homo sapiens*，不能只说 *sapiens*。1758 年版的《自然系统》被认为是现代动物分类学的奠基之作，因为在这一版中，林奈首次毫无例外地完整使用双名系统。（在之前的版本中，林奈只对某些物种采用双名法，对另外一些则使用属名加上若干描述性词语。）

双名法持久的成功得益于几个机智且富于创新性的特征。然而，就本文的主题来说，双名法对于不同生物之间相互关系的逻辑阐释正是林奈这一系统与达尔文彻底革新了的演化世界神秘相关的立足点。双名法特有的结构所揭示的本质属性使得林奈设计的系统能够嵌合到进化论的框架中。

林奈的分类方案设计了一种严格的嵌套式结构，从最小单位的物种开始层层递进到较大的类别（种属于属，属属于科，科属于目，以此类推）。这样的嵌套结构具有分枝树状图的组织形态，共同的主干逐步分化成更细小的枝权。这一树形结构恰好能够表达这样的假设：生物间相互关系记录了演化分化形成的谱系。所以，林奈设计的系统不仅实现了他自己的意图或者说理论上的关联，还与达尔文世界的因果关系相契合。

　　用图画方式能够最清晰地表明林奈分类系统与生命演化树的相关性，下图展示了林奈设计的嵌套结构，其分枝部分以另一种方式表达了谱系连续分化的逻辑结构。这幅图中，所有动物首先分成脊索动物和所有其他动物，接着脊索动物分成脊椎动物和非脊椎动物，脊椎动物分成哺乳动物和所有其他脊椎动物，哺乳动物分成食肉目和所有其他哺乳动物，食肉目分成犬科和所有其他食肉目

- 动物界
- ・脊索动物门
- ・・脊椎动物亚门
- ・・・哺乳纲
- ・・・・食肉目
- ・・・・・犬科
- ・・・・・・犬属
- ・・・・・・・家犬

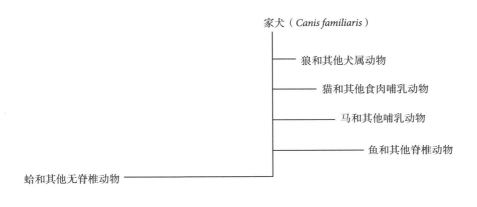

描述林奈分类学的几何图示——一个枝状的系统，所有分枝发端于一个共同的主干，不允许任何分枝合并

动物，而犬科又可以进一步分成犬属和所有其他类似犬的食肉目动物，犬属还可以分成家犬和所有其他犬属动物。我认为，双名法能够说明这一分层结构的第一步，也即整个大框架的缩影，因为物种名的两个部分记录了较小的单位与更大范围内亲缘物种的关系。学名 *Canis familiaris* 说明，最小的单位"狗"这一物种属于上一级单位"犬属"的一员，与共祖的所有其他物种［如，狼（*Canis lupus*）和郊狼（*Canis latrans*）］归在一类，这一类中绝不包含其他属的其他物种。

林奈认为，他选择的结构模式——将较小的门类纳入逐级增大的门类之中，直到生物本身这个最大的集合——能够呈现生物之间的相互关系，代表着人类表达上帝创造世界所采用的永恒规律的最好方式。我怀疑林奈是否真的如此思量（因为我猜测，这样的想法与他的精神世界很难相容）："但是，如果事情恰恰相反，生命是历经漫长岁月，从同一祖先渐渐分化形成，那么双名法的分层系统也能够很好地表达生物之间相互关系的层级。我设计的系统类似一棵树，底部是共同的主干，往上则逐步分枝，分开的枝杈永远不会再发生交联。这样的结构既可以显示上帝预先设计的永恒秩序，也可以显示历史变化的偶然，表明演化之树是如何从一个起点开始连续不断地发展（当然某些枝杈会死去，从树上脱落，就像某些世系会灭绝一样），并持续不断地分权形成永远不会再交联的世系。"

我强调分权后不会再发生合并，是因为林奈将较小集合放置到较大集合中的逻辑（恰好符合达尔文系统的历史真实）反映了生物之间的相互关系，是关联的主要结果，也是必然结果。人不可能将一个大盒子硬塞到一个小盒子中。因此，归于一个属的两个物种不可能出现在不同的科中，而属于同一纲的两个目不可能出现在不同的门中。如果狮和虎是同一属（豹属）下的两个种，它们就不可能出现在不同的科中（比如，狮属于猫科，虎属于犬科）。不然的话，两个容量较大的科就不得不装入到一个容量较小的豹属中，不论是林奈设计的逻辑，还是达尔文的演化规则，都将遭到破坏。借用一个比喻，我要么是猴子的叔叔，要么是笨蛋[2]。因为我作为人，属于容量较小的人属，它肯定属于容量相对较大的人科。我们这个物种的一员不可能退出人科归入猕猴科或者马科，较小的分支不可能分属两个不同的大分支，否则将违背林奈的逻辑和达尔文的事实。

所以，林奈在为创世论设计逻辑结构时或许真的有点儿幸运，这一逐步分权的结构毫无困难地融入了历史演变的新世界。至少，林奈经受住了时间的考验，典范性地成为了分类学之父。不过，我很犹豫把他的成功完全归结于运气，主要原因在于本文所讨论的核心观点：分类学不是简单的描述，它总是在体现秩序起源背后的特定理论，是思维偏好和人类自然观的结合。

我认为，林奈的成功在于，他在分类系统的感性和理性两个方面都做出了非常明智的决定，不论这样的决定是无意识的还是潜意识的。在感性方面，他比同行更敏锐地意识到，在分层和分权的逻辑之下，生物能够按照一致的秩序进行分类，这或许能得到广泛的赞同，避免持续不断的争论。同时代其他分类学家也提出过很不一样的分类逻辑，但他们都没能建立起清晰、一致的体系。举一个最生动的例子，林奈最主要的竞争对手、与他同时代的法国名闻遐迩的博物学家巴龙·乔治·勒克莱尔·布丰（1707-1788）写下四十多卷的巨著《博物志》，据我所知，这是自然科学史上迄今为止最伟大的百科全书，布丰试图以此建立一个不分层的体系，通过生理学、解剖学、生态学将各种生物进行归类，但没有取得显著的成功。

此外，我还想提出这样一个不太为人所知的观点：在分类的理性方面，林奈也很成功，因为他做出了一个非常明智的选择，很可能是有意的。为了建立一个基于从单一主干不断分权的分层秩序，林奈构筑体系时参照了西方逻辑思维最熟悉的组织结构，可以一直追溯到亚里士多德（很可能也表达了我们普遍认可的内在理性偏好）：一个连续（毫无例外）二歧分权、不断细化的系统。在这样的逻辑树（通常称为二叉式检索表）中，人们可以通过连续的合并，将特定的基础对象纳入较为宏观的分组，也可以通过连续的二分，将较大的范畴细化成所有组成成分。

例如，前文列出的图表就是一种二叉式检索表。我们从最大的范畴所有动物开始，先二分成脊椎动物和无脊椎动物，接着将脊椎动物二分成哺乳动物和非哺乳动物，再将哺乳动物二分成食肉动物和非食肉动物，将食肉动物分成犬科和非犬科，最后将犬科动物二分成狗和其他动物。（当然，我们也可以反过来检索，看看狗在所有动物的层级秩序中处于哪个位置。）

其实，我之所以想写这篇文章，是因为最近我买了一本十六世纪晚期的书，这本关于亚里士多德式逻辑的书十分晦涩难懂。我注意到，书中有大量描述推理、描述人类情绪和行为的图表，这些图表都是二叉式检索表，与我这个领域专业人士阅读、使用的文本和指南里的分类检索表非常相似。所以，林奈的分类系统借鉴了西方文明起源时期的逻辑体系，这一体系被应用于各个学科，不论是科学还是其他，为众学者所熟悉。这样的推理形式也许体现了我们大脑的基本运作模式。

下页图摘自内科医生尼古拉斯·亚伯拉罕 1586 年出版于巴黎的著作《理性原则下的伦理学引言》。亚伯拉罕首先将伦理学决策分成理性和习俗两部分，接着，他将较低位置处的习俗分成私密的（上）和公开的（下）两类。有意思的是，我发现采用二叉式检索表的作者似乎习惯于将好的、价值较高的部分放在上面，将不太好的部分放在下面，至少在我研究过的前达尔文时代的少量此类模式中是如此。在这个例子中，理性高于习俗，而在习俗中，私密的决定（可能指基于个人信仰做出的决定）要高于公开的决策（可能指在社会压力下不得已而为之）。我本人尤其喜欢英国伟大的博物学家约翰·雷发表于 1678 年的猛禽二叉

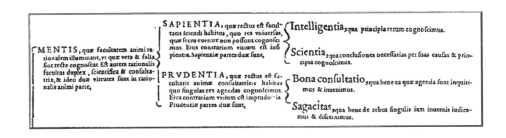

二叉式检索表，1586年尼古拉斯·亚伯拉罕用这种方式对伦理学决策进行分类

式检索表：他首先将猛禽分成上方的昼行猛禽和下方的夜行猛禽，接着把昼行猛禽分成较大的猛禽（上方）和较小的猛禽（下方），然后把较大的猛禽分成"较宽厚"的鹰（上方）和"较懦弱、呆板"的美洲鸷（下方）。

现在让我们回到亚伯拉罕对于较高位置处的理性决策的分类。理性决策可以二分成上方的智慧和下方的审慎。最后一组，也即第三组二分，将智慧决策分成较优的理智（经由纯粹理性达到）和较劣的认知（经由关于物质世界的知识达到）。而下方的审慎决策则被分成较优的咨询意见（咨询他人得到好的建议后形成）和价值较低的个人意见（仅仅根据我们自己的判断形成）。

林奈富于智慧、思维缜密，令我叹服；但他也非常自负。按照偶像化传记的写法，我最好在此打住，以赞美林奈的睿智收尾：他运用理性的观察能力和理论构建能力，创立了一个灵活而持久的分类系统，这一分类系统经受住了生物学史上最为剧烈的理论变革。

但是剑客往往死于剑下（这句话虽然和耶稣的原话稍有不同，但并不影响它的深刻内涵）。林奈构建、捍卫双名法进行分层归类的坚持与睿智取得了理性上的胜利，但是，就和很多宏大新体系的奠基者一样，他变得过于极端（不管是出于自负，还是因为过度兴奋），过于相信他的体系是归纳所有相关对象的唯一正确途径。（说到这里，我不由得想起西印度小岛上的一位海关工作人员，他把我的蜗牛判定为乌龟。因为他的表格只区分温血动物和冷血动物，而"动物"，按照他的个人理解，只能是脊椎动物。于是，蜗牛成了乌龟，因为它们都是冷血动物，而且都以行动迟缓著称。）

在建立了双名系统和这种严格嵌套结构的底层逻辑之后，林奈觉得自己已经得到了可以应用于所有自然对象的分类方法。于是，他开始将双名法套用到一些不太合适的现象上，比如岩石甚至人类的疾病。显然，他对自己发明的体系过于迷恋，以至于忘记了这样的关键原则：二叉分支构成的分层系统仅仅能够呈现特定体系的秩序，尤其是那些由共同祖先经过不间断的系谱延续，接连分化（分化了的对象不会再合并）、逐步形成的体系。林奈尝试把他的双名系统应用到几个拥有独立发展秩序的对象上，明显违反了分层所需的逻辑，也许他从来没有意识到双名系统的局限性（也是这一系统的本质）。或许林奈的成功真的部分来自运气——他的逻辑推理恰好符合生物世界的规则，而不是从准确、有意识地推断各种动植物间相互关系的起源得到的。

例如，下面这一页摘自《自然系统》第七版（1748 年）的图：林奈介绍完动物和植物的分类之后，在第三章列出了岩石分类中一个属（*Quartzum*）按双名命名的各个种。第一个"种"（*Quartzum aqueum*，透明石英）包括常见的玻璃状石英；第二个"种"（*Quartzum album*，白石英）包括价值次一等的、经水冲蚀形成的不透明石英鹅卵石；第三个"种"（*Quartzum tinctum*，有色石英）则包括了所有彩色的品种，看起来类似价值较高的宝石（林奈称之为假黄玉、假蓝宝石、假红宝石等等）；第四个"种"（*Quartzum opacum*，不透明石英）是指用处更低、更不透明的燧石。

但是，石英的本质和矿物间相互关系的基础，与适合林奈双名法描述的体

2. QVARTZUM. FRAGMENTIS INDETER-
MINATIS, PELLUCIDIS,
SOLIDIS, ANGULATIS,
ACUTIS.

1. QVARTZUM aqueum. Kiesel.
Quartzum aquei coloris. *Syst. nat.* Quartz.
Quartzum solidum pellucidum. *W. 103.* Quartzum vulgare.
Locus ubique in rupium fissuris.
Natum ex aqua in rupibus detenta.
Parasiticum semper fuit, licet sæpe dispersum.
Scintillas dat omne quartzum cum chalybe vivacissimas.
Usus: pro Vitro artificiali, Metallis fundendis pro vehiculo.

2. QVARTZUM album. wässerichter Quarz.
Quartzum aqueo-album. *Syst. nat.* Caillou Quartzum vulgare vel potiùs Silex.
Locus rupes, minus tamen frequens.
Natum ex aqua & marmore.
Vitrescit facillime. Fragmenta sæpe subfarinacea.
Usus: Metallurgis cupri maxime expetitum.

3. QVARTZUM tinctum.
Quartzum solidum opacum coloratum. *W. 104.*
Locus plerumque ad fodinas vel mineras.
Natum ex quartzo metallo tincto.
Variat colore luteo. ♄ - - - unächter Topas.
rubro. ♂ - - - unächter Rubin.
purpureo. ♂, ♀ - - -- Amethyst.
coeruleo. ♀ - - -- Sapphier.
viridi. ♀ - - -- Schmaragd.

4. QVARTZUM opacum. (Kattflinta.)
Quartzum opacum fragile & rigidum. *W. 102.*
Locus fere ubique in rupibus & terra.

5. QVARTZUM subcotaceum. (Saltslag.)
Quartzum granulatum cohærens. *W. 104.*
Locus: Fahlunæ fodina.
Grana conglomerata instar muriæ.

K 3 3. SI-

这个页面来自林奈 1748 年版《自然系统》的矿物一章，可以看出他在用双名法分类动植物的同时，也在试着用同样的方法分类岩石

系所需的因果逻辑并不相符。例如，透明石英的成员彼此之间并不具备紧密的亲缘关系，本质上也不是从同一祖先连续演化而来的所有后代。相反，这些假物种之所以看起来相似，不过是因为物理、化学规律的支配：在特定温度、压力和合成方式下，只要硅离子和氧离子相遇，一定会形成透明石英。这个"种"的成员之间并不具备历史或系谱上的相关性。某个样本可能源自非洲5亿年前一片冷却的岩浆，另一个样本可能仅仅是内华达50年前一个喷射的火山口形成的。矿物必须根据自身的成因归类，其适用的规则与构筑生物之间相互关系的演化原则、系谱现象很不一样。

显然，林奈自信过度了，他以为自己建立的分类系统能够应用到所有自然对象上。在《自然系统》第十二版，也即最后一版（1766年）中，他添加了一个标题为《自然法则》的部分，用以吹捧他的双名分类法是普遍适用的。林奈宣称，上帝创造了万物，他所采用的方法肯定是一致的、普遍的，现在这一方法被他最恭顺（也是最成功）的子民发现了。林奈说："所有创造物都见证了神的见识与力量。"借用一个常见的古典隐喻（阿里阿德涅³给了情人特修斯⁴一个线团，帮助他在杀死怪物弥诺陶洛斯⁵后能够走出迷宫），林奈称赞自己为宇宙秩序的解密者："对自然的认识始于了解它的方法，系统的命名法就好像阿里阿德涅的线团，能够帮助我们准确而有信心地面对自然的迷宫。"

具有讽刺意味的是，尽管林奈的成功恰恰在于他所创立的逻辑体系完全符合生物世界的秩序起源（生物世界固然宏伟可观，但并非自然的全部），但基于同一原因，这样的逻辑并不能推广到非生命对象上，后者的构成和相互关系与系谱的连续性、演化的转变性没有关联。伟大体系最值得关注的地方正在于它的局限性，在于清晰、明确的界限，在于那些它不适用的领域。我们只有明白林奈的体系为何适用于生物却不适用于岩石，明白自然界诸多层面有着起源不同的秩序，它们性质各异，才能彻底理解林奈成就的重要意义。

最后以一个具有些许反讽意味的事件收尾。就在最近，关于例外性这一主题，林奈希望自己所创建的体系普适于划分所有自然对象的想法（上帝自己的创造规律）遭到了另一重冲击，不过这一次是来自内部（即来自生物世界）。早在200 年前，科学就已经否定了林奈系统的普适性，他的分类方法仅适用于随时间推移不断分权的系谱系统（最重要的范例就是生物演化），而岩石、疾病及其他根植于不同秩序基础的系统则无法使用双名方式。（事实上，林奈确实曾试图为人类疾病建立双名分类，并撰写有著作《疾病种类》，这部 1736 年出版的著作是他最糟糕的作品之一，很快就被人遗忘了。）但是最近，有一项非常重要的生物学发现也对生物世界普遍遵循林奈分类规则这一认识发出了挑战。

我们无需担忧那些胖乎乎、毛茸茸的多细胞生物，即植物、真菌和动物这三大多细胞生物门类。就演化来说，这些复杂生物构成的肉眼可见的世界在绝大部分时候的确遵循林奈的分类系统。也就是说，在这个层面上，使双名系统产生效力的基础结构规律的确令人满意：分枝一旦形成就不会再重新联合，因此每个物种都是一个永久独立的世系，不会与其他物种形成交联。演化绝不可能将半只海豚和半只蝙蝠拼在一起造出一种既会飞行又会游泳的全能哺乳动物。

在几年前，我们还认为，永久分离规则同样适用于单细胞生物——依我之见，它们才是地球和生命世界真正的统治者（参见拙著《生命的壮阔》，1996 年）。换句话说，我们认为，和多细胞生物一样，细菌世界所构成的生命树也符合林奈的设计。（为了强调下文的发现，事实上，细菌占据了生命树的大半部分，三个多细胞生物形成的界不过是生命树三大分权之一中的三个末端小分枝，另外两个分权完全被细菌占据。）

显然，我们错了。通过一系列被称为"基因水平转移（简称 LGT）"的过程，单个的基因和较短的基因序列能够从一种细菌迁移到另一种细菌。这样的迁移对林奈的逻辑体系提出了严肃挑战，原因有二。首先，LGT 不遵循分类学上的隔离。也就是说，系谱上相距较远的物种，其基因进入宿主物种的难易程度似乎和近亲物种没什么差别。其次，这样的过程频繁发生。不可以认为林奈不可逆的严格分权规则普遍适用，这些只是罕见的特例。［如果只有 1% 到 2% 的细菌基因组是经由 LGT 来自远缘物种的，那么这样的现象可以解释成异常现象，无碍林奈体系的主要结构。但至少对某些物种来说，LGT 非常普遍，已经成为主要的现象。例如，常见于人类肠道的大肠杆菌，其 4,288 个基因中有 755 个（约占整个基因组的 18%）显示，过去 1 亿年时间里它们经历了至少 234 起基因水平转移。］

专业的演化生物学家一直对 LGT 现象非常感兴趣，也为此感到迷惑，但这个词迟迟没能进入大众的视野。这一现象很是古怪，毕竟 LGT 向自然界的基本假设之一、向演化的基础结构发出了挑战，更不要说林奈系统了！或许，根本没有多少人在意看不见的细菌，但我们会坐直身子、侧耳聆听 LGT 如何在动物演化中发挥重要作用。再或许，这一问题对于大部分人来说太过抽象，此类微不足道的理论研究当然不如新发现一种比霸王龙（*Tyrannosaurus*）还大的食肉恐龙来得振奋人心。不过，我对公众所关心的内容绝无不敬之意。我想表达的是，LGT 对人们理解演化、分类的一些基本观念所产生的理论冲击，势必会引起所有关注科学、关注博物学的人的兴趣。

往大了说，如果 LGT 真的在细菌演化中发挥了非常重要的作用，以至于压过了林奈所认识的传统的不可逆分化，那么，双名法将难以为继。甚至，我们无法通过细微的修正或小的补充来调整林奈系统，因为它最核心的理论前提被推翻了。按照林奈的逻辑，生物演化类似一棵树，一旦树枝彼此分权成为独立的存在，就不可能再重新结合到一起了。但是，如果 LGT 才是细菌基因组构成的主要过程，那么树形图就不再能够说明演化的拓扑结构，生命的变化将成为一张网络，细菌从系谱网络的各个地方引入基因以进行演化，不论在系谱网络上相距多么远。

当然，我毕竟是专门研究陆生蜗牛（和胖乎乎、毛茸茸的动物同属一个世界）的学者，而且写作的主题常常超出自己的专业领域，我的说法未必可信。那么，请看看下面这段有分量的言论，节选自一篇技术文献，作者（福特·杜利特尔，来自达尔豪西大学，哈利法克斯市，作于1999年6月25日，这篇关于演化的专题报道刊载于美国面向专业科学家的顶级期刊《科学》）是这方面最好的研究者之一。杜利特尔在一篇题为《系统分类与普适进化树》的文章中写道：

　　如果"基因水平转移"的数量不是特别稀少，也不是仅限于某些物种的基因，那么我们就不能理所当然地将分层的分类系统当成普适系统。分子系统发生学家将无法找到"真正的树"，不是因为他们采用的方法不够恰当，或者选择的基因存在问题，而是因为树形结构无法正确地描绘生命发展的历史。

无需为林奈感到悲伤。的确，他试图创立普适系统的梦想遭到了双重打击。第一次是在他去世后不久，科学家们发现，他的逻辑仅仅适用于生物，不能应用到岩石和自然界的所有其他对象上。第二次则仅仅是近十年的发现，林奈的分类方法遭到了严重的生物学挑战，在成员众多的细菌世界中，基因水平转移频繁发生，这对于演化树来说是致命一击，不过这样的转移在我们所处的多细胞生物世界中表现得不太明显（但2001年2月发表的研究结果表明，人类基因组序列中同样存在某些重要的细菌"移民"）。

作为一位名副其实的伟大科学家，林奈明白过度推广大胆的想法会导致错误"随着版图"出现，理论的可靠性和定义的准确度也会因为理论的边界而得到加强。而且，作为现代分类学这门值得尊重的学科的奠基者，林奈也明白，所有分类必然会体现人类对于秩序起源的判断（简言之，理论一定会不断接受修正和纠错），而不是像集邮那样仅仅是对客观自然的被动描述。

因此，分类学必须同时包含概念与认知，不仅帮助我们认识自己，也能让我们了解自己认识外部自然结构时的思维模式。*当林奈在《自然系统》一书的开头正式描述他新命名的物种 *Homo sapiens*（智人）时，他（在不同的版本中）将人类与另外三种哺乳动物——猴子、树懒和蝙蝠联系在一起（现在我们知道，只有一种是正确的）。这说明林奈一定知道，思维与自然之间存在着基本的、无法避免的内在联系。对于这三种动物，林奈分别从毛发、体型、手指和脚趾数量等方面进行了常规的客观描述。但对于智人，他采取了一种简洁的叙述方式，仅仅写下了一句由三个拉丁文词语构成的著名格言。这次不再是"自然界从不飞跃"，而是对智力最具挑战的古老箴言"认识你自己"。

---

* 我要把这篇文章献给二十世纪（和二十一世纪）最伟大的分类学家恩斯特·迈尔，他在 96 岁高龄仍保持思维敏捷。我从阅读他的作品和他的私人交往中认识到了科学（和本文）的主旨：分类学是解释自然界秩序起源的活生生的理论，不是完全客观、亘古不变、先于自然而存在的集邮册（作用是存放显而易见的自然藏品）。

22

太过分了！

革命从来不会善待前朝的遗老遗少。不过，随着时间的流逝，变革的热浪渐趋平静，战败者的洞见与尊严常常会幸运地被后代发现。（现在，就算是最厚颜无耻的北方人也会更喜欢罗伯特·爱德华·李而不是乔治·麦克莱伦[1]。）

这篇文章将要讲述三位中欧大科学家的故事，他们曾席卷于达尔文1859年出版《物种起源》所引起的风波中，他们的故事令人深省。这些故事已经沉寂了一个世纪，现在刚刚获得第二次生命，主要原因在于历史的误解和创世论者的误用。具有讽刺意味的是，一旦我们抛开种种误会，从前人所处的语境来理解他们，那么，达尔文的两位最卓越的论敌同样值得我们尊敬，虽然他们所坚守的概念已经遭到了瓦解。一位是在俄国从事教学工作度过生命最后40年的（德裔）爱沙尼亚胚胎学家、博物学家冯·贝尔（1792-1876），另一位是瑞士动物学家、地质学家、古生物学家阿加西（1807-1873）。后者十九世纪四十年代逃亡到美国，成立了哈佛大学比较动物学博物馆，现在由我负责的无脊椎动物化石采集工作就是从他那时候开始的。

在这场闹剧中受到苛责的还有第三个人，他以新世界秩序的主人公自居，这个人就是达尔文大变革中最热忱的支持者和普及者、德国博物学家恩斯特·海克尔（1834-1919）。海克尔出版了既有说服力又晓畅易懂的著作，被翻译成各种主要的语言，让世界各地的人都信服演化的真实性。就算他的著作做不到处处准确，其影响力也甚于包括达尔文和赫胥黎（赫胥黎自己也承认这一点）在内的其他科学家的著作。

我很愿意承认自己对这三位伟人广博学识和见地的崇拜：达尔文构造了我的世界；拉瓦锡思路清晰，每次阅读他的著作都会令我惊叹不已；冯·贝尔很长寿，却因为孤立，未能得到后辈们应有的认可。按我个人的想法，赫胥黎排第四。赫胥黎认为冯·贝尔是前达尔文时代欧洲最伟大的博物学家，我不认为哪一位熟知这段历史的学者会否认他出众的才华和特殊的贡献。

冯·贝尔是十九世纪早期最主要的胚胎学家，1827年发现哺乳动物的卵细胞，1828年发表胚胎学史上最重要的专著《动物个体发育》。后来，冯·贝尔精神崩溃，再没有继续从事胚胎学研究。1834年，他把家搬到圣彼得堡（这种做法在中欧科学家中很常见，俄罗斯帝国缺乏现代教育体系，所以从国外引进了许多科学各领域的优秀学者）。在那里，他开始了第二职业，成为一名卓有成就的北极圈探险家，是俄罗斯人类学的奠基者，也是出色的地貌学家，以发现从河岸侵蚀到地球自转的重要规律而著称于世。

冯·贝尔的博物学理论认为，密切相关的形态之间存在有限的演化，但主要类别不会通过演化转变。而且，他不赞同达尔文对演化因果律的机械论解释。达尔文的著作令年老的冯·贝尔重新涉足自己疏远了几十年的动物学领域，这位伟大的科学家——阿加西在发表于1874年的最后一篇文章（去世后才刊发）中称他为"胚胎学领域的内斯特[2]"——写了一篇重要的评论文章，题目为《关于达尔文理论》。

1866年，在另一篇批判崭新世界常常会诋毁甚至完全遗忘前辈发现的文章中，冯·贝尔写下了一条令人悲叹的评论，值得我们把它作为科学史上最伟大的格言之一来铭记。冯·贝尔援引了年幼于自己的合作伙伴和好友阿加西在批评机械演化新理论时说过的话：

> 阿加西说，一个新的理论在提出之后必须经过三个阶段。首先，人们说这不是真的；其次，人们说它不符合教义；第三，人们又说这古已有之〔我译自德语〕。

热情而吵闹的恩斯特·海克尔将自己想象成达尔文学说的主将，正在经历阿加西所说的前两个阶段的斗争。他要说明的是，新的演化理论不仅关乎生物学的事实，还关乎所有类别事物的正当性。1874 年，海克尔在自己最著名的著作《人类发展史》中写道：

> 一方面，精神的自由和真理、理性和文化、演化和进步站在充满希望的科学大旗之下；另一方面，在森严等级的黑旗之下，站着精神的奴隶和虚假、非理性和野蛮、迷信和后退……在追求真理的斗争中，演化是我们的重型火炮。

高屋建瓴者的缺点往往也很明显。在达尔文理论的早期阶段，没有谁像海克尔一样谜一般地兼有赞美和质疑，也没有谁像他一样精力充沛、作品频出。海克尔的大部分作品质量很高，不仅包括理论的推广，还包括几卷描述分类学的著作（主要集中在微小的放射虫，还有水母和它们的同类）。但是，没有哪一位重要人物像他那样始终如一地将自己的理论信仰强加于自然界可观察的真实之上。

我不想讨论海克尔对达尔文概念的误用，他根据文化优越性，甚至生物学上的优越性，为过激的德国民族主义撑腰。这些概念后来变得十分流行，甚至为纳粹宣传提供了素材〔显然，过失不是海克尔直接造成的，不过，学者们一定会认为，他虽然没有曲解理论，但夸大其词仍然需要承担一定责任。参见丹尼尔·加斯曼，《国家社会主义的科学起源：恩斯特·海克尔和德国一元论者的社会达尔文主义》（伦敦：麦克唐纳出版公司，1972年）〕。在此，我们只讨论他对生物学的阐释。姑且认为，这一主题范围有限，除了冷静的叙述，绝少"表演"成分。

我不喜欢大家常说的"艺术放纵"，特别对于其中所隐含的盲目自信（当科学家这么说的时候），因为有创造力的人文主义者很少关注经验世界的准确性。（毕竟，最好的艺术"失真"都是技艺高超者自觉的意图，它们是为了确定的、完全合理的目的出现的；进一步地，当伟大的艺术家试图呈现我们所看到的外部世界时，他们会非常重视准确性。）但我实在不知道该如何描述海克尔，他是专业的艺术家，远不止一名业余画家。

海克尔出版了一些兼具科学性与艺术性的著作，而且他从未宣称自己一定要忠实于自然。1904年，他出版了《自然界的艺术形态》，至今仍是这类著作中最好的一部，含100张整版生物插图，按照精细的几何造型排布。读者可以辨识出这些生物，但它们都表现出弯曲和螺旋的形态，非常类似当时风行的新艺术风格（德语称之为 *Jugendstil*）。我们很难说，这到底是现实生物的写真，还是流行艺术形式的尝试。

海克尔也给自己的技术专论和科学著作绘制插图。这时，他的确宣称，自己的绘画不会有意偏离自然的真实情况，也符合艺术标准和合理的传统。然而，海克尔的批评者一开始就发现，这位博物学大师和颇有造诣的艺术家表现出一贯的放纵，他将自己笔下的物种"美化"得更加对称，或者说更加好看。特别地，在为自己关于放射虫（一种单细胞浮游生物复杂、精妙的骨骼）分类学的技术专论绘制精美插图时，他经常发明一些几何形态完美的结构来"美化"实际的外观（其结构本来就已经非常复杂、相当对称了）。

这样的行为当然不值得提倡。不过，技术专论中的歪曲很少会造成恶劣影响，因为没有足够专业知识乃至不能识别捏造内容的读者很难注意到这类著作。将"美化"的插图伪装成准确的绘画，如果出现在科普读物中，问题要严重得多，因为普通大众没有专业背景，很难将误导性的理想化与自然界的真实区分开来。因此，在最受读者欢迎的几本著作中，海克尔描画脊椎动物胚胎的放纵导致他在自己的时代就饱受批评，而近两年出现的激烈争论（或者说小题大做）使他（和我们）再次受到困扰，一些创世论者甚至得到了莫须有的安慰。

我们首先需要了解海克尔的动机——不是为了评判他的行为，而是为了说明最近评论中忽略的背景，从而导致科学史上这一有趣的事件被放大和歪曲。就今天来说，海克尔最大的声名仍然是主创和传播了一个著名的学说——"个体发育重演系统发生"，也叫重演论。虽然这个理论早已被学界证伪，但大众文化始终没有完全抛弃它，毕竟对它的描述听起来既神秘又诱人。大体来讲，这一理论认为，生物在胚胎发育的过程中会重走一遍自己的演化史，用一句流行的老话来讲就是"沿着自己的家族树往上爬"。所以，人类胚胎早期的鳃裂被认为重演了遥远过去的祖先鱼，而紧随其后短暂出现的尾巴则标志着人类的演化到达了爬行动物阶段。［我的第一部技术专著《个体发育和系统发生》（哈佛大学出版社，1977 年）中就有对重演论历史的详细介绍，这一演化概念对大众文化的影响仅次于自然选择。关于它在另一个完全不同的领域——精神分析领域的特殊影响和表现，参见第 8 篇。］

为了给重演论提供最重要的支持，也为了宣传所有脊椎动物或许都能够追溯到一个共同的祖先，海克尔经常发表一些引人注目的图画，试图说明不同的脊椎动物，比如鱼、鸡、包括牛和人在内的几种哺乳动物，都在发育中表现出类似的阶段。附图来自海克尔最著名的著作《人类发展史》的英译本，出版于1903年，这个版本出版时间晚、价格便宜、流行度高。可以看到，图中描画的最后阶段（最底下一行）已经发育出成年个体的独有特征（乌龟的壳、鸡的喙）。而对于发育的最早阶段，也就是图片的第一行，海克尔绘制了身体下部的尾巴和初生头部正下方的鳃裂，所有胚胎看起来几乎一模一样，不论成体会是什么样子。于是，海克尔宣布，相似的外观标志着所有脊椎动物都有共同的祖先。

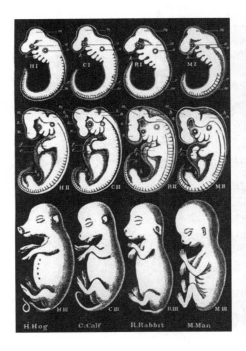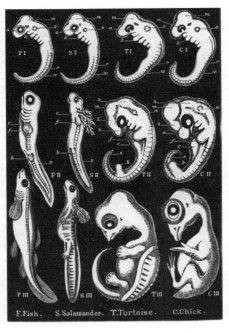

这张著名的绘图显示了八种脊椎动物的胚胎发育阶段，由海克尔绘制，发表于他写的畅销著作《人类发展史》（1903年）。海克尔夸大了最早阶段（顶行）胚胎鳃裂和尾的相似性

因为按照重演论的说法，胚胎发育的一系列阶段依次表现为演化史上经历的成体形态。根据相同的胚胎阶段，我们只能假设两者有共同的祖先。

于是这场闹剧的要害就在于：海克尔通过理想化和省略夸大了相似性。有时候他还会一遍一遍地复制相同的图像，这样的行为只能被认为是欺骗性的。在早期发育的某几个阶段，至少就人眼容易观察到的大体解剖特征而言，脊椎动物胚胎之间的相似性的确要高于由此发育而成的成体乌龟、鸡、牛和人。但是，这些早期胚胎之间的差异远比海克尔的绘图大得多。而且，专业的胚胎学家从不相信海克尔的图画，他们看上一眼就能发现其中的捏造成分。

接着，这一原本不太复杂的事实，同时带有简单的道德色彩，就变得复杂起来，因为人类是最古怪的灵长目动物，做起事儿来总有一些弱点。海克尔的这些绘画，虽然并不准确，却进入了准科学著作中最耐久、最难以更改的部分——标准生物学教材的学生用书。我不知道这件事情到底是如何发生的，但普遍存在（且令人十分不安）的原因很容易判定——教材的编写者不大可能熟知该教材所涵盖的所有分支领域。他们应当更谨慎，更注重原始文献，更尊重专业人士的意见。但是，捷径对所有人都充满诱惑，特别是要在紧迫时间内完成繁杂工作时。

于是，教科书编者常常采用两种次优的方案：要么从过去的教科书中拷贝，要么参考传播最广的普及材料。一般来讲，结果还不错，当然也会导致严重的问题。在达尔文的诸多代言人中，没有谁的声名比得过海克尔，同时他还具备专业身份，是耶拿大学的知名教授。于是，教科书编者借用了他绘制的一些著名的胚胎发育图，或者根本不知道那些图是不准确的，甚至是捏造的，或者（老实讲，常常会有一些不可告人的肮脏秘密）充分了解这一点，但因为一些充满诱惑却不无危险的原因促使他们合理化了这一切："嗯，这对学生来讲已经足够接近真相了；而且，理想化的程度可以接受，的确描绘了普遍存在的事实。"

（对于人类的大多数缺点，我可以采取宽宏大量的态度。但是就这个问题来讲，我成了暴怒的原教旨主义者。对不准确性的妥协，哪怕是最轻微的，也会损坏内容的完整性，令编者陷入难以自拔的泥淖。）

一旦进入教科书，错误的信息就会裹入其中、很难消除，因为如上文所说，教科书会参考先前的课文。（我写过两篇文章讨论这类可悲的情况：一篇论及长期将"始祖马"说成"猎狐小狗"大小，实在是荒诞可笑，其实，包括我在内的大部分作者并不清楚这种动物的大小和外观；另一篇论及坚持将长颈鹿长长的脖子说成能够很好地解释达尔文的自然选择学说而不是拉马克的用进废退学说，但实际上并没有可靠的证据说明，这一赫赫有名的结构是如何演化形成的。）

海克尔的画能够进入十九世纪的教科书，这件事并不奇怪。但令我们震惊甚至羞愧的是，经过一个世纪不假思索的循环，现代的教科书依然充斥着大量这样的绘画，即使不占大多数。值得称道的是，我的一位不太知名的同行，伦敦圣乔治医学院的米凯尔·里卡德松，发现了这个老问题，他曾写信给我（1999年8月16日的信）：

　　如果很多历史学家知晓古老的论争［关于海克尔伪造的图画］，他们为什么不告诉同时代的众多作者在书里不要引用海克尔的绘画？我知道最近有至少50部生物学教科书不加批判地使用了他的画作。我想，这才是整个故事中最重要的问题。

最近，这个被重述过多次的故事浮出水面，滑稽地证实了那句著名的格言——不熟悉历史的人（或者言论欠思考的人）注定会重复过去。起初是1997年里卡德松和他的六位同事发表的一篇优秀的论文（《脊椎动物没有高度保守的胚胎阶段：当前演化理论和发育理论的暗示》，《解剖与胚胎学》第196卷：

91-106 页）；随后是 1995 年里卡德松单独发表的论文（《发育生物学》第 172 卷：412-21 页）。在这些文章中，里卡德松及其同事讨论了海克尔的原画，简略提到海克尔同时代人就已经发现其中的错误，并恰当批评了依然保留这些画作的现代教科书；接着，他们摆出证据（在之后加以讨论）说明脊椎动物的早期胚胎之间存在差异，而海克尔的绘画掩盖了这些差异，导致后来的生物学家遗忘了这一点。里卡德松重提这一历史故事是为了阐述一个重要的问题，也是下文要提到的，现代发育遗传学令人振奋的著作。

这个开头看起来很不错，也很准确。可是接着，关于海克尔古老欺诈的再次讨论很快陷入了混乱的报告和自私的利用。伊丽莎白·彭尼西为《科学》杂志撰写的新闻报道（1997 年 9 月 5 日）很好地陈述了故事经过，标题颇为恰当《海克尔的胚胎：重新发现的欺骗》，文中也提到"早在 100 多年前，人们就发现海克尔的画作存在欺骗性"。可是，英国《新科学家》杂志的短文（1997 年 9 月 6 日）就开始出问题了，它暗示里卡德松第一个发现了海克尔的错误。

和经常发生的情况一样，这篇新炮制的文章要比事实拥有更高的新闻价值，于是，一连串耸人听闻（和荒谬）的文章蜂拥而至：一位达尔文主义和进化论的主要支持者一个多世纪以来一直是生物理论不可动摇的权威，却被发现是个骗子。如果进化论的基础如此不堪一击，那么我们理应质疑整个理论，理应允许创世论重新回归课堂，尽管在法庭上创世论屡屡受挫。

迈克尔·贝赫，一位来自利哈伊大学的生物学家，试图复苏创世论者推崇的最古老、最令人厌倦的谣言（培利[3]认为精细的生物结构具备"无法减省的复杂性"，故而是"神创的依据"，达尔文本人用复杂的眼睛在演化过程中存在若干过渡形式的著名论述驳斥了这一点）。贝赫为《纽约时报》写作了一篇专栏文章（1999 年 8 月 13 日），将事情推到了最糟糕的境地。文中评论了堪萨斯州教育委员会将进化论改为州科学课程选修内容的决策。这是一场不合时宜的改变，幸好在 2001 年 2 月得到了纠正。科学家、活动家和（有判断力的）好心市民投票将原教旨主义者赶出了州教育委员会，代之以一些接受过良好教育、尊重自然真相的委员，获得了政治上的胜利。（公平地讲，我挺喜欢贝赫文章中的论证方式，他非但没有提到无关的宗教问题，还攻击堪萨斯州的决策，认为如果学生根本不学习进化论，那么他也无法宣传他的反对意见。）

贝赫引用里卡德松批评海克尔画作的文章作为反驳达尔文主义最强有力的理由，不过他使用的文献是二手的。［贝赫还举出了另外两条证据，一条他认为是真的（一些细菌能够演化出抗生素耐受性），另一条他认为"目前尚没有证据支持"（"经典"的蛾类工业黑化现象[4]），只有第三条证据——海克尔的画，是"显然错误"的。所以，如果这条证据就是贝赫最有力的武器，那么我想创世论者新发现的这位学术界发言人恐怕难以给他们带来多大帮助。］贝赫写道：

> 胚胎的故事告诉我们，你想看到什么就会看到什么。脊椎动物的胚胎示意图最早由达尔文的拥趸恩斯特·海克尔绘制于十九世纪末。在过去的岁月里，没有人检验过海克尔画作的准确性……如果这些被假定为一模一样的胚胎曾经作为进化论的有力证据，那么，最近研究发现的胚胎的差异性是否就可以推翻进化论了呢？

在媒体炒作和公众误解达到高潮时，我们应当回过头来重申两条关键信息，这两条信息足以判定海克尔的绘画反映了一段令人深思的历史故事，也足以作为科学容不得马虎的警示（在编写教科书这样树立规范的行为中尤其不可原谅）。但是，在任何意义上，它们都无法作为反驳进化论的证据，或者作为达尔文理论的薄弱点。进一步地，为了见证伟人的才智和对科学的热爱，不论他们所倡导的世界观是否最终被证明有效，我们都应当看看冯·贝尔和阿加西这两位当时最勇敢的达尔文反对者的著作，以帮助我们更好地阐述两条关键信息：

1. 海克尔的伪造不是什么新闻。科学上造假的故事有充分的理由引发联想。而这种侥幸逃脱若干代、直到一个世纪之后才暴露的学术谋杀会令故事变得更加有意思。里卡德松当然有理由重新审视海克尔的绘画，他从来没有说过自己是这起造假事件的发现者。可是媒体虚构并公布了捏造的版本，于是这些鸡雏便进了创世论者的窝巢[5]（请原谅我使用了如此混乱的比喻）。

与海克尔同时代的专家已经发现他的不端行为并且公开表示过。例如，剑桥大学动物学家亚当·塞奇威克在 1894 年写过一篇著名的文章《关于冯·贝尔法则的发育法则》，其中有一条带有维多利亚时代轻描淡写风格的脚注：

　　我认为没有必要在意海克尔在大众读物中发表的脊椎动物胚胎绘图是否准确……要论其准确性，建议读者们看看更早阶段胚胎示意图中听囊的不同位置。

不得不承认，我长期关注这一历史小片段是出于个人原因，理智和情感上的因素都有。大概 20 年前，我在我们博物馆的开架书库里发现路易斯·阿加西私人复制的第一版《自然创造史》（海克尔著，1868 年）。阿加西去世后，他的藏书便成为这座博物馆的馆藏，不识货的图书管理员（不是现在的管理员）将这些无价之宝随意地放置在开架书库中。

我十分激动地发现，阿加西在这件副本上做了相当多旁注，有大约 40 页值得抄录出来。就算是学界活跃分子，这样的惊喜在整个职业生涯中也只有不多的几次。可惜我不能全部读懂他的字迹。阿加西是典型的瑞士人，通晓多国语言，他在书上标注时混合使用了各种语言。而且，当他阅读以罗马字体印刷的德语著作时，他使用罗马字母书写旁注（这些我可以阅读并翻译）。但是当他阅读用易读的老式哥特字体印刷的德语著作（1868 年版的海克尔著作就是这种字体）时，他又使用相应的（现在已经废弃的）苏特林字体书写（这些我完全看不懂）。然而，命运女神福耳图那向我投来一笑。我的秘书阿格尼丝·皮洛特刚好在第二次世界大战前接受了德国的教育——感谢上帝，她能够读懂这些古老的字体。于是，她将阿加西的花体拼写成可读的罗马体德语，我终于得以窥见阿加西深藏的愤怒和悲伤。

1868 年，阿加西 61 岁，他在完成了一次远征巴西的艰苦旅行之后身心俱疲，感到自己衰老、虚弱又无用，特别是在坚持反对进化论这件事上。（他自己培养的研究生都"反叛"地接受了新的达尔文模型。）他特别不喜欢海克尔粗糙的唯物主义观念、在攻击宗教时没有科学性、对早期著作狂妄地否定（这个人常常无耻地"引用"内容却不说明出处）。当我阅读阿加西留下的大量旁注时，我意识到，他的反对意见有可取之处，尽管后来的科学发展证明，阿加西的理论并不正确。

的确，阿加西挖苦了海克尔的过分之处，从阿加西在海克尔著作华丽结尾处写下的最后一条旁注就可以看出来——作者无缘无故把传统宗教说成"教士们阴暗的信念和秘密"。在此，阿加西嘲讽道："这是新世界秩序的第一年。恩斯特·海克尔。"虽然留下了不少挑衅性言辞，但阿加西主要通过引入他所熟知的专业知识（地质学、古生物学和动物学）来反驳海克尔书中遍处可见的夸张和修辞矛盾。阿加西也许早已饱受挫折而疲惫不堪，但他依然能够奋力抗争，哪怕只在私底下。[详情可参见我 1979 年发表的文章《晚年阿加西对演化的看法：他在海克尔 1868 年版〈自然创造史〉上所做的旁注》，载塞西尔·施内尔编《地质学史》（新罕布什尔大学：新英格兰大学出版社，277-82 页）。]

起初，阿加西书写的语气还算平静，直到第 240 页，他发现海克尔的脊椎动物胚胎图是假的，胚胎学是阿加西深入研究和著述颇丰的领域。阿加西立刻

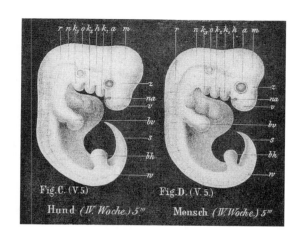

狗（左）和人（右）的早期胚胎，由海克尔绘制。在这张图中，
恩斯特·海克尔为了给重演论提供证据，有意夸大了胚胎
之间的相似性

意识到海克尔做了什么，于是理所当然地发起火来。在几乎一模一样的狗和人胚胎图上方，阿加西写道："这些是从哪儿抄来的？［它们的］相似性经过了艺术加工，是不准确的，例如眯缝眼、脐等等部位。"

　　这两张绘图至少还有少许不同。当阿加西翻到第 248 页时，他发现海克尔居然将同一份图片复制了三遍，分别代表狗（左侧）、鸡（中间）和龟（右侧）更早期的胚胎阶段。于是，在这幅图上方，阿加西写道："这些图是从哪儿来的？文献中根本没有这样的东西，这样的一致性是假的。"

　　翻到下一页，他在海克尔证实这三类动物一致性的文本旁边写下了一条评语。海克尔宣称："观察狗、鸡和龟的幼年胚胎，你发现它们一模一样。"在此，阿加西嘲讽地写道："那当然，因为这些绘图根本不是自然的写照，而是从同一幅图画拷贝得来的！太过分了！"

2. 海克尔的伪造与进化论或者达尔文理论的有效性无关。早在两年前人们刚开始疯狂论辩时，我就非常疑惑，除了愚昧无知或者自私的意图，到底是什么使那些写出耸人听闻文字的作者认为，曝光海克尔能够挑战达尔文理论，甚至挑战进化论。毕竟，海克尔绘制这些图画是为了支持他的重演论——胚胎将依次重复祖先所经历的成体阶段。1910 年前后，达尔文科学就已经彻底扬弃了重演论，我在《个体发育和系统发生》一书中用大量笔墨详细阐述了个中原因，但重演论在大众文化中依然存在。显然，不论是进化论还是达尔文理论，都不需要这一理论的支持。

当然，我不否认，相关物种在胚胎阶段具备较高的相似性，之后随着个体成长，差异会越来越大，这一点至今仍在生物学理论中扮演着重要但非决定性的作用。不过，后来我们采纳的是演化论版的另一种解释，是冯·贝尔在 1828 年发表的专著中首次提出的，那部专著堪称科学史上最伟大的著作之一。当时进化论还没有出现，冯·贝尔指出，发育具有普遍的模式，必须经历从一般到特殊的分化过程。因此，所有脊椎动物最普遍的特征会在胚胎阶段首先出现，之后陆续出现特殊物种所具备的特异性特征。

换言之，观察胚胎，你首先能够辨识出它是一种脊椎动物而不是节肢动物，接着能够看出这是一种哺乳动物而不是鱼类，再接着看出是一种食肉动物而非啮齿动物，最后才知道这是好脾气的狗而不是猫女士。按照冯·贝尔的理解，人类胚胎长出鳃裂不是因为我们演化自一条成体的鱼（这是海克尔重演论的解释），而是因为所有脊椎动物在胚胎阶段都会长出鳃裂。鱼是一种比较"原始"的脊椎动物，在后续的发育中没有偏离太多；作为最"高级"的脊椎动物，哺乳动物会失去鳃、长出肺，最大程度地偏离胚胎阶段所具有的最原始、最普遍的脊椎动物形态。

生物学家们很快将这种分化原则命名为冯·贝尔法则，达尔文理论的建立使这一法则可以很轻松地用进化论进行阐释。早期发育错综复杂，许多复杂的器官要在很短的时间内分化、建立连接，很少有余地发生显著的变化；而较晚阶段的发育和生命核心功能的关联要少一些，允许有更大的余地发生演化上的变化。（打一个粗略的比方，你可以经常把自己的车漆成不同的颜色，但最好不要在装配流水线的早期阶段弄糟车内部基本的内燃机系统。）

冯·贝尔法则的进化论版认为：相比成体，胚胎能提供更多关于祖先的信息。但是，与海克尔及重演论者所想的不同，这并非因为胚胎是祖先成体的微缩版。相反，胚胎能够提供祖先信息是因为，一大类生物的普遍特征比特化程度更高的谱系特征提供的信息更多。举一个经典例子，有些寄生虫的成体结构高度退化，难以辨识出它们所属大类的决定性特征。比如，寄生性藤壶蟹奴（Sacculina）的成体几乎只剩下一个没有固定形状的囊，能够进食和繁殖，生活在宿主蟹体内。但是，在幼虫阶段，蟹奴必须寻找并穿入一只蟹，那时很难把它和早期阶段的普通藤壶区分开来。达尔文在《物种起源》中简洁地指出了要点所在："胚胎结构的共性展现了系谱的共性。"

冯·贝尔法则很有意义。但是，达尔文理论的成立既不能暗示冯·贝尔法则，也不需要冯·贝尔法则的支持。显然，演化本身就允许胚胎朝两个方向发展（或者说根本不是线性的）：要么从相似的胚胎阶段走向不一致的成体（比如符合冯·贝尔法则的物种），要么从不一致的幼体走向大体相似的成体（比如几种无脊椎动物，特别是某些近缘的海胆——充满卵黄的卵附着在海底，幼体从这样的卵中孵化出来，需要适应差异巨大的浮游生活，而它们的成体非常相似，生活方式和功能都和一般的海胆没什么差异）。

现在可以简单借用另一个领域的流行语"底线"来说明：冯·贝尔法则的有效性和相对出现频率是一个开放的、经验主义的问题，能够容纳在进化论的框架之内；这个问题只能通过观察大量生物得到的证据来解决。进一步地，遗传学的最新进展使这个问题变得非常重要——现在，人类已经可以鉴定和跟踪调控早期发育的基因了。里卡德松明智地选择在这个恰到好处的时刻重新评估人们对冯·贝尔法则有效性的信赖。

里卡德松意识到，反复出版海克尔的欺世绘图可能会使因循传统的人不假思索地倾向于冯·贝尔的观点（加之可以基于这些经过篡改的绘图），而不去进行仔细的观察。于是，里卡德松带着几名同事进行解决开放性问题所需的基础观察，同时吁请大家注意这一有可能在不知不觉中造成偏见的源头。很多同事错误地认为这一问题早已有了定论，部分原因就在于海克尔捏造了证据。

这个重要的博物学问题长期被忽略，需要等待学者们争论、研究一番，才可以做出评判。近缘物种的早期胚胎彼此相似，之后随着发育形成成体，差异渐渐增加。这是一条（我们现在才发现）缺乏论证的古老理论，里卡德松及六名同事 1997 年发表的论文揭露了若干重要问题。脊椎动物的早期胚胎阶段绝不像海克尔伪造的画作那样相似。例如，就海克尔所选的相似度最高的发育阶段来说，脊椎动物胚胎的实际体节数少至波多黎各树蛙的 11 个体节，多至慢缺肢蜥（一种不太常见的无肢两栖动物的俗称，成体大致的样子像蛇）的 60 个体节。而且，海克尔所画的胚胎大小、形态都一致，实际上，就算是在解剖结构最相似的阶段，脊椎动物的胚胎也会在尺寸上相差 10 倍。

简言之，就我这一行来看，里卡德松及其同事的工作当得起"好科学"这一简单却价值千金的评价。海克尔篡改的画作是造成普遍误解的基础之一，重提这件事令我们感到羞愧，现在这个公认的错误已经被发现，已经引发了新的研究。然而，海克尔的这一维多利亚式（或者可以说俾斯麦[6]式）的造假不会给达尔文的敌人提供帮助，也不会动摇进化论。我们理应为没能早早遵循这句著名的古训而羞愧（也得到了教训）："医生，你医治自己吧。"

换一种说法，最后就冯·贝尔和阿加西再说几句。我们无需担心科学变革的前两个阶段，因为只要新想法听起来荒诞不经或者不符合"教义"（即传统观念），我们就会经历炼狱般的斗争（也许想得不明智，或者太过完美，但至少我们有满腔热情）。不过，我们要明白第三阶段的可怕之处。一旦我们停止斗争，沾沾自喜地宣称我们已经知道了这一切，就很容易陷入最危险的骄傲自大之中。我们不会再致力于提问和观察，科学中再没有什么比这更过分的状态了！

23

尾羽龙的传说

　　演化作为生物学的核心概念，挑战着我们对人类起源和历史的认知，它或许比所有其他根据更注重阐释复杂、模糊含义掩盖下的真相，这是一个很容易想见的、不幸的结果。

　　流行的演化论理解至少包括两种错误的假设，它们在常规解读中广泛出现、根深蒂固（也许不是有意的）。很多清晰的事实看起来很好理解，于是，它们常常会以十分混乱的形式进入报纸、电影和杂志，成为公众的谈资。有时候是"科学作家"弄错了科学家真正的意见；另一些时候则更为可悲，"科学作家"采用了类似文学的表达方式，供上下班堵在路上的众人"轻松一听"。

　　在这两种彼此关联的谬传之下，演化变成了如下的样子。首先，一种存在可以转变为另一种存在，包括肉体和灵魂。所以，鱼类在"征服"陆地的过程中演化形成了两栖类；猿猴脱离安全的树栖生活，下到地面后要面对许多危险，它们要用解放的双手拿起武器，用眼睛后面逐步扩大的器官想出新鲜的念头，于是最终演变成了人类。转变观念的第二个层面则认为，后代的胜利是因为能够勇敢地面对自然选择，所以"后起者"等于"优胜者"，大地会屈从于象征探索精神的征服者或者殖民者，非洲稀树草原在行星发展史上第一次响起了真正的语言，这是进步的声音。

但是，演化是不断分权的过程，不是旧事物消失、新事物胜利的形态转变过程。新事物就像老树上萌发的小枝，而不是迈克尔·乔丹牌球鞋取代乔空球牌球鞋那样宛如蝴蝶取代毛毛虫的过程。进一步地，大部分新生事物，至少在起始阶段，就好像长青树丛中长出的小小枝权，不是前辈的更高形态简单地超越可鄙的旧形态。

在陆地上，两栖动物和它们的后代确实生活得不错。但就脊椎动物这一类别来讲，鳍要比足好得多，脊椎动物的大多数枝权（物种）是由鱼类演化而来的。固然，人类作为新奇事物，获得了暂时的胜利。但在大约 200 种动物构成的灵长类中，智人只是其中的一支，就算是智人中关系最远的两支（比如，非洲南部的桑人和芬兰北部的萨米人），相互之间的遗传差异也十分微小；而非洲同种黑猩猩的两个群体就算相隔仅数百英里，也能演化出多得多的遗传差异。（这个事实乍一看令人吃惊，不过如果我们用正确的系谱关系重塑自己的观念，事情就很好理解了。现生的所有人类都来自不到 20 万年前生活在非洲的共同祖先，之后分散到世界各地。这两个黑猩猩种群虽然地理位置接近，但在很久以前就从共同的祖先分离开来，因而有大量的时间形成遗传差异。）

最后，从最宽泛的角度来看，只有当我们认识到细菌仍然霸占着生命树的大半部分（构成生命树的整个基干，是生命的细胞学起源），所有多细胞生物不过是一根大树枝末端分出来的若干还算健壮的小枝权时，才会理解这样的原理：新事物是不断分权产生的，并非所有祖先发生大规模转变，形成更优良的后代。

我在很多文章中强调，演化似无拘无束的灌木丛，而非刻板的阶梯，因为我知道公众对演化的误解主要在此。我讨论过各种各样和这个主题有关的话题，为什么鱼类的鳔演化自肺？几乎所有人都认为肺演化自鳔（包括达尔文本人）；为什么在纽约的自然博物馆中，化石哺乳动物横穿大厅顺序排成一列，灵长类位于中途的一个角落，而不是在象征着胜利的终点？常规演化论思想基于不断分权的起源理论，为什么符合常规演化论思想的是"走出非洲"说（所有现代人类都起源于一个较近的非洲祖先）而不是多地起源说（欧洲、非洲和亚洲的直立人是现代人的三个并列的祖先）？按照大多数媒体的报道，前者简直是偶像崇拜，而令人非常奇怪且理论上很难成立的多地起源说也被媒体误解成正统的转变观念。

不过，在此之前，我已经不愿意再提公众对鸟类是恐龙后裔这一显然正确的结论的误解了。也许因为我不喜欢正面攻击普遍性结论，更喜欢通过细小却富于深意的趣闻含蓄地批评；还因为恐龙确实有点儿曝光过度了，几乎不需要一位研究蜗牛的学者做更多的宣传。不过，我要说的趣闻刚好来自一份专业文献，于是，我可以讲讲鸟类起源在两个层面上的变化：首先是令人惊悚的普遍性结论，其次是一段趣闻。

1. **鸟类和恐龙的基本关系**。我不打算挑战二十世纪后期古生物学最有意思的结论之一，这一结论几乎可以确定是正确的：鸟类源自一种小型的两足恐龙。但是，只有当大家对演化论的理解充分提升，不需要为噱头曲解事实时，常规解读从这一准确描述的事实中所"提取"的内容才会真实可靠。

首先需要说明的是，基本事实不像大多数流行解释那样耸人听闻或者光怪陆离。鸟类并非演化自巨大的蜥脚类动物或者远古时期如坦克一般的甲龙，也不是巨型霸王龙的后裔（在恐龙家族中，霸王龙和鸟类的关系算是比较近的）。实际上，按照合理的定义，全部鸟类都来自一种两条腿、食肉、善奔跑的小型恐龙（因此完全可以打趣地说"鸟类是恐龙后裔"），而不是人们通常印象中的那些令人心生恐惧、拥有可怕力量的巨型恐龙。

此外，过去 20 年确定的这一演化关系不是什么令人惊诧的新发现，只是重申了一个古老的观念，对于很多生活在达尔文时代的古生物学家来说，这个结论似乎是显而易见的（特别是托马斯·亨利·赫胥黎，他在若干著作中都强调了这一观点），但因为一个诚实的错误而未能进入公众视野。

最早的有齿鸟类——晚侏罗纪时期的始祖鸟和善于奔跑的小型恐龙手盗龙（包括一些广为人知的恐龙，比如伤齿龙和恐爪龙）存在相当多的解剖学一致性，这几乎可以说明两者具有较近的亲缘关系。然而，在赫胥黎断言两者存在演化关联之后，古生物学家们却得出了错误的结论，他们认为所有恐龙都丢失了锁骨。锁骨膨大、融合成叉骨，或称如愿骨[1]，是鸟骨中的一个非常突出的结构。复杂的解剖结构由多种基因编码，通过精细的发育形成，在完全丧失之后很难重新演化形成，恐龙缺失锁骨似乎意味着它们不可能是鸟类的直接祖先。即便如此，大多数古生物学家仍然确信两者存在较近的亲缘关系。

最近，人们在若干种恐龙中发现了锁骨，其中包括几种与鸟类关系很近的恐龙，这重新证实了赫胥黎的猜想：恐龙与鸟类存在直接的亲缘关系。我不是贬低确立鸟类和恐龙之间存在演化关系这件事的重要性，只是就心理层面来讲，重新验证一个显然合理的古老假说所带来的冲击不可能超过一个完全出人意料的原创性发现。

现在，我要用一罐最冰冷的水泼一泼通俗文章（不是为了惩罚对方，不过会叫他们睁不开眼）。所有提及鸟类起源的通俗文章几乎毫无例外采用了一种愚蠢的说法，通常还是大标题："恐龙根本没有灭绝，它们仍然生活在我们身边，甚至数量更加庞大，只不过现在它们在树林里叽叽喳喳，不再能吃掉马桶上的律师[2]。"

这种模式化的想象听起来似乎是对的，但在科学意义上漏洞百出，我们所犯的大多数错误源于墨守成规（概念的固化），而不是未能通过观察发现能够解决问题的信息（事实的缺失）。毕竟，如果鸟类是从恐龙演化而来的（事实正是如此），又如果所有幸存的恐龙都因为 6,500 万年前小行星或者彗星撞击地球而灭绝，那么，我们对于恐龙灭绝、恐龙无法存活的想法肯定是错误的，正如《侏罗纪公园》中的一幕，末日的霸王龙在树林里不停地啼叫，传播着新纪元的消息——生命总能找到出路。（我写到这里的时候，一只鸽子正在低声哀鸣，仿佛在嘲笑我们哺乳动物的自大，它的巢就在我家空调下面。世间繁华，转瞬即逝！）

正因为我们常常下意识地将演化视作一种存在完全转变成崭新的、更好的存在，才导致人们普遍相信典型的恐龙（都是真正的大家伙，曾经的雷龙是那么庞大，曾经的霸王龙是那么令人恐惧）变成了老鹰和蜂鸟。其实，我们都知道，大部分恐龙死掉了，没有留下任何直系后裔。然而，按照转变模型，每一只原始的鸟都继承了所有恐龙的勇敢和顽强，就好像接力赛，先驱们的所有努力都会随着接力棒传递下去。

但是，按照修正后的演化分权模型，鸟类并非源自一个神秘的整体，而是来自一个特定的小分枝，这个小分枝最终形成了真正的鸟。鸟类的恐龙祖先属于最不起眼的两足食肉类（想想体型小巧的美颌龙，在《侏罗纪公园》的结尾被悲剧性地当作一种可爱的宠物）——按照系谱，它们或许可以算作"百分百的恐龙"，但似乎在功能上与原始的鸟类没有什么不同。鸭子是梁龙（体长最大的蜥脚类恐龙）的直系后裔让我难以相信，而稍晚出现的鸵鸟源自娇小的窃蛋龙（一种小巧的食肉动物，身高比人类矮，更比不上鸵鸟）简直超出了我有限的想象力。

由演化的分权模型得到的第二条启示是，我们必须区分形态的相似性和谱系的连续性。这是两个内涵完全不同的重要概念，却常常被混为一谈。鸟类来自恐龙（连续性）并不意味着它会继承我们文化中典型恐龙的生活方式，不论是解剖学层面的还是功能层面的。演化的确意味着改变，而我们的语言习惯是，用新的名字赞美深刻变化的结果。我不会称呼可爱的卷毛狗为"狼"，也不会把小汽车说成"马车"，虽然从谱系的连续性上讲它们密不可分。

用演化术语所做的精确类推更加复杂：哺乳动物演化自盘龙，一种"很受欢迎"的长着背帆的爬行类，在以前的邮票和塑料怪兽中常被误认为是恐龙。但是，我绝不会错误地宣称异齿龙（盘龙中最为人熟悉的食肉龙）仍然存在，因为我现在只能打出它的名字，而鲸还在海洋中游泳，老鼠还在我家厨房咀嚼食物。随着一代代的变化，哺乳动物已经演化成非常不一样的动物，祖先的名字是为特定的解剖结构和功能设定的，不再能够描述改变了的后代。进一步地，也是再次强调分权模式，盘龙包括三种主要的亚类，只有两种长有背帆。哺乳动物可能是第三种没有背帆的盘龙演化形成的。就算我们错误地宣称，因为哺乳类存在，所以盘龙仍然存在，也无法确保它们就是典型的、长有背帆的盘龙；就如同我们无法提出证据证明雷龙依然存在，毕竟鸟类源自一类非常不同的恐龙。

2. 羽毛的趣闻。如果鸟类是从善于奔跑的小型恐龙演化而来的，又如果初始状态的羽毛尺寸和分布范围有限，无法提供升力，那么羽毛（根据长久以来学界的共识和清晰的证据，羽毛演化自爬行动物的鳞片）最开始出现时一定具备其他功能。人们一直倾向于认为，对体型瘦小、擅长运动的早期鸟类来说，原始羽毛的主要功能是热力学的。所以，虽然流行电影和小说助推的一些古怪设想支持最初的猜测，但长有羽毛的恐龙是鸟类祖先这一假说始终占据主流。之后，在1998年6月，季强及其北美和中国的三位同事报道，在中国晚侏罗纪至早白垩纪的岩层中发现了两种长有羽毛的恐龙（《中国东北地区两类长羽毛的恐龙》，《自然》第393卷，1998年6月25日）。

这一发现立刻引发了大规模的搜索和争论。随着当地贫穷的农民意识到可以获得一些收入，这件事情变得复杂起来——狡猾的伪造者与热心却缺乏科学知识的采集者共同造成了混乱的局面。至少一件赝品（所谓的辽宁古盗鸟）在没有经过仔细查证的情况下遭到曝光，令《国家地理》杂志尴尬不已，而很多完美的、真正的样本却被埋没在投机者的地窖中。

随着标准逐渐确定，至少有一个属尾羽龙属（*Caudipteryx*，"尾羽的"，兼备词源学和准确性）被确认是长有羽毛但不会飞翔的奔跑者。所以，至少要等到这篇论文 2000 年 8 月 17 日在《自然》杂志上发表，一种尾部和前肢下部覆盖有清晰羽毛的善于奔跑的恐龙才算宣告了赫胥黎猜想的胜利，鸟类演化自一种生活在地表的恐龙。但是，新的文章提出了一种可能性很大的猜想，演化顺序恰好相反——尾羽龙被解释为飞禽的后裔，后来重新适应了在陆地上奔跑的生活方式，不是一种完完全全生活在地表的恐龙［T. D. 琼斯，J. O. 法洛，J. A. 鲁宾，D. M. 亨德森和 W. J. 希勒纽斯，《善于奔跑的二足祖龙》，《自然》第 406 卷（2000 年 8 月 17 日）］。

尾羽龙后来失去飞行能力的证据在于，它的一些解剖学特征与现代走禽相似，而后者正是从飞禽演化而来的。有几个谱系的鸟，包括鸵鸟、美洲鸵、鹤鸵、几维、恐鸟等，都有这样的趋势。相反，完全不会飞的恐龙，包括所有被认为可能是鸟类祖先的恐龙，它们的相应结构都演化成了不同的形状和比例。特别地，从下页图中可以看到，和从来没有飞行过的小型恐龙相比，不会飞行的鸟类和后来失去飞行能力的鸟类都倾向于尾短、腿长、重心靠前（接近头部）。按照这三个标准，尾羽龙的骨骼归属走禽，而不是善于奔跑的恐龙。

琼斯及其同事提出的这个有趣的猜想尚需进一步检验和考量，但寻找确切的证据很难（他们自己也这么认为），甚至完全不可能。古生物学家只发掘出了少量的尾羽龙标本，没有一件是完整的。而且，我们也不了解这两种相关的生活方式能够产生的全部解剖结构差异。也许尾羽龙来自一种完全陆生的恐龙，因为若干与飞行无关的原因或者现实，发育形成了类似鸟的结构。

尾羽龙（下）是不会飞的白垩纪鸟类，其身体结构与现代鸸鹋或鸵鸟的类似程度甚于二足恐龙（上）

　　我在这儿提出这个问题不是为了表达什么倾向（对于不属于自己专业领域的讨论，我一直保持中立态度，而且的确认为很可能存在其他真正长有羽毛的恐龙，只是还没有确凿的证据）。* 对于恐龙是鸟类祖先这一得到广泛认可的想法，尾羽龙的情况也不会是决定性的一环。如果尾羽龙属于完全不会飞的恐龙，那么它的羽毛将和其他证据一起，完美证明鸟类的这一决定性特征来自一只善于奔跑的祖先，不过演化的原因与飞行无关。即便尾羽龙是丧失了飞行能力的鸟，

---

* 　这篇文章刊出不久，季强和几位同事就发表了一篇论文（《自然》，2001 年 4 月 26 日），精确地证明了长有羽毛的恐龙不可能利用这些结构进行飞行。

恐龙祖先假说也不会遭到动摇，但尾羽龙将失去作为鸟类祖先的资格（成为人们所知的第一种放弃飞行的鸟，这也很有意思）。

相反，在本文结尾重提这一小插曲是因为，大量继琼斯等人假说而来的新闻评论再次向我表明（只不过这次是微观的尾羽龙问题而不是宏观的鸟类起源问题）：转变观念造成的偏见是多么巨大，因为无法抓住演化是分权进行的客观现实，所以曲解了原本很简单的事实。简而言之，我惊讶地发现，几乎所有新闻评论都宣称尾羽龙丧失飞行能力是矛盾的、出人意料的（哪怕他们准确地知道事实论据支持这个结论）。

另一方面，尾羽龙丧失飞行能力的假说令我感到兴味盎然，非常值得进一步讨论，但又似乎完全说得通。毕竟，现代鸟类有不少种类放弃飞行，演化出了卓越的能力，能够在陆地上持久快速地奔跑。既然那么多现代鸟类独立演化成了走禽，为何由鸟类起源迅速引发的类似事件会令我们大惊小怪呢？（我甚至怀疑，白垩纪鸟类比现代鸟类更容易在演化过程中失去飞行能力，因为尾羽龙时代的鸟刚刚从奔跑的祖先那里演化出适于飞行的形态。也许这些早期鸟类仍然保留了足够多陆生祖先的特征，在相称的生态环境下很容易再次适应地面上的生活。）而且，我们都承认零散的化石记录不能覆盖全部时间段，始祖鸟（已知最早出现的鸟）生活在晚侏罗纪，尾羽龙很可能出现于紧随其后的白垩纪早期——飞行动物中的某个种有足够的时间重新演化成在地面上生活的分枝。

经过相当一段时间的疑惑，我想我终于弄明白了为什么大部分新闻报道将一件在我看来稀松平常的事情说得无比吊诡。我认为（这也是学术界的共识），演化的新生事物是通过不断分权出现的，一起常见的、反复出现的事件（即鸟类失去飞行能力，重新适应在地面上奔跑）被发现有较早的"第一次"，固然是颇有趣味的结论，但在理论层面上，它不会太令人意外。

相反，公众常常错误地认为演化是大规模转变的过程——原有的事物变得更好，于是从"进程"中早早"落伍"就变得不合常情。毕竟鸟类飞上天空（至多）比尾羽龙出现早几千万年。为什么会有一种鸟那么早退出这一进程？一旦进程全部结束，抵达胜利的终点，演化就可以允许有那么一两只鸵鸟脱离干线，在曾经古老而今奇异的大陆上自由发挥一番。但是，在充满活力的演化初期，它们刚刚获得飞行的能力，得以摆脱陆地上恐龙的大颚，凭什么会发生这样的事件？

也许在前面段落中我对这一常见误解的挖苦有点儿过分了。可是，正是这一误解，使人们普遍惊诧于尾羽龙是一种不会飞的鸟这一可能性很高的假说。误解来源于流行的偏见，这些偏见导致演化的魅力难以被数以百万计真正感兴趣的学生和科学爱好者所接受。

生命在险象环生的世界上顽强生存，持续地创造着越来越丰富的多样性，推动这一切的是生命之树的不断分杈，而不是神话般地一步步走向进步的勇气。如果我们接受不了只有分杈的基本特征才能保证生命度过漫长的地质时期，就永远无法理解演化的实质。丁尼生[3]抓住了生命所面临的挑战的本质，他用灭绝者留下的化石记录拟人化地表现了自然的冷酷无情：

从劈削的峭壁到石坑里的石头
她喊叫道："一千种生命已消失，
万物皆将亡，于我何关。"

是的，一切都将死去，但有一些会分化，令生命得以继续。然而，生命作为一个整体，却在伪装、躲避、分杈中持续着自己的魅力。《诗篇》1从另一个角度描绘了生命的图景："他要像一棵树栽在溪水旁……叶子也不枯干。凡他所作的尽都顺利。"在《物种起源》饱受瞩目的第4章（标题是《自然选择》）

的结尾，达尔文使用了相同的意象，既是隐喻，也是对理论结构的真实反映，这个段落文采斐然地描绘了演化之树如何通过灭亡和分权不断生长，生命又是如何美丽：

嫩芽长出新芽，强壮的新芽会开枝散叶，遮盖周围的许多弱枝。我相信，伟大的生命之树也是这样传代的，它用脱落的枯枝填充地壳，用不断分权的美丽枝条覆盖大地。

VII

自然的价值

24

演化视角下的"本土植物"概念

在演化生物学中，谨慎、清晰地区分生物特征的历史起源与当前功用非常重要，但往往为人们所忽视。例如，羽毛不是为了飞行才演化形成的，因为在介于小型恐龙和鸟类之间的过渡形态中，有 5% 的翅膀不具备空气动力学功能（当然，演化自爬行动物鳞片的翅膀具备重要的热力学功能）。之后，羽毛才被用来协助鸟类以典型的方式在空中飞行（关于这一主题的详细讨论，请参见第 23 篇）。类似地，大容量的人脑也不是为了便于后代阅读和书写而演化形成的，不过这些很晚才出现的功能现在已经成为现代人智识的重要方面。

类似地，一个论点的新用途所处的语境常常与发起人的意图不相关，甚至完全相反，不应当把它同最初设想的效用和目的相混淆。例如，不论是道德层面还是科学层面，达尔文的自然选择学说都非常重要，然而后世的种族主义者和战争贩子却将"生存斗争"概念曲解为灭绝种族的理由。不论如何，我们必须承认，生物特征的起源与后期功用存在重要区别，观念的起源与后期使用也是如此。前者是对解剖结构的分析，并非有意而为，也不牵涉任何道德的评判。

但是，观念的提出是有明确目的的，对于这类行为的后果，我们理应负有伦理上的责任。在意图遭到完全颠覆的情况下（希特勒借用达尔文理论），发明者也许可以免责；但如果发明者的原始动机被不正当地以合乎逻辑的方式延伸，那么他确实应当对道德上的过失承担一定责任（十九世纪学术界的种族主义者并没有想到或者有意导向第二次世界大战期间纳粹对犹太人的大屠杀，但他们的一些理论的确促成了屠杀方案的形成）。

据此，我想讨论一下"本土植物"的概念，这个复杂的概念令人瞩目，是真正的生物学、不靠谱的观念、错误的延伸、伦理学的暗示等等的综合体，还包括了有意、无意的政治利用。纳粹理论家的利用显然是最恐怖的（例如，本文之后所附参考文献中 J. Wolschke-Bulmahn 和 G. Groening 的文章）。纳粹建筑师在建造德国国家高速公路时，鼓吹在道路两旁种植本土植物，很明显，这一举动与他们试图纯化雅利安血统相关。借此，赖因霍尔德·蒂克森希望能够"将不和谐的外来物从德国土地上驱逐出去"。与此类似，1942 年，一群德国植物学家呼吁要将小花凤仙花（*Impatiens parviflora*），一种假想的入侵物种，彻底清除："在与布尔什维克主义的斗争中，我们整个的西方文化危如累卵；与此类似，我们也要与这种来自蒙古的入侵植物斗争，守卫家乡的美丽森林，这也是我们文化的要素之一。"

另一个极端则是浪漫主义思想下的温和观点。这种观点认为，本土植物具有天生的"妥帖"，能够最大化地协调生物与环境，是古老的"本地精神"观念的现代翻版。例如，卡罗尔·斯迈泽等人 1982 年出版的著作《自然的设计：景观美化实用指南》中有这么一段陈述：

人类会犯错误，自然不会。生长在自然栖息地的植物因为适宜而显得美观。在任何一片未经开发的土地，你会发现各种植物奇迹般地相互

> 适应，共同构成了统一的自然景观。这种和谐受到本地生态条件的保护，
> 引入外来植物会打破和谐。

换言之，作者认为，人工园艺只会破坏演化形成的和谐。

也可以参考美国前总统克林顿于 1994 年 4 月 26 日写下的备忘录（虽然我不确定这些话是他本人写的）"致行政部门和机构领导"，内容是关于"环境与经济层面双赢的联邦园林设计"："使用本土植物不仅能够保护我们的自然遗产以及为野生动物提供栖息地，还可以减少肥料、杀虫剂和灌溉的需求量，进而削减相关的花销，因为本土植物适合本地的环境和气候。"

这一观点由来已久，延斯·延森[1]在《本土景观》一文（收录于他 1939 年的著名著作《筛余》）中这样写道：

> 人们常常认为"本土植物太粗糙了"。美国人如此评价植物真是令人惭愧，这可是大宗师亲自为他土地打造的装饰！对我来说，生长在自己故乡的植物是最雅致的。从外国引入的植物固然令人耳目一新，但不足以和本土植物相提并论。

戏剧性的是，1937 年，同一位延斯·延森在另一处的言论让人们觉察到，这一和善的观点已经开始滑向危险的极端民族主义。这一次，是发表在一本德文杂志上：

> 我亲自设计的花园……应当与园林环境和本地生物的物种特征相一致。它们将表达美国精神，尽可能剥离外来特性。我们的土地上出现了越来越多拉丁人和东方人的生物，它们从拉丁人聚居的南方或者其他生

活着大量移民的地方迁徙而来。在我们的城市和聚居地，德国特征已经泛滥……拉丁精神极大地破坏了这里的一切，且这种破坏每天都在持续。

"本地精神"（也包括与此呼应的所有其他精神）略加改造，便成了"我所在的地方是最好的，所有外来者都应当被根除，不管是作为一种威胁，还是作为无可救药的次品"。生物学论争如此轻而易举地转化为一场政治运动。

如果基于生物学的理论遭到了政治利用，不论这样的利用是否可疑或者是否失当，我们都有责任检视背景理论在科学上的有效性，唯有如此，我们才可能拿起武器反抗非道义的滥用。任何优选本土植物的观点都或多或少建立在演化论的基础上，这样的主张很难辨白（正如下文要讲到的那样），因为演化已经遭到了广泛的误解。如果人们能够正确地理解演化，它就很难成为本地优越性的理由。按照前达尔文时代创世论者的生物学，这一困难压根不会存在，因为"自然神学"的古老范式认为，仁慈的上帝全知全能，能够完美地设计各种生物形式，使当地的生态系统达到最大的和谐。因此，本土的一切都是正义的、最好的，是上帝令每一种生物生活在适合自己的土地上。

然而，演化论打碎了这一存在即最佳的平衡。按照演化的观点，所有结构和相互作用都是复杂历史的临时产物，不是什么最佳的创造物。用演化论为本土植物辩护立足于达尔文引入的两种截然不同的演化范式。下文将说明，这两种范式都无法为本土植物提供合理的依据，很多辩护者掺杂了下面要讲的两个论据，导致他们的论证逻辑混乱。

基于最佳适应的论据

在公众的印象中，达尔文的自然选择理论是最有效的推动力，和古老自然神学观中的上帝制造一样，能够令当地的事物最终达到完美状态。如果自然选择能够在任意地点创造当地可能达到的最佳状态和最平衡相互作用，那么土生的一定是最好的——随着物种的达尔文式竞争，土生生物已经被打磨成了最完美的那一个。（虽然园艺家对自然选择存在误解，但我对他们的批评不是针对某一类特别突出或特别幼稚的误解进行的。误解自然选择已经成为我们文化中普遍存在的问题，也是造成许多专业错误的主要原因。）

在《筛余》一书中，延斯·延森着重强调了这一普遍的观点：

有些树长在低地，另一些则适应高地生活。经过多年的筛选和淘汰，它们往往能够在自己挑选的条件下茁壮成长。它们告诉我们：它们喜欢这里，也只有在这里，它们才能够呈现出最好的状态……我常常惊叹于植物之间的亲密关系，经过数千年的挑选，它们能够和谐共存。

然而，自然选择不会偏向于产生刚好对人类有吸引力的植物，自然系统也不会总产生如此大量能够达到完美平衡的物种。我们认为是"野草"的植物将在很多环境下占据主导地位，即使只是暂时（就植物传代的自然时间尺度而言，所谓"暂时"可能意味着比一个人生存的时间还长）的。就局部地区的演化而言，我们不能认为，野草相对那些产地与地理条件更受限的植物来说不够"本土"。而且，野草常常能够形成单一的植被，抑制其他植物生长，以致难以形成人为干预可以维持的多样性。卡罗尔·斯迈泽在前文提及的 1982 年著作中记录了这

一现象，但似乎没有意识到将"自然的"等同于"正确的"或者"更可取的"是一种危险论调。斯迈泽写道：

> 你也许听说过有些房主会停止除草，令花园生长成"自然的"样子。实际上，这些所谓的不经雕琢的自然花园会在很长时间内被外来野草占领，这些植物大多有害，看上去非常丑陋。最终，经过50至100年，本土植物在这里苗壮生长，随之创造出引人入胜的景象。

但是，我们不可以认为所有"野草"都是从其他地方特意引入的"外来"物种。野草通常是本土的，只不过它们分布的区域较广，在自然中传播的手段也更为高效和成熟。

将本土的等同于适应最好的是对演化论的误读，这一点用自然选择的中心主题在于因果律就可以很清楚地解释。正如达尔文认识到和强调指出的，自然选择可以使生物适应变化的环境，除此以外别无其他。达尔文学说并不包含普遍意义上的进步或者整体改良的概念。"生存斗争"只会产生局部的适应。进一步地，就本土植物优越性的论题而言，更重要的一点在于，自然选择只是"较好"的理由，不是最佳方案。也就是说，自然选择只能提升当地的水准，不会带来普遍的"改善"，因为一旦一个物种已经在某个地方超越了其他物种，它就不再需要自然选择的压力促使它发生新的适应。（种内竞争将持续清除真正有缺陷的个体，或许通过筛选具有更有利特征的幸运个体可以实现精微的改善，但绝大部分成功物种会在很长的地质时间内保持形态和行为的高度稳定。）

因此，很多经过自然选择适应了当地环境的本土植物在面对从未经历过当地环境的外来物种时，表现十分糟糕。如果自然选择能够令物种达到最佳状态，那么这一非常常见的情况根本不会出现，因为本土物种在任何与外来物种的竞争中都占上风。然而，大部分澳大利亚有袋类敌不过来自其他大陆的哺乳动物——如果生物通过自然选择能够达到最优状态，那么几千万年漫长的与世隔绝为什么没有令澳大利亚的土生物种取得无可取代的地位？还有诞生于非洲的智人，似乎到哪里都能占优势，几乎遍布了世界的每一个角落！

因此，优选本土植物最主要的理由，也是人们经常提到的理由——当地演化的物种必定适应性最好——就不可能成立了。我强烈怀疑，绝大部分适应性良好的本土物种可以被从未经历过当地环境的外来物种所取代。按照达尔文的观点，这些外来物种要比本土物种具备更好的适应性。不过，人们很可能出于正当的审美理由，甚至道德层面的理由，更喜欢本土物种（自然的真相永远无法左右我们的道德判断）。

我想，就本土植物适应性而言，演化生物学中也就只有一个观点是合理的。至少，我们知道，发育良好的本土物种一定能够充分适应环境，我们可以观察到若干本土物种之间和谐的平衡。我们不清楚外来物种能够做什么——大家都能举出不少令人悲伤的传闻，一些因为不公开的原因或者好意引入的物种如同葛藤一般疯狂生长，令所有人心生厌恶。我们也明白，本土植物能够在它们的环境中茁壮成长，但不一定是最适合的。要不是人类对野生动植物栖息地大规模"重建"，外来物种也许无法适应新的环境，这种干预遭到了很多生态学者的强烈反对。亚利桑那荒漠中有一座大楼前铺着亮绿色的草坪，没有什么比这更令我感到不雅或者不当了。人工铺就的草坪会吸走珍贵的水资源，何况这里的水还是从别处引流而来的。偏好本土植物的确能够令人类戒骄戒躁、保持谦逊——只有这样的偏好能够阻止我们不顾后果地引入外来物种。然而，按照达尔文理论，标准论据（优选本土植物是因为适应能力最强）是完全错误的，我们必须坚定地把它驳回。

基于生活在最适宜地点的论据

第二条论据不太容易分析，和达尔文理论的关联也不甚清楚，在偏好本土植物的传统看法中，第二条论据（所犯的错误）似乎更为根深蒂固。按照这一论据，植物占据一片天然地域的原因是那里对它们最合适。想一想，植物为什么只生活在一片方圆 500 千米的区域内？一定因为这片区域是它"自然的"家园，最适合这片地方的只有此物种，别无其他。比如，斯迈泽就认为："不管在哪里，都经常会有不需要种植也不需要保护的植物。土生的植物包括一些能够适应特殊环境条件的特殊物种。"然而，按照演化生物学的深层原理（所有当前生物现象都不过是历史偶然的结果而非最佳状态），这样的想法荒谬绝伦。

生物未必生活在最适合它们分布的区域，普遍的情况甚至也不是如此。生物（和它们的栖息地）是历史的产物，这样的历史充满混乱、偶然和不可预测性，很难说当前的形式（虽然看起来切实可行）接近最佳状态，更不要说"当前地球上最好的可能"了——不过，按照前达尔文时代的自然神学观点，生命是直接创造出来的最优解决方案，没有（或者不曾有）可观察的发展史，土生生物应当就是最好的。因此，虽然土生植物能够适应本地环境，但演化论不能保证它们是可选范围内适应性最好的生物，更不要说是地球上所有物种中最好的那一个了。

演化生物学中有大量文献能够证明，一个物种如何通过偶然的机会扩散到起源地以外的区域，方式多种多样、令人称奇。达尔文本人对扩散机制很感兴趣。十九世纪五十年代，1859 年《物种起源》出版之前，达尔文写过几篇关于种子如何在盐水中存活的论文。（种子可以漂浮多长时间而不沉下？经过这么长时间浸泡它们还能萌发吗？）达尔文认为，很多种子存活的时间相当长，足以顺着海水漂到遥远的大陆生根发芽，所以植物移地发育模式反映的是历史上可能出现过的扩散路径，而不是最优环境。

除水流搬运外，达尔文还研究过大量"可能性不太高"的搬运方式——彼此缠结的原木形成的筏（常常能够漂到距离河口数百英里的海面上）、鸟儿脚上沾的泥土、鸟儿肠子里待排泄的粪便等。达尔文像往常一样全身心投入研究，勤勉地采集了很多信息，发现了足够多种偶然的转移方式。他写信给一名曾经搁浅在凯尔盖朗岛上的水手，询问他是否记得海岸的浮木上有种子或者植物生长。他向哈得孙湾的居民打听种子可不可以随浮冰漂移。他研究鸭子胃中的内容物。他非常开心地收到一对沾着泥土的鹬鸪的脚。他在鸟的粪便中仔细地翻找。他甚至采纳 8 岁儿子的建议，令一只营养良好的死鸟开始漂移。在一封信中，达尔文写道："一只鸽子在盐水中漂浮了 30 天，它嗉囊中的种子仍然能够显著地生长。"最终，达尔文发现，有很多方法能够令具备生命力的种子四处播散。

简言之，"本土物种"就是那些碰巧在这里落脚（或者就在原地演化形成）的物种，而不是可以生活在这里的最好的物种。正如我在前面讨论适应性时所提到的，当前的"本土"物种与外来物种竞争，不一定会占优势。全世界有数百种外来物种取代了本土物种，比如加利福尼亚的桉树、美国东南部的野葛、澳大利亚的兔子及其他胎盘哺乳动物，还有无处不在的人类。

"本土"物种不过是那些碰巧第一个出现并得以立足的物种。人们理应反对杰出人物统治论者和教派的主张，即美国东北部享有特权的中上层白人才是本土的美国人；与此仿佛，将"印第安人"（哥伦布错误的命名）称为"本土美国人"的流行观点在生物学层面也没有立足之地，虽然这"在政治层面上不正确"。大约两万年前（也许更早一些），"本土美国人"抵达了这里，很可能经由白令海峡意外形成的陆桥[2]而来，也可能坐着类似于"康提基号"[3]的原始木筏漂洋而来。从本质上说，第一批到达美洲的人不一定比新世界的其他居民更适应美洲，他们只是碰巧先到了这里。

既然如此，"土著"（在此可以理解为最先抵达的人群）具备伦理和实际层面优越性的唯一可靠理由便是，他们已经学会与周遭事物和谐共存，而晚到的人就成了掠夺者。这一观念在"新纪元运动"中十分流行，却不过是不可靠的浪漫想法。人就是人，不论他们的技术水平如何。有些人会为自身利益考虑学会和谐相处，另一些人不会，宁可损害自己的利益或者自取灭亡。要论贪婪程度，工业化前的人和现代社会把树砍得一干二净的工人不相上下（虽然因为缺乏工具的缘故，前者掠夺的速度不会那么快）。新西兰的毛利人在短短几百年时间里杀死了大约20种恐鸟（巨鸟）。复活节岛的"土著"波利尼西亚人把所有可吃的或可用的东西都扫荡干净（最后，连造船或者建造著名雕像的原木都没有了），最终走向灭亡。

总而言之，无论如何，我们都无法从演化论得到"本土"植物是最佳物种的结论。"本土植物"只是碰巧第一个来到这里又恰好能够生存的植物（基于地理和历史的演化论观点），茂盛生长的能力仅仅说明它们比其他物种"好一些"而非最优，或者说在世界范围内"最适"（基于适应和自然选择的演化论观点）。

从生物学的角度来讲，唯一一条我认为可以用来为本土植物辩护的理由是避免人类的狂妄自大。至少，我们知道，在环境不变时，生活了很长时间的本土物种达到了稳定的状态，适应了当地的环境。但是，我们不能确定外来植物会带来什么，一些我们有意栽培的外来物种"不自觉"地大量扩散，酿成本土物种灭绝的悲剧（野葛模型），这类事件的出现概率就和它们带来园艺、农业收益的概率一样高。

最后，从伦理学的角度讲（我是作为一个感兴趣的人提出这一点，不是作为科学家，因为我的专业领域与道德没有直接的关联），我的确理解人们的这种伦理上的诉求：我们理应不去干扰自然，尽可能保持生物原本的模样，人类出现在地球上只是近期的事情，而它们已经存在、发展很长时间了。和所有演化生物学家一样，我珍爱自然界丰富多样的物种（人类已经描述的甲虫种类可达 50 万，还有更多的种类等待我们去描述，每每想到这里，一种只能称之为虔敬的敬畏之情油然而生）。我也明白大多数这样的多样性有赖于地理条件的多样性（由于生物迁移的局限性和偶然性，地球上许多条件相似的栖息地演化形成了不同的物种）。从建筑风格到烹饪方法都均一化的麦当劳消灭了美国所有的地方餐馆，如果植物界发生类似的情形肯定会令我感到震惊。珍视本土植物能够使我们最大限度地保护和保存当地生物的多样性。

但是，我们也必须承认，严格的"本土主义"存在负面的伦理学影响，它隐含着这样的概念，"自然的"就是正确的和最好的。这种想法很容易滑入庸俗论，否定人类的智能与品味，进而形成愚蠢的浪漫主义想法，认为人类对自然的所有改造都是"不好的"（那么我们该如何评价奥姆斯特德[4]设计的中央公园）。甚至，在恶劣的歪曲之下会形成这样的观点，我的"本族人"是最好的，你的适应只能导致灭亡——我们时代里的纳粹分子就借用了这样的本土主义观念。

对于这些或温和或恶意的误用，最好的解决方法便是，重温自柏拉图以来的深刻的人文主义传统。人们常常在羞怯地道歉时提起它，而不是尊重和珍视这一传统："艺术"应该被定义为，人类为自身的崇高目的而对自然进行的改造，这样的改造必须小心谨慎、趣味高雅、富于洞察力。如果艺术创造是与自然的合作，而不是对自然的剥削（如果我们留出大片区域，只做最低程度的扰动，那么我们将永远不会忘记，也会一直享受，自然在人类出现以前的漫长历史中达到的成果），那么我们就有可能达到最佳的平衡状态。

就对待植物的最佳方式而言，善意的人表现出两种不同的"民主精神"：一个极端是最大限度地"尊重"自然，仅利用未经装饰的本土植物；另一个极端是最大限度地利用人类智识和审美感受，感性而"谦恭"地混合本土植物和外来植物，因为人类从外来的多样性中受益匪浅。延斯·延森赞颂了第一种观点：

如果我们希望每一株植物都有机会充分展现出它的美丽，就应当避免任何干预，让它为我们献出全部所有。只有这样，我们才可能享受人类创造的完美风景。这难道不是真正的民主精神吗？民主人士绝不会损坏、滥用植物来满足自己炫耀的心理。

但是，所有人工培养，比如树篱、树木造型，都是损坏和滥用吗？上文中延森有失偏颇的说法暴露了伦理学话语的圈套。作为结束语，不妨想一想民主的另一条相反的定义，这条定义当然肯定了自古以来人类对植物的利用是合理的。1992 年，J. 沃尔施克－布尔曼和 G. 格罗宁在一篇文章中引用了鲁道夫·博哈特的尖锐观点。鲁道夫是一位死于纳粹之手的犹太人，他激烈地批判了纳粹园艺家的本土主义论点：

如果花园应当是原始状态的，那么紫罗兰、迷迭香、桃树、香桃木、香水月季等都不可能跨过阿尔卑斯山。园林将不同的人群、不同的时间和不同的纬度联系在一起。如果原始的是最好的，那么驯化这一伟大的历史进程绝不会发生，直到今天我们的园艺将仍然依赖于橡树……人类的花园才是民主精神的体现。

从放任自流的浪漫主义到过分严格的管控，如此大相径庭的观点，我很难说出自己的倾向（但我相信这两个极端观点会遭到多数人的反对）。这类伦理的和审美的问题不可能存在绝对答案。但是，如果我们简单粗暴地将"土生"等同于道义上的最佳，我们就永远不会搞明白这个问题，也不会意识到相反观念的伦理学意义。后者支持我们对产地不同的各种植物进行精心的培育，从而增益它们的性质，为人类带来收益与快乐。那么，到底怎样才算更加"民主"？是尊重生命让它们安居于天然的栖息地（如果这样，非洲以外的人类如何才能尊重自己），还是坚持在同一片土地上进行和谐而彼此有益的尝试？正如先知以赛亚[5]所想象的狼与羊能够共同生活的奇妙所在，以及自然界中无法看到的狮子与小牛一起进食的景象——"在我圣山的遍处，这一切都不伤人，不害物。"

参考文献

Clinton, W. J. 1994. *Memorandum for the heads of executive departments and agencies.* Office of the Press Secretary, 26 April 1994.

Druse, K., and M. Roach. 1994. *The Natural Habitat Garden.* New York: Clarkson Potter.

Gould, S. J. 1991. Exaptation: A crucial tool for an evolutionary psychology. *Journal of Social Issues* 47(3): 43-65.

Gould, S. J., and R. C. Lewontin. 1979. The spandrels of San Marco and the Panglossian paradigm: A critique of the adaptationist programme. *Proceedings of the Royal Society of London B* 205: 581-98.

Groening, G., and J. Wolschke-Bulmahn. 1992. Some notes on the mania for native plants in Germany. *Landscape Journal* 11(2): 116-26.

Jensen, J. 1956. *Siftings,* the major portion of *The Clearing and collected writings.* Chicago: Ralph Fletcher Seymour.

Paley, W. 1802. *Natural Theology*. London: R. Faulder.

Smyser, C. A. 1982. *Nature's Design: A Practical Guide to Natural Landscaping*. Emmaus, Pa.: Rodale Press.

Wolschke-Bulmahn, J. 1995. Political landscapes and technology: Nazi Germany and the landscape design of the *Reichsautobahnen* (Reich Motor Highways). Selected CELA Annual Conference Papers, vol. 7. Nature and Technology. Iowa State University, 9-12 September 1995.

Wolschke-Bulmahn, J., and G. Groening. 1992. The ideology of the nature garden: Nationalistic trends in garden design in Germany during the early twentieth century. *Journal of Garden History* 12(1): 73-80.

25

关于思考能力与恶臭气味[1]的陈年谬论

每每想起人类的原罪，我们就会不寒而栗。哈姆雷特的叔叔在杀死自己哥哥之后，想起该隐也曾杀害亚伯，发出了这样的哀叹：

> 啊，我的罪孽臭不可闻，直到天堂，
> 原初的古老诅咒附在我的灵魂上面，
> 令我犯下杀兄之罪！

使用不好的气味作为隐喻特别容易产生共鸣，因为我们的嗅觉隐藏在演化结构的深处，直到现在仍（或许正是因为这个原因）被文化低估和遗忘。十七世纪后期的一位英国作家就发现了这一点，特别提醒读者谨慎使用嗅觉隐喻，因为常人会按照字面意思理解：

> 文字作品中的确经常使用隐喻，但这样的手法具有欺骗性……对感性的事物使用隐喻是一件危险的事情，人们会荒唐地按照字面意思去理解。

这段引文来自托马斯·布朗爵士 [2] 1646 年出版的《流行谬误：针对多种公认原则和普遍假定真相的反思》。布朗是一位医生，来自英国诺里奇。相较而言，他 1642 年出版的《一个医生的宗教信仰》更有名，直到现在都相当流行，这是一本部分自传、部分哲学思考、部分异想天开的著作。《流行谬误》一书开启了一类广受赞誉、传承不息的文体，这类文体专门拆穿普遍存在的谬误和无知，特别是那些极有可能造成社会危害的错误信仰。

　　我从某一章（总共 100 多章）中引用的布朗的话无疑令现代读者震惊——他驳斥了流行的"犹太人恶臭"论。按照十七世纪的标准，布朗已经算是最亲犹的了，即便如此，他也无法完全摆脱对犹太人的偏见。按引文的意思，他将犹太人恶臭的谣言归咎于人们照字面意思误解了隐喻，隐喻其实指的是（或者说他这么认为）那些致使耶稣受难的人的后代。布朗写道："基督徒厌恶犹太人大概是这样的言论产生和流传的原因，因为发生过罪恶行为，导致犹太人遭到所有人的唾弃。"

　　在拆穿各种流行谬误时，布朗准确地指出，错误信仰来自对自然的错误认知，这不仅仅是可笑的原始特征，更是人类知识的重大障碍："为了获得清晰、可靠的真相，我们必须和很多已有的认知划清界限。"进一步地，布朗指出，真相很难确定，无知比真相普遍得多。布朗在十七世纪中期的作品中使用"美洲"作为神秘领域的隐喻，他哀叹人们没能将理性作为探索未知领域的指南："没有已知的捷径……来对付迷宫；不过，我们常常很乐意在美洲、在人迹罕至的地方漫步。"

　　《流行谬误》就是布朗在人类未知领域的游历，整部著作分成 7 个分册、113 章，包括诸如矿物、植物、动物、人类、圣经故事、地理和历史神话等等流行话题。布朗拆穿了很多常见的观点，比如大象没有关节，獾的腿一侧短一侧长，还有鸵鸟可以消化铁块云云。

姑举一例说明布朗的写作风格，如第 3 分册的第 4 章："海狸在逃避猎人追杀时，会咬下自己的睾丸。"按照传说，这一令人惊悚的自残策略会使追猎者分心，或者吸引追猎者转而享用这块比整只海狸小一些的肉。布朗指出，"这一传说源远流长，所以更容易传播……埃及人也这么以为，埃及人的象形文字记录了他们通过模拟海狸咬下睾丸来处罚通奸行为，这是对放纵的惩罚。"

布朗以能够借助推理和观察拆穿谎言而自豪。首先，他试图确定谬误的来源。海狸的拉丁名（Castor）使人产生了错误的词源联想，这个词的词根可追溯至梵语的"麝香"，和传说中所认为的 castration（阉割）并不同源。人们将这个词误读成有意地、从固有的位置损毁海狸的睾丸，而且这样的损毁很难观察出来。接着，布朗摆出了雄性海狸的完整身体，并合理地推测：就算海狸想要咬下自己的睾丸，它也无法完成这个动作（这样，就很巧妙地将出错原因——从外部看不到睾丸——变成了谎言的证据）。

对睾丸的正确说法是，体积比较小，位于海狸体内。所以，试图自行咬下睾丸不仅仅是徒劳的，也是不可能完成的。甚至，如果有其他人想要代劳，将引来危险。

第 7 分册的第 2 章驳斥了"男人比女人少一根肋骨"的传言："这条流行谬误可追溯至《创世记》，因为它宣称夏娃是用亚当的肋骨创造出来的。"（很遗憾，这条传言直到现在仍然颇有市场。最近，我参加了一场全国性的电视直播，对象是高中生。直播节目中有一位年轻女士是创世论者，她援引这条"众所周知的事实"来证明圣经的不可动摇和演化论的错误。）布朗再一次给出了兼顾逻辑性和观察结果的反驳意见："不论是逻辑还是实证，这都无法成立。"只要简单数一数就可以确定两性肋骨的数量是相等的（布朗毕竟是一位"全职"

357

医生，他应该知道这一点）。此外，也没有理由可以说明，亚当缺少一根肋骨会遗传给所有的男性后代：

就算亚当真的少一根肋骨，我们也无法推出他的后代同样缺失肋骨，这不合逻辑，也不符合普遍的现象。可以看到，父亲的残疾不会遗传给儿子：盲人可以生出视力良好的后代，独眼的人也能够有两只眼的孩子，自己是跛子不代表后代也是跛子。

第4分册的第10章《犹太人有恶臭》是篇幅最长的章节之一，很明显对布朗来说具有特殊的重要性。他在这一章里论证得更加细致，但采用的方法和讨论那些无伤大雅的传说一样——列举足以反驳的事实，同时通过逻辑推理加以补足。

首先，布朗陈述了这一谬误："人们普遍认为，犹太人天生有恶臭，他们的种族、国家都散发着邪恶的气味。"接着，布朗提出，如果物种带有自己独特的气味，那么生物个体也会有："亚里士多德说，没有哪种动物闻起来和豹子一样甜。我们承认，除了整个物种存在自己的气味之外，动物个体有可能也有自己的气味，进而每个人都会有属于自己的独特气味。人类对于这种气味不太敏感——我们虽然有嗅觉但十分孱弱，狗就非常敏感，能从黑暗中识别出自己的主人。"

总之，不相关联的人群可能具备不同的气味，但不论是推理还是事实，都无法说明犹太人能够构成一个群体："就犹太人构成的种族或者国家具备令人不快的气味这一点，我们既无法信以为真，也无法经由理性或者感觉推出这个结论。"

在事实层面上，布朗断言，直接的经验无法证实这一有害的传言："就算是在犹太人聚集的会堂，也无法闻到令人不快的气味，按理说这么多人挤在一起，有什么气味都无法隐藏。同样，在他们家中与衣着整洁、得体的犹太人交谈，也闻不到任何不好的气味。"犹太教徒转变为基督教徒的"判例案件"可以作为证明——即便是最偏执的人也没有指责他们闻起来发臭："改变信仰的犹太人与其他犹太人同源，但没有人指责他们气味不好，就好像宗教信仰的改变会影响他们的气味，只要改变了信仰，不好的气味就没有了。"如果通过气味可以识别出是不是犹太裔，那宗教法庭就会从明确裁断虚伪的皈依者中大大获益："目前，西班牙有成千上万犹太人……有些甚至已经担任了神职。这一现象非常值得关注，假使通过气味就可以发现他们，那么基督教堂也好，国王的金库也好，都将受益匪浅。"

接着，布朗转向由推理得到的结论。饮食、卫生习惯不佳的人群会散发出难闻的气味，但是，犹太人的饮食节制而合理，饮酒的量也有限："他们极少酗酒，也不会食用过多的肉类。所以，他们不会消化不良，也不会因此导致体液腐败。"

既然犹太人的生活方式没有问题，那么犹太人种族的臭味只可能来自"基督施加的诅咒……是将救世主送上十字架的耻辱标记"。对此，布朗的反对更加坚定，他认为这是"没有任何根据的猜测，是回避争论的一个更简单的方法"。无法在自然界找到解释的神秘符咒不过是懦夫、懒人们逃避失败的借口。（布朗没有反驳真正的大事件中神的干预，比如诺亚时代的大洪水和红海的分离。但是，将小问题也推给神力，比如推定某类被不公正指责的人种身上有味，就是在玷污神的荣耀了。布朗也嘲讽了类似的传说，比如爱尔兰没有蛇是因为圣巴特里克[3]用手杖赶走了它们。将大量小问题归于神迹只会阻碍人们讨论自然现象，使我们无法认知真正的原因。）

但这还不够，布朗找到了更强有力的逻辑证据来反驳"犹太人有恶臭"说。他认为，整个话题毫无意义，因为犹太人无法构成以特殊气味为特征的统一体。

人类推理的主要谬误之一是"分类错误"，在识别群体、定义特征时尤为常见——对于我们分类学家，这个问题需要特别注意。布朗的文字大多古色古香，散发出独特的魅力，也是过去人类认知概念的记录。可是他反驳"犹太人有恶臭"说时，对分类错误的强调却展现出某种程度的现代性，这是现代人有兴趣讨论《流行谬误》一书的原因之一。

布朗首先指出，个体的特征不能自动延伸为群体共有的特征。的确，个体会有自己独特的气味，但是人群恐怕要涵盖个体差异的整个范围，无法归纳出一种特殊的气味。那么，什么样的人群适合被归于具有特殊气味的群体呢？

布朗认为，这样的人群需要有一个明确的定义，要么严格规定血统（其中的成员可能会因为共祖的遗传呈现出某种特征），要么共同具备有别于其他人的习惯和生活方式（但是布朗已经说过，犹太人有节制、讲卫生的生活方式决定了他们不会有什么不好闻的气味）。

接着，布朗论证道，犹太人无法构成一个严格的谱系。犹太人分散在世界各地，饱受歧视和排斥，很多亚群已经被同化，另一些因为反复的通婚遭到稀释。实际上，大多数民族混合程度很高，从谱系上无法被归为独立的群体，这一趋势在犹太人中尤为明显。他们不是遗传特征单一的人群，因此特殊气味不会成为民族性的特征：

> 很难相信一个民族存在一种身体上或者性情上的特征……对于犹太人来说更不可能。虽然人们认为犹太人是纯种的，但实际上他们已经和各个民族的人混在一起了……我们知道，有些［犹太人］已经消失，另一些很显然发生了混血，无法确定是否存在纯种的犹太人，所以，犹太人不太可能会有［民族性的气味］这种特征。

很多年来，我一直在思考有关生物决定论的问题，这种错误的理论生命力极强，近来又有死灰复燃的趋势。我惊奇地发现，其中存在一种被我称为"炮制"的现象。某些时候，人们会指责特定的人群存在固有的缺点，比如犹太人有恶臭、爱尔兰人酗酒、女性喜欢貂皮、非洲人不会思考等等，从任何一条观点都可以如法炮制出所有其他观点。惯用的手段长期不变，几个世纪以来同样的错误频频出现。比如，有说法称，女性因为生物学特征无法胜任国家领导人。另有人宣称，非洲裔美国人不可能在博士生群体中占到较高比例。两种错误推断的结构如出一辙。

因此，多年以前布朗反驳"犹太人有恶臭"的论述对于我们当今的讨论仍然有着借鉴意义，他的论述同样适用于今天的人对某些人群的歧视，此处指被认为天生具有智力或者精神缺陷的人。幸运的是（因为我就是犹太人），犹太人被歧视的现象已经得到了极大的缓解（但是，我仍然要说，父辈经受的苦难提醒我们不应该自满于现在的和谐）。按照布朗的策略，所有这类观点都可以被事实证据和逻辑推理击破。限于篇幅，我不打算在这里完成所有尝试。但我要强调，布朗反驳"犹太人有恶臭"的绝妙论述（指他对于将犹太人定义为生物学上的一个群体是分类错误的解释），实际上也驳斥了黑人智力低下的现代谣言，不管是二十世纪六十年代的詹森[4]和肖克利[5]，还是九十年代的默里、赫恩斯坦以及《钟形曲线》[6]。

布朗认为，犹太人无法按照血统加以定义；同理，现今美国的非洲裔美国人也无法被归为单一的谱系。由于历史上可恶的种族歧视，所有看起来拥有非洲祖先特征的人都被说成是"黑人"，哪怕很多"黑人"的根大部分甚至绝大部分是高加索人。（可以用一个小问题考问棒球迷："在 1953 年，哪位意大利裔美国球员为布鲁克林道奇队打出了超过 40 个全垒打？"答案是"罗伊·坎帕内拉"，他的父亲是意大利白人，母亲是黑人，按照我们社会的惯例，他也被归为黑人。）

（作为"炮制"主题的补充说明，为错误分类黑人和犹太人辩护的人常常会产生受害人有罪的偏见。虽然可喜的是，总的来说布朗对犹太人没有偏见，但他在解释为何犹太人和基督教徒之间存在高比例通婚时引用了一条令人厌恶的证据——有人认为犹太女性因为好色更喜欢金发碧眼的基督徒而不是深肤色、不够好看的犹太人。布朗写道："两者［犹太女人和基督徒男人］之间的通奸并不少见，通常认为，相较于犹太男人，犹太女人更想和他们上床，这也会导致基督徒节制的肉欲越发膨胀。"在黑奴时代，美国的种族主义者也常常提出相同的观点——这件事情尤其可耻，人们竟然将强奸行为归罪于真正的弱者。例如，1863年，路易斯·阿加西写道："随着年轻南方男性的性需求得到觉醒，他们发现有色［混血］的家仆很乐意满足他们……于是他们更为优秀的本能变得迟钝麻木，越来越需求更加刺激的伴侣，我听说放荡的年轻男人会找纯种黑人寻欢。"）

显然，如果黑人无法按照系谱定义成一个群体，我们就无法自圆其说地宣称黑人天生如何如何。但是，分类错误的根源远不止于此，也远不止广泛通婚带来的血统稀释。现代古人类学、人类遗传学不断涌现的激动人心的研究成果促使我们重新以本源的方式思考人类分类这个问题。我们不得不承认，"非洲黑人"不能成为一个种族的类别，它和所谓"美洲土著""欧洲高加索人""东亚人"等传统的人群不一样，和所有其他人群相比，它的内容更加庞杂，无法作为一个独立的类别，我们也就没有理由宣传"非洲人不够聪明"或者"非洲人都会打篮球"之类的谣言。

过去10年，人类学领域一直在热烈讨论现生的唯一一种人——智人的起源。我们这个物种是分别来自生活在三片大陆（非洲、欧洲和亚洲）上的先辈直立人（所谓的多地起源说），还是来自一个地方——很可能是非洲，仅由一种直立人起源然后散布到全球（所谓的走出非洲说）呢？

人们的争论此起彼伏，而随着新近证据的出炉，结论快速倒向了走出非洲说。越来越多的基因得到测序，人们对不同人种的差异进行了分析，并按照遗传差异重新绘制了系谱树。看起来，结论已经很明了了：智人起源于非洲，迁移到世界上其他地方的时间不早于大约 10 万年前。

也就是说，所有非洲人以外的人种——白种人也好，黄种人也好，棕色人种也好，从霍皮族人 [7] 到挪威人再到斐济人——历史都不会超过 10 万年。相反，智人在非洲生活的时间要长得多。因为基因的差异大致和基因变化的时间长短成正比，所以单单是非洲人内部的基因差异就会超过世界上所有其他地方的人的差异总和！既然非洲人比所有非洲以外地区的人演化时间更长、基因差异更大，我们凭什么要将"非洲黑人"规定成一类人，然后安上或褒或贬的特征呢？按照恰当的系谱定义，非洲囊括了大部分人类，我们所有其他人都只是非洲系谱树上的一个分枝。非洲以外的人种的确兴旺发达，但从结构上讲，他们只是非洲人群的一个亚群。

我们需要很多年的深入思考，才能从理论上、概念上和图像上如此惊人地重新塑造我们对自然、对人类多样性的理解。而作为开端，我建议我们摒弃诸如"非洲黑人节奏感更好、智商更低、运动能力更强"等等无意义的说法。如果全体非洲人不能被看作一致性的群体，因为他们拥有比世界上所有其他人都加起来还丰富的多样性，那么这样的说法除了造成社会危害之外别无益处。

最伟大的知识创新常常发生在我们内部——它源自扬弃旧偏见、构建新概念的需要，而不是对地球上或者宇宙中新事实、新对象的不断求索。没有什么比彻底更新我们的认知带来的激动更甜美、更值得称赞了——真正的学者一定会为此激动，而其他人会吓得屁滚尿流。我们正需要这样的历程来更新我们对人类系谱的认知和对演化多样性意义的认识。最后，我们必须肯定托马斯·布朗，他认为内在的进步要比所有其他智力成就更值得称赞。有趣的是，在同一段文字中，布朗还使用非洲作为未知奇迹的隐喻，他一定不知道他的文字居然与事实暗合（参见《一个医生的宗教信仰》第 1 分册，第 15 节）：

我从不满足于思考一些常见的奇异现象——潮水起起落落、尼罗河高涨、磁针转而向北。还会仔细研习，将它们与那些更加显见又常为人忽视的自然事物相比较，身体构成的小宇宙就已经足够我远游。人类自身就包孕着我们求诸外界的奇迹：我们体内住着整片非洲和它的全部奇观，我们就是自然中最勇猛、最大胆的那一个。

26

种族的几何结构

古怪或容易误解的名词背后常常隐藏着有趣的故事。比如，政治上的激进分子为什么被称为"左派"，而相应的保守者被称为"右派"呢？在欧洲大部分议会中，身份最尊贵的成员坐在主席右侧，这一礼仪源于人们更偏向大部分人惯用的右手。（这样的偏见根深蒂固，远不止写字台、开罐器之类的物件，会渗透到语言本身——"灵巧"的英文 dextrous 来源于拉丁文的"右"，"阴险"的英文 sinister 来源于拉丁文的"左"。）地位高的贵族或者权威人士更倾向持有保守的观念，于是，议会上的左侧和右侧便成了政治观点的几何分野。

在我所在的生物学和演化论领域也有一些看起来古怪的名词，其中最令人好奇的是官方定义的高加索人（Caucasian），它指生活在欧洲、西亚、北非的浅色人种。讲座之后，这个词是最常被问及的。为什么西方世界最常见的人种会以俄罗斯的一列山脉命名？德国博物学家 J. F. 布卢门巴赫（1752-1840）建立了影响最深远的人种分类，1795 年，他在开创性著作《论人的天生变异》第三版中提出了这一名词。布卢门巴赫为这个原初的定义列出了两条理由：生活在这一小片区域的人是最美的，以及人类很可能是在这里被创造出来的。布卢门巴赫写道：

高加索人。这个人种的名字来源于高加索山脉，因为这片山岭周边，特别是南麓，生活着世界上最美丽的人种，也因为……最早的人类被置于此处的可能性最大。

布卢门巴赫是启蒙时代最具声誉的博物学家之一，他的整个学术生涯都是在德国哥廷根大学担任教授。《论人的天生变异》最初的形式是博士论文，1775年，他将这部论文提交给哥廷根大学的医学院；那时，列克星敦和康科德的民兵刚刚打响了美国独立战争的第一枪。之后在1776年，他重印了这部论文以便公开发行；与此同时，在费城召开的重大会议宣告了美国的独立。1776年，有三份重要的文献相继诞生——杰斐逊的《独立宣言》（关于自由的政治）、亚当·斯密[1]的《国富论》（关于个人主义的经济学）以及布卢门巴赫关于人种分类的论文（关于人类差异的科学）。它们记录了几十年间社会的变革，也构成了更为广阔的社会背景。布卢门巴赫的分类学以及他将欧洲人命名为高加索人的决定，因此具备了重要的历史意义和当代价值。

大难题的解决常常有赖于一些容易被忽视的小问题。理解布卢门巴赫的分类这一至今仍然影响和妨碍我们的架构，关键在于一条特别的标准——据说高加索地区的人最美，这也是他将欧洲人命名为高加索人的原因。那么，第一，这一显然带有主观成分的评价为何会变得如此重要？第二，美学标准为何会成为关乎起源地的科学判断的基础？要回答这些问题，我们必须回过头来看1775年布卢门巴赫最开始的构想，然后考查1795年的变化，命名为高加索人正是在这个时候。

1795年，布卢门巴赫分类法的最终版本出炉，将所有人群按照地理分布和外观分成五类，顺序如下："高加索人"（生活在欧洲和临近区域的浅色人种）、"蒙古人"（生活在东亚，包括中国和日本）、"埃塞俄比亚人"（生活在非洲的深色人种）、"美洲人"（生活在新大陆的土著）、"马来人"（生活在太平洋群岛的波利尼西亚人、美拉尼西亚人以及澳大利亚土著）。但是，在 1775 年的初始版本中，布卢门巴赫只给出了五个人种中的四个，"马来人"和其他生活在亚洲的人群被归在一起，后来布卢门巴赫把其他生活在亚洲的人群命名为"蒙古人"。

于是，我们发现称布卢门巴赫为现代人种分类第一人有不妥之处。最初的四分体系（下文马上会提到）并非源自布卢门巴赫的观察或者理论推断，布卢门巴赫显然承认，这是他的导师卡尔·林奈最早采用并推广的，首度出现于 1758 年林奈发表的分类学奠基之作《自然系统》。所以，布卢门巴赫在人种分类上的独创性贡献仅仅是，将生活在太平洋群岛的"马来人"从范围较大的亚洲人中细分出来。这一变化看起来实在微不足道，那么，为何我们要把人种分类之父的称号归于布卢门巴赫，而不是林奈呢？（有人或许更愿意说，这是一件"丢脸"的事，毕竟我们有充分的理由认为，这一创举在现代的声誉不算很高。）我想说，布卢门巴赫的改变看起来细小，实则隐含着理论的转向，这一转向有着极其广阔、极其重要的意义。这样的改变被大多数评论忽略或者误解，因为后来的科学家不太了解一条至关重要的历史和哲学原则：理论应当是一种可视的模型，通常能够用定义明确的几何特征表达。

从林奈的四分体系变更为他的五分体系，布卢门巴赫彻底改变了人类秩序的几何结构，从基于地理方位、没有明确顺序的模型到基于价值建立的双标准分级模型。奇怪的是，这个模型的基础在于，观察到美感，然后以高加索人为完美典型，向两个方向辐射出去。我们即将看到，马来人种的加入正是几何结构变化的关键点，于是 1775 年到 1795 年间布卢门巴赫所做的"微小"改变就成了概念转变的核心，而不仅仅是基于真实的信息简单地细化原有体系。

布卢门巴赫对他的老师林奈极为尊崇。在1795年版人种分类的第一页，布卢门巴赫赞颂道："流芳百世的林奈生而善于研究自然运作的特征，并按照系统秩序加以排列。"布卢门巴赫也提到，最初的四分法来源于林奈（1775年版）："我沿袭了林奈的分类数量，但分类准则是另拟的。"后来，他又添加了"马来人种"，这一改变宣告了他与老师林奈的决裂："很明显，我没有像其他人那样，继续遵循伟大的林奈设计的人种分类，原因正如这部小书中所说。"

林奈将智人分成四种，首要的分类原则是地理分布，其次是外观和行为。[林奈还在智人中加入了另外两类想象的或者虚构的人种：*ferus* 指"兽孩"，偶尔发现于森林中，可能是由动物养大的（大多数兽孩其实是因发育迟缓或智力缺陷遭到父母抛弃的孩子）；*monstrosus* 指一些旅人传说和寓言中长着尾巴、披着毛发的野人。]

于是，林奈按照地理分布对四个人种进行了排序。有意思的是，他没有按照种族主义传统下大多数欧洲人喜欢的方式排序。他依次讨论了美洲人、欧洲人、亚洲人和非洲人。在原始的版本中，林奈没有做任何解释，只是按照传统的制图法，将人类绘制到四个不同的地理区位。

在叙述的开头，林奈用三个单词依次刻画了每个人种的肤色、性情和姿态，同样，这三个特点都与价值高低没有关系。而且，林奈分类所依据的是传统分类理论而不是自己的观察。例如，他对性情［或者 humor（体液）］的分类取材于古代医学理论，即人的情绪源自四种体液（拉丁文 humor 的意思就是"水分"）——血液、黏液、黄胆汁和黑胆汁的平衡。四种体液中可能会有一种占优势，于是这个人就会变得乐观（血液带来快乐）、迟钝（呆滞）、暴躁（易怒）或者忧郁（伤心）。四种地理区位，四种体液，也就有了四个人种。

对于美洲人，林奈写道"红色、暴躁、直挺"，对于欧洲人"白色、乐观、强健"，对于亚洲人"淡黄、忧郁、拘谨"，对于非洲人"黑色、迟钝、放松"。

我的意思不是说，林奈的想法不同于传统所认为的欧洲人高于所有其他人种。他显然也持有当时几乎普遍的种族主义观念，欧洲人的乐观与强健听起来当然要比亚洲人的忧郁与拘谨好。而且，林奈笔下每个人种最后一行的叙述呈现出更加显著的种族主义特征，他试图用一个词概括不同人种形成生活规则的缘由：美洲人是因为习惯，欧洲人是因为习俗，亚洲人是因为信仰，非洲人则源于奇想。显然，经由成熟的、深思熟虑的习俗形成的规则要比不假思索的习惯或者信仰强，而奇想在这四者之中是最没有价值的，因而形成了欧洲为首、亚洲和美洲其次、非洲最末的传统种族等级排序。

然而，就算有这些暗示，林奈模型的几何结构也并非线性或者分级的。当我们在头脑中将他的模型抽象成完美的图像时，我们看到一幅分成四块区域的世界地图，每个区域的人群都表现有一列不同的特征。简而言之，林奈提出的人种排序是以制图法为主要原则的。如果他真的主张人种的线性排序，那么一定会将欧洲人放在第一位，将非洲人放在最后；但实际上，他是将美洲土著排在最前的。

人种从地理位置的排序更改为等级高下的排序是西方科学史上的一次重大转折。这是除铁路和原子弹之外，对人类生活、对世界民族影响最为深远的一次转折，虽然它的影响几乎全是负面的。具有讽刺意味的是，布卢门巴赫正是这次转折的始作俑者——他将林奈按照制图法设计的人类秩序变成了按照假定价值排列的线性秩序，并且，这一五分法形成了典范。

具有讽刺意味的是，在所有启蒙时代涉足人种分类的作者中，布卢门巴赫受种族主义影响最弱，最主张平等主义，也最和善。这位最愿意推动人类联合、最不看重人种之间道德和智商差异的学者，为何会按照智识水平更改人种排序，成为传统种族主义的武器？稍加思索，这件事情也没什么可奇怪的，大多数科学家不了解人类精神层面的问题，尤其不了解他们提出的理论（和所强调的普遍认知）背后隐藏的几何意义。

科学界有一种古老的传统——理论的更改必须源于观察。大多数科学家相信这个被过分简单化的准则，认为他们在阐释方式上的改变只是为了更好地理解新事物。因此，科学家往往意识不到自己所理解的模糊而混乱的事实会受到精神因素的影响。这种精神上的操纵有多个来源，包括心理预设和社会背景。布卢门巴赫生活在一个观念进步的时代，也是欧洲生活模式具备文化优越性的时代，这构成了他们那一代人的政治背景和社会环境。松散（甚至是无意识的）而富于暗示性的种族优劣概念正符合这样一种世界观。我不相信，布卢门巴赫将人种的地理分类更改为优劣顺序时，是在有意为种族主义添砖加瓦。我想，他可能只是被动地记录了当时通行的社会观念。当然，理论会产生相应的结果，不论提出者的动机或者意图如何。

布卢门巴赫自然认为，从林奈的四分法变更为他的五分法完全是为了更好地理解自然事实，我们即将看到，这一重要几何变化的基础从制图法变成了等级区分。在第二版著作（1781 年）中，他如是宣布自己的更改："在第一版中，我将所有人类分成了四种。可是，经过对东亚和美洲人群的积极探索，或者更直白地说，经过对这些人群更加仔细的考察，我被迫改变了先前的分类，换成现在的五种类别，这更加符合自然的事实。"在 1795 年第三版的前言中，布卢门巴赫宣称他放弃林奈的分类是为了"使人种的分类符合自然事实"。如果科学家盲目相信理论完全来自观察，而不能仔细审视思考过程中所受的个人和社会影响，那么，他们将无法理解自己提出的新理论所蕴含的、带有普遍性的深层思想转向。

布卢门巴赫坚定地认为，人类是一个统一的物种，而不是当时越来越流行的每个主要人种都是独立创造出来的（这显然更有利于推进种族主义的惯常思想）。在第三版著作的最后，他写道："毫无疑问，我们很快就会认识到，所有人种极有可能都来自……同一个物种。"

布卢门巴赫指出，人种统一性的重要论据在于，不同人种的特征变化是连续的，无法清晰定义出任何一个独立的组别。

虽然，在距离遥远的国度之间，人类的差异如此巨大，或许会让你很容易认为，生活在好望角、格陵兰岛以及切尔卡西亚² 的居民是不同的人种。但是，如果细加考量，你会发现他们彼此交融、彼此显著相关，无法划出相互之间的界限。

特别地，他驳斥了非洲黑人因为某些独有的特征而被普遍看作最劣等种族的论点。他说："在埃塞俄比亚人中不存在任何一种独特的共性，在某个人种中观察到的特征或许可以在所有其他人种中观察到。"

布卢门巴赫认为：智人是从一个地方产生，然后扩散到世界各个角落的。因此，人种的差异来源于不同的气候和地形，以及相应产生的不同习惯和生活模式。仿效当时的术语体系，布卢门巴赫称这些改变为"退化（degeneration）"：不是这个单词现代意义所指的堕落，而是它的字面意思，指与创世之初的人类不再相同（de 的意思是"从……中来"，genus 指原始的种群）。

布卢门巴赫指出，大部分退化直接来自气候差异，发生的范围很宽泛：比如，热带环境与深色皮肤相关联；又比如，有人推测一些澳大利亚人眼睛小是因为"经常有成群结队的飞虫……撞到土著脸上"。其他一些变化是因为不同地区生活模式不同造成的。例如，有些地方的人用带绑带的板子或婴儿架挤压孩子的脑袋，目的是使他们的颅骨变长。布卢门巴赫认为，"不同民族头型的差别几乎都是生活模式和审美不同造成的。"

当然，布卢门巴赫承认，经过很多代的提升，这样的变化最终可能变得可以遗传（这一过程现在通常被称为"拉马克学说"或者"获得性状遗传"，但正如布卢门巴赫所阐述的那样，这其实是十八世纪后期的民间理论，不是拉马克生物学所独有的）。布卢门巴赫写道："随着时间的推移，人为的加工可能会退化成自然的表现。"

但同时，布卢门巴赫强烈主张，人种差异大都是气候和生活模式造成的表面差异，这种差异很容易因为迁移到新地方或者更改行为方式而发生改变。白皮肤的欧洲人如果连续几代生活在赤道地区，就可能变成深色皮肤，而被运到高纬度地区的非洲黑奴最终也许会变成白皮肤："肤色，不论来源如何，不管是胆汁质，还是阳光、空气或气候因素的影响，都是偶然的、容易变化的特征，无法作为区分人种的理由。"

正是因为人种差异只是表面的，布卢门巴赫才坚定地认为，所有人的道德水准和智力水平没有差别。特别地，他强调非洲黑人与欧洲白人并无差异，也许因为在传统的种族主义观念中，非洲黑人最受贬低。

在自己家中，布卢门巴赫专门留出一间图书室放置黑人作者写作的书籍。今天看来，他的赞美有屈尊附就的意味："我们的黑人兄弟有着美好的性情与才华。"不过，居高临下显然要强过歧视。他曾经为了废奴奔走，当时，这样的想法还没有得到广泛认可。他宣称，奴隶的道德水平高于征服他们的人，他们"有着天然的良善，不论是在运输的海船上，还是在西印度的甘蔗种植园中，这样的良善都未曾被白人的虐待摧毁"。

布卢门巴赫声称："黑人有着完美的智力和天赋。"他列举了自家图书室中收藏的好作品，尤其对一位名叫菲莉丝·惠特利的波士顿奴隶写的诗大加赞赏，这些诗歌直到最近才重新被人发现，并在美国重新出版："我能记住几首［黑人作家写的］英语、荷兰语和拉丁语诗歌，其中，来自波士顿的菲莉丝·惠特利实至名归，是最值得一提的。"最后，布卢门巴赫指出，很多高加索人国家都不曾出现过如此伟大的作家和学者，要知道，非洲黑人面对的是充满偏见、饱受奴役的极端恶劣的环境："可以这么说，在欧洲所有著名的省份都很难随随便便发现如此优秀的作家、诗人、哲学家和巴黎学术院成员。"

然而，当布卢门巴赫推出自己的暗示智力水平差异的图景时——他将林奈的地理分类换成了等级排序——还是选择了一个核心分类作为最接近创造之初理想的代表，然后按照偏离这个标准的程度定义其他分组。于是，他设计了这样一个系统（参见附图，来源于布卢门巴赫的著作），将最接近原初创造形态的那个人种放在金字塔顶端，然后从顶端延伸出两条对称的路径，沿着这两条路径向下，差异性不断增加。

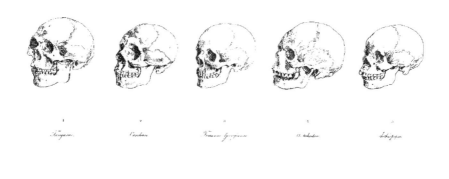

布卢门巴赫新人种分类的几何结构，以高加索人（中间的颅骨）为中心沿两条路径退化，一条路径（向左）经由美洲人退化到蒙古人，另一条路径（向右）经由马来人退化到非洲人。来自布卢门巴赫 1795 年的著作

现在，让我们回到高加索人这个奇怪的名字和布卢门巴赫添加第五个人种马来人的意义。布卢门巴赫认为，自己所在的欧洲人种最接近创造之初的理想，接着，他在欧洲人内部寻找更小范围的最完美人群，也就是说，完美中的完美。

正如我们看到的，他认为，生活在高加索山脉附近的人群最能体现原初的理想，所以，他用欧洲人中最完美的代表命名这个人种。

但是现在，布卢门巴赫面临两难的处境。既然已经断言，所有人种的智力与道德水准都是平等的，那么就无法采用种族主义者惯用的标准按照偏离高加索人的程度建立等级。于是，他选择了人体美这一我们今天看来非常主观（甚至可笑）的标准作为依据，他宣称欧洲人是最美的人种，其中又以高加索人为翘楚（于是，正如本文开头所说的那样，他将最美的人种与人类的起源地联系在一起，因为布卢门巴赫认为，后来产生的所有人种都偏离了创造之初的理想，所以最美的人一定最靠近人类的诞生地）。

在描述中，布卢门巴赫不断提到他对相对美感的个人感受，将其作为客观的、可量化的、不容怀疑的特征。布卢门巴赫这样形容收藏品中的一件格鲁吉亚女性颅骨（来自最接近高加索山脉的地方）："真是最美妙的头颅……无论多么迟钝的观察者，都会被它吸引目光。"接着，他从审美角度捍卫了自己的欧洲人标准：

首先，这种人的颅骨形状最好看，它有着平衡而原始的美感，其他人种沿着最容易的方式发生变化……另外，他们的肤色是白色，这很可能就是人类最早期的肤色，毕竟……从白皮肤变成棕色很容易，但是从深色皮肤变白就要难得多。

接着，布卢门巴赫按两条不断偏离高加索人的退化路径归纳人种，两条路径的终点分别是两种退化最严重（最没有吸引力，而不是道德堕落或者智力迟钝）的人，一边是亚洲人，另一边是非洲人。当然，布卢门巴赫希望在最完美和退化最严重之间规定一个中间形态——特别地，他在早先讨论人类平等时曾

鼓吹变化是逐渐发生的。按照原本的四分法，美洲土著介于欧洲人和亚洲人之间，但是欧洲人和非洲人之间的过渡状态又是什么人呢？

四分法缺少一支，不能改造成新的几何结构，即从顶端沿两条对称的分支下降到退化最严重的状态。但是发明介于欧洲人和非洲人之间的第五类人可以解决这个难题，于是布卢门巴赫添加了马来人。这不是基于事实的细微提升，而是对人种分类理论（心理形象）的彻底改变。作为介于欧洲人与非洲人之间的人种，马来人为布卢门巴赫分级分类法提供了关键的对称性。马来人的加入使几何结构从地理模型转变为常规的分级模型，前者不分优劣，后者隐含着价值取向，造成了惨痛的社会悲剧。布卢门巴赫概括了这个体系的几何结构，还明确指出了添加马来人的必要性：

> 我将高加索人排在第一位……我认为，他们是人类最原始的形态。接着，人种沿两个方向发生了非常不同的变化：一个方向最终形成埃塞俄比亚人，另一个方向则最终形成蒙古人。在原初人种和这两类极端变化的人种之间有两类处于中间位置的人种：高加索人与蒙古人之间是美洲人，同样的高加索人与埃塞俄比亚人之间是马来人。

学者们常常认为，学术观念的最低标准是无害，最高标准是适度引发公众的兴趣甚至让人有所裨益。但是，观念不会永远停留在学术界的象牙塔中，象牙塔通常用作人们对不切实际的事物的隐喻。帕斯卡[3]在他关于人类优点与弱点的卓见中，将人比喻成一根会思考的芦苇。的确，观念会推动人类历史的进程。没有种族主义，希特勒会盛极一时吗？没有自由精神，会有美国吗？布卢门巴赫教授隐居终身，但他的思想回响在我们的战争、我们的远征、我们的痛苦与我们的希望中。所以，最后，我想重提1776年发生的两件事，杰斐逊起草了《独立宣言》，布卢门巴赫发表了那部拉丁文著作的第一版。让我们重温阿克顿勋爵 ⁴ 的话，思想会推动历史，拉丁文会掀起历史的浪花：

在美国……思想长期停留在隐居的思想家那里，隐没在拉丁文的书卷中。早晚有那么一天，它们会以人权之名，如征服者一般统领世界。

27

海德堡伟大的生理学家

暂时抛下理智和学识，眺望远山中世纪城堡的废墟，夜幕下，从城市的每一个角落都可以望见那里柔和的灯光。你也许会想起西格蒙德·龙伯格《学生王子》中轻快的饮酒歌，想起衣着华丽的年轻男子在打斗中有意在脸上留下的伤疤——这些构成了海德堡的普遍印象，它是欧洲浪漫主义精神的象征，散发着无忧无虑的魅力。但是，一旦追溯背后两败俱伤的历史，面前的景象便成为虚幻，华美的神话散去，历历在目的是抹不去的历史真相。

海德堡的历史非常悠久，这座城市的名字最早出现于 1196 年的文献中；海德堡大学成立于 1386 年，是德国最古老的大学。十七世纪几场灾难性的宗教战争和政治运动，导致这座城市的建筑遭遇了一场大浩劫，只有一两座中世纪建筑留存至今（城堡已经成了废墟）——"烧毁了这里的根基"（《耶利米哀歌》4:11）。三十年战争（1618-1648）已然造成了非常严重的破坏，然而，随着莱茵兰－普法尔茨州（首府是海德堡）的选帝侯将自己女儿嫁给法国天主教王路易十四的兄弟，更多的麻烦接踵而至——选帝侯的儿子 1685 年去世，没有留下子嗣，路易于是获得了统治权。1689 年，法国军队摧毁了海德堡，为数不多的幸存建筑也在 1693 年毁于一场大火。

就人之常情来讲，连位置毗邻、种族相近的人群都会因为排外和敌视异己造成如此大规模的破坏，我们又如何能够容忍和体面地对待那些外表和文化背景差异更大的外人呢？科学令人遗憾的一段历史便是通过种种"真实"的证据将人群规定出优劣。公平地说，科学上从来没有发明过人群价值存在固有差异的概念，即提出者宣称自己所在的类别最高，他的敌人以及即将被征服的对象最低。为这种古已有之的排外态度摇旗呐喊的是种族主义者，他们认为，人与人之间存在本质的生物学差异，从而呈现出智力或者道德状态的差异，这种差异无法弥合。

十九世纪是欧洲殖民主义的全盛期，那时几乎没有一位西方科学家质疑过人种价值存在等级。在达尔文时代之前，这样的等级可能来自神的旨意或者自然法则的规定；而到了维多利亚时代的后几十年，演化程度成了人种差异的理由。在种族主义的分类中，非洲黑人遭到了简慢无礼的对待。

这类观点在保守的科学家中尤其风行。比如法国伟大的解剖学家乔治·居维叶[1] 就赞同严格区分普通人的社会阶层。1817 年，居维叶写道：

黑人生活在阿特拉斯山以南。他们的头颅偏小、鼻子扁平、下巴突出、嘴唇肥厚，显然更接近猴子。这类人大多属于未开化的野蛮人。

就算是讲究平等的科学家也会产生排外的倾向，甚至连达尔文这样热情的废奴主义者都未曾挑战过普遍认可的观念。在 1871 年出版的《人类的由来》中，达尔文提出了最惊人的论点：两个密切相关的物种之间存在差异不能成为反对进化论的理由，因为能够将两个物种与共祖联系起来的中间物种很久以前就灭绝了。达尔文宣称，最高等的猿类与最低等的人类之间存在着巨大的鸿沟，这

样的鸿沟会随着动物的灭绝继续加宽：

　　人类中文明程度较高的人种几乎必然会消灭和取代全世界未开化的人种。同样，类人猿……也终究会灭绝。两者之间的鸿沟会加宽，变成比白种人更文明的人种与狒狒之类的区别，而不是现在黑人或者澳大利亚土著与大猩猩之间的区别。

　　那时候，也有极少数"平等主义者"（在这里，"平等主义者"指反对不同种族的智力和道德水平存在本质差异的科学家）。但是，他们的思想局限于抽象的可能，至于实际水平的高下，他们仍然没有突破传统观念。比如，艾尔弗雷德·拉塞尔·华莱士就极力主张不同种族本质平等（最多存在微不足道的差异），但他坚信，英国社会已经抵达人类发展的巅峰，而非洲土著仍然处于野蛮状态。他写道："野蛮人的语言中没有抽象的概念……他们的歌谣不过是单调的嚎叫。"

　　伟大的启蒙时代思想家布卢门巴赫（1752-1840）设计了人种分类（见第26篇），被十九世纪的科学界奉为圭臬。虽然他坚决维护不同人种的智力彼此平等，但也认为不同种族的固有美感不同，他自己所属的高加索人显然是最美的。布卢门巴赫之所以把欧洲的白种人命名为高加索人（这个名称沿用至今），是因为他认为生活在高加索山附近的人是最好看的——"真是最美妙的头颅，"他写道，"无论多么迟钝的观察者，都会被它吸引目光。"

　　在我持续写作专栏文章的25年间，为数不多的平等主义者大多在我笔下现身过，他们敢于突破传统观念的勇气和道德层面的公正（至少就当代人普遍的偏好来看）常常吸引我的注意，也值得赞美。不过，我一直没有提及这一小众传统中的一部最杰出的文献，也许是因为它的作者不那么有名，且这位作者的人类学研究仅限于对某个主题（人种的地位）的攻击和某种语言（英语），尽管他的著作内容广博、价值颇高。

弗里德里克·蒂德曼（1781-1861）大概从自己所在城市的历史中体会到了排外是多么糟糕。蒂德曼曾经被英国最好的解剖学家理查德·欧文[2]誉为"海德堡伟大的生理学家"，他在海德堡大学教授解剖学、生理学和动物学（从1816年持续到1849年退休），那座城堡的废墟就位于大讲堂之上的小山上，无声地控诉着人类的愚蠢与唯利是图。

和那个时代精英的普遍做法一样（他的父亲是希腊语和古典文学教授），蒂德曼游历了欧洲的很多大学，向当时最好的老师们学习。他师从维尔茨堡的谢林[3]学习哲学，师从马堡的弗朗茨·约瑟夫·加尔（颅相学的奠基者）学习解剖学，师从巴黎的居维叶学习动物学，又师从哥廷根的布卢门巴赫学习人类学。直到1836年，蒂德曼才第一次发表了关于人种的论文，这时已经接近他科研生涯的尾声，蒂德曼的核心观点一定是在青年时代游学的过程中形成的。

当然，蒂德曼可能是出于其他原因选择了这些导师，但恰好囊括了两种立场下最杰出的学者：既有平等主义的代表学者布卢门巴赫和加尔（他们通过颅相学说明意识需要物质基础，认为有多个与智力相关的器官受到颅骨凹凸和其他特征的支配，因为每个人都会在特定的方面优于其他人，所以没有哪种衡量方式可以将个人或者人群的"一般"价值排成线性的序列）；也有种族优劣的重要支持者居维叶和医学解剖学家泽默林，后者1807年为蒂德曼提供了第一份工作。（有意思的是，蒂德曼在1836年发表的关于人种的文章中，一开篇就引述了泽默林和居维叶的观点，并提出了严肃的批评，之后他称赞了加尔和布卢门巴赫。同时，他将自己1816年出版的关于脑比较解剖学和胚胎学的著作献给了布卢门巴赫，本文也会涉及这部著作。显然，青年时代的游学令蒂德曼印象深刻，他也从中形成了属于自己的想法。还有什么能比这更让一位老师欣慰呢？）

蒂德曼的职业生涯堪称顺风顺水，他先后出版了动物学教科书，撰写了关于鱼类心脏（1809 年）、大型爬行类（1811 年和 1817 年）以及鸟类淋巴器官和呼吸器官的解剖学论文。无脊椎动物也是他的研究对象之一，1816 年，他凭借一篇关于棘皮动物的解剖学论文获得巴黎科学院的奖章。之后，他的研究兴趣发生了转移，1816 年，他出版了自己关于人类大脑胚胎学的研究结果，并与其他脊椎动物的成体大脑解剖结构进行比较，这项不同寻常的研究是他职业生涯的两大主要课题之一。

成为海德堡大学教授后，蒂德曼又对生理学产生了浓厚的兴趣（这就是本文标题中欧文那句赞誉的来由），很大程度上因为蒂德曼遇到了优秀的青年化学家利奥波德·格梅林，他们发现，将解剖学和化学结合起来能够解释一些关于人类器官机制和功能的重要问题。于是，蒂德曼开启了职业生涯的第二个主要课题，他与格梅林合作，发现了一系列涉及人类消化的重要结果。例如，参与消化的不仅仅有胃（以前人们就是这么认为的），还有肠和其他器官；消化不仅是溶解过程，还是化学转化过程（将淀粉转变成葡萄糖等等）；盐酸在胃消化食物的过程中起着重要的作用。

1836 年，蒂德曼在英国最权威的科学期刊（过去、现在都是）《皇家学会哲学会报》上发表了震古烁今的文章《黑人的大脑——与欧洲人和猩猩比较》（497-527 页）。为什么蒂德曼的研究兴趣会发生如此的转变？为什么他突然转向一种从未使用过的外语来表述自己的研究成果？目前无法完全搞清楚这两个吊诡的问题（蒂德曼的生平资料十分稀少），但是，他的生活与工作以及对他两部重要文献的解读，为我们打开了一扇完满解释的大门。

蒂德曼 1836 年发表的这篇不同寻常的文章非常简洁地陈述了平等主义的观念，绝无任何低等文化或者次等美感之类的痕迹。同布卢门巴赫一样，他赞同将欧洲人定义为普遍的美学范式——就现代读者看来，这简直是天真的笑话。

但是，和布卢门巴赫不同，他认为非洲人也符合以高加索人为美的标准。对于那些自由生活在大陆内部、没有遭到奴役的非洲人，蒂德曼写道：

和几内亚海岸的黑人相比，他们的肤色不那么深，黑发也没那么卷曲，但更长、更柔软、更丝滑。他们没有扁鼻子、厚嘴唇、突出的颧骨、窄窄的额头，也没有两侧扁平的颅骨，和大部分博物学家想象的黑人的典型特征都不一样。他们中的大多数颅骨形态良好，脸长，相貌英俊，甚至长着罗马鼻或者鹰钩鼻，嘴唇薄而美观。这些国家的黑人女性和男性一样好看。除了肤色不同以外，她们的美丽不亚于欧洲女性。

（这段著名的论述暴露了那个时代的传统偏见，在十九世纪，就算是最信奉平等主义的科学家也从不怀疑，浅肤色、直发、薄嘴唇和"罗马鼻或者鹰钩鼻""显然"更美观！）

接着，蒂德曼声称，局限于研究生活在海岸的、被奴役的黑人导致人们留下了非洲人丑陋的错误印象：

这些博物学家的错误观念源自［研究］……少数生活在海岸的黑人的颅骨。据可靠的旅行者报告，他们在所有黑人部落中最低等、最无能，是蓄奴者造成的悲剧，这些黑人的身体和精神都饱受奴役和虐待的摧残。

蒂德曼论文的论证逻辑清晰、简洁，结论也十分可靠——只要数据经得起推敲和新发现的检验，这段科学推理就可以作为典范。蒂德曼从两个来源推理得到了相同的结论。起初，他通过专业的解剖学检查高加索人（男性和女性）、非洲黑人以及猩猩的脑是否存在差异，他发现不同种族、不同性别的人不存在

脑部结构的差异。首先是大脑，传说中的智力"发源地"，结论是："就黑人大脑内部结构而言，我没有观察到它和欧洲人的大脑有什么差异。"其次是科学家们认为种族间存在差异的其他脑部结构——特别是神经，据称黑人的神经要比白人的粗大。同样，还是没有发现任何差异："黑人和欧洲人的延髓、脊髓没有显著的差异，如果有差异，那也是体形大小导致的。"

接着，蒂德曼又对尺寸问题进行了可信的讨论。因为有些学者可以接受不同人种间的结构没有差异，但会基于"大即是好"的原则坚持认为人种存在优劣，比如高加索人拥有人类中最大的脑，非洲黑人的最小。蒂德曼意识到这个问题比较复杂，需要进行统计分析。他知道光称量一两个人的脑是不够的，因为脑的大小与体形相关，高大的体形会有更大的脑，这一点和人们假想的、因种族不同造成的差异全无关系。比如，女性的脑小只不过说明她们的体形更小，如果修正体形差异，女性的脑甚至要更大一些。于是，他撰文驳斥了最古老、最受尊崇的权威：

> 亚里士多德宣称女性的脑比男性的小，但他没有考虑体重的差异，女性的体重普遍比男性轻。如果考虑体重的因素，女性的脑甚至要比男性的更大一些。

此外，蒂德曼认识到，在任何一个种族中，成人的脑容量存在显著的个体差异。因此，有偏见的观察者完全可以选择一个样本，得出任何他想要的结论，不管这个样本能不能代表整个群体。蒂德曼注意到，很多人类学家只是选择了他们能够找到的脑容量最小、下颌最大的非洲人颅骨标本，然后用一张图来表示每个（高加索）观察者已经"知道"的"证据"。于是，蒂德曼努力采集了有史以来最大量的数据，所有人种的颅骨都是他亲自测定的。（他采用的是称重法，虽然原始，但始终一致：称量颅骨质量，然后在颅腔内装满"干燥的小米"再次称量，最后用装有小米的颅骨质量减去没有填充的颅骨质量得到脑容量。）

根据汇总大量数据制成的表格（如下表，包括 38 名非洲男性和 101 名高加索男性的颅骨数据——后文我会对他所用的方法和得到的结果做出评论），蒂德曼总结认为，无法根据脑容量大小区分人种。于是，基于大量数据，他提出了十九世纪人类学最重要的结论之一，至少在一定程度上动摇了一直以来没有人挑战过的反面观点。蒂德曼写道：

通过测定黑人、高加索人、蒙古人、美洲人和马来人的颅腔大小，我们可以证明，黑人的脑容量与欧洲人及其他人种的脑容量相同……很多博物学家误以为，欧洲人的脑容量要比黑人的大。

五个主要人种颅骨数据汇总表

样本	蒂德曼的数据			我的计算结果
	颅骨数量	最小（盎司）	最大（盎司）	平均（盎司）
欧洲高加索人	77	33	57	41.34
亚洲高加索人	24	28	42	36.04
高加索人（全部）	101	28	57	40.08
马来人	38	31	49	39.84
美洲人	24	26	59	39.33
蒙古人	18	25	49	38.94
埃塞俄比亚人	38	32	54	37.84

最后，蒂德曼引用他的老师加尔的唯物主义信仰作为论证的最后一环：脑形成思想，所以脑容量至少应当大体上与智力高低成正比。如果所有种族的脑容量和解剖结构都没有差异，那么不同人群的智力差异将不存在相应的生物学

384

基础。也就是说，我们必须承认所有种族的智力是相同的，除非将来能够发现某种与大小、结构无关的影响因素（像蒂德曼和加尔这样的科学唯物主义者认为，这一设想不太可能实现）。蒂德曼写道：

> 毫无疑问，脑是思维的器官……通过脑，我们可以思考、推理和产生欲望、意愿。简言之，脑是承载所有智力活动的载体……毋庸置疑，脑的结构与动物的智力存在密切关系。既然我们已经用事实清晰证明，黑人和欧洲人的脑没有明显的、本质的差异，那么就可以推论，他们的智力水平也不存在先天的差异。

非洲人是劣等种族的观念几乎全然来自人们的一孔之见，这些人看到的只是饱受欧洲人摧残的黑奴：

> 这些研究没什么意义，因为研究对象大多是生活在殖民地的黑人，他们远离自己的故土和家庭，被带到西印度群岛，被迫成为奴隶，从事繁重的劳动，过着悲惨的生活……生活在非洲西海岸的黑人部落原本拥有良好的品质，不幸的是，被欧洲人发现之后，可怖的奴隶贸易摧毁了这一切。

现在，我在做一篇随笔作者应该做的事情：详细描述一段被人遗忘的故事，讲述蒂德曼令人称道的研究，用他的语言说明他所关注的问题、论证的逻辑和实证性研究的翔实记录。不过，我并不满足于这些应该做的事情，一个难以解释的谜团让我感到困惑不解，由此引发的有趣问题关乎科学研究的社会意义和理智层面，也使这篇随笔有了挑战传统的战斗性。

我的困惑源于蒂德曼强烈地倒向不同种族间平等的内在证据。需要明确指出的是，我所说的证据不是指蒂德曼论文中完善的逻辑和数据（上文讨论过了），而是指上述论证中表述和漏洞呈现出来的特质：在准备 1836 年的论文时，蒂德曼已经在内心预设了（或者至少是强烈地倾向于）人种平等的结论。这样的偏向也许不算令人吃惊（在道德层面也值得肯定），但不论何时，科学都不鼓励类似的预设结论，因为这会阻碍研究的客观性。诚如古谚："人非圣贤，孰能无过。"在研究前就有强烈偏向也许在所难免，但是，科学家如果意识到偏向的存在，就应当极力避免影响，至少在面对相反事实的时候要诚心保持客观，不受潜意识的影响。

蒂德曼的种族平等倾向并非起源于常见来源。首先，没有证据表明蒂德曼的政治信仰或社会信仰导致他倾向"自由"或"激进"的想法，产生了不同寻常的平等主义观念。蒂德曼出生于精英知识分子家庭，文化上较为保守。他特别强调政府稳定，强烈反对平民暴动。他有三个儿子担任军官，在 1848 年的革命中，一次暂时取得胜利的起义实施军事管制，他的长子遭到枪决（另外两个从军的儿子则逃离家乡）。随着和平和传统秩序的回归，心灰意冷的蒂德曼从大学退休，除最后一部著作《烟草的历史和其他类似的娱乐》（1854 年）外，几乎没有发表别的什么（很大程度上因为他的视力变得非常糟糕）。

其次，有些科学家生性喜好提出大胆的猜想，在没有取得真实、有效的证据时就发表他们激动人心的想法。可恰恰相反，蒂德曼因为谨慎而仔细的求证为自己赢得了良好的声誉，如果没有充分的数据支持，他不会发表自己的观点。第 11 版《不列颠百科全书》（1910-1911）有一小段关于蒂德曼的叙述，评价了他的基本研究方法："他始终主张耐心而冷静地进行解剖学研究，与洛伦茨·奥肯[4]学派的投机做法针锋相对，后者长期以来一直以他为主要对手。"（奥肯领导了一场充满神秘色彩的运动，史称"永恒自然法则论"。在我 1977 年出版的处女作《个体发育和系统发生》中他是作为反派主角出场的，不用说，那时候我就对他有充分的了解，当然是完全站在蒂德曼这一边的。）

我从蒂德曼发表的两部关于脑和种族的主要文献中——基于他没有使用的信息、没有提供的数据（违反逻辑的奇怪缺失常常比大事声张的结论更耐人寻味）——发现了他所预设的种族平等，令人倍感惊诧。

1. 构建标准的论据，但不按常规的方式进行解释：蒂德曼发表于 1816 年的杰作。

蒂德曼发表于 1816 年的关于人脑胚胎学的论著比较了所有脊椎动物（从鱼类到哺乳类）成体的脑结构，从发现之新、数据量之大和理论创见之深刻的常规角度看，都堪称一部杰出的作品（引述自法文译本，出版于 1823 年）。蒂德曼那一代科学家热切地想要知道，所有的发育过程是遵循一条统一的准则呢，还是各自沿着独立的道路前进，这也是前达尔文时代生物学的核心问题之一。实证研究主要关注两个过程："较高等"动物胚胎的器官生长情况，"最低等"动物到"最高等"动物链条上结构进步的顺序（是创造的顺序，不是演化的顺序）。

粗略地讲，这两个过程都从小的、简单的、同质的起点开始，发展到大的、复杂的、分化程度较高的终点。那么，这两个过程的相似程度如何？较低等动物的成体真的能对应较高等动物暂时性的胚胎阶段？如果可以，那么自然界或许遵循着某一条发展准则，这是宇宙的秩序，反映了创造者的意图。这一前景令人陶醉，在十八世纪晚期和十九世纪早期吸引了一大批生物研究者。蒂德曼也醉心于构筑这种大一统模式，他写道：成就大一统的"两条路径在于比较解剖学和胚胎解剖学，对我们来说，它们将成为真正的阿里阿德涅之绳"。（为了引导特修斯穿过迷宫走向弥诺陶洛斯，阿里阿德涅沿途留下了绳索，这样特修斯在与弥诺陶洛斯英勇搏斗后就能顺着绳索走出迷宫。于是，"阿里阿德涅之绳"经常被人们用来比喻能够解决大难题的方法。）

387

蒂德曼汇总大量数据写成的论著展现了实现这一大一统愿景的可能：人类胎儿发育的秩序与鱼类到哺乳类脑部结构的解剖学比较完美契合。他得意地写道：

> 在此，我要宣布近几年我在［人类］胎儿研究上的成果……接着，我要展示四种脊椎动物［鱼类、爬行类、鸟类和哺乳类］脑结构的解剖学比较。按照排列顺序，我们可以看到，［人类］胎儿的脑部结构逐月发育，正好历经了［脊椎］动物复杂组织形成的几个重要阶段。有理由相信，就人类胎儿和脊椎动物脑部结构的秩序来讲，自然界遵循着一致的创造和发育模式。

如是，蒂德曼提出了十九世纪初动物学界最重要也是被引述最多的结论之一。然而，他从来没有推广他最骄傲的发现，去建立人种的秩序，但所有其他科学家都做出了这样的尝试。在十九世纪，几乎所有关于人种优劣的观点都以蒂德曼的论据为基础，从胚胎学和比较解剖学推广到人种的秩序，认为所假设的从非洲人到亚洲人、从亚洲人到欧洲人的线性序列同样代表了逐步发展的大一统原则。

哪怕是十九世纪生物界的种族"自由主义人士"，也会在合适的时候援引"蒂德曼法则"。比如，托马斯·亨利·赫胥黎认为人种存在某种线性的秩序，以弥补类人猿到人类之间的演化间隔："最高等的人与最低等的人在脑质量上的差异远远高于最低等的人与最高等的类人猿之间的差异，不论是绝对质量还是相对质量。"

然而，基本法则的创立者蒂德曼本人却不打算用自己的法则推出，种内差异（这里指人种间的差异）和近缘物种一样遵循着线性秩序。我推测，这是因为蒂德曼不希望自己提出的法则成为种族有优劣之分的依据（当然，从逻辑上讲，种内差异和种间差异代表完全不同的生物现象，后世的研究证实了这一点）。

最起码我们知道，有一位知名的同行——理查德·欧文洞见了这个令蒂德曼沉默的理由。欧文在驳斥赫胥黎的同时，引述了蒂德曼的观点，并称誉他为"海德堡伟大的生理学家"，这也是本文的标题：

虽然大多数情况下黑人的脑要比欧洲人的小一些，但我观察到有一些黑人的脑完全可以达到高加索人的平均大小。海德堡伟大的生理学家也记录了类似的观察结果。综合脑部发育情况，我们一致认为，没有哪种智力活动能够区分出纯种黑人。

---

2. 首次采集了一大批关键数据，却没能注意到一条不符合预期的显著结论（即便这条结论不会颠覆预期的结果）。

1981年，我出版了《人类的误测》一书。写作时，我发现以种族优劣为名的一大批关键数据大多存在明显的错误。作者们理应能够发现，也理应能够得出相反的结论；至少，他们的理由在很大程度上失去了说服力。更有意思的是，这些科学家通常会把原始数据一并发表，使我有机会纠正其中的错误。因此我认为，他们并非有意用虚假的数据做出结论——伪造者会试着掩盖图谋不轨的痕迹。相反，他们的错误源自无意识的偏向性，这种偏向性如此强烈，如此理所应当（在他们的信仰体系和价值观之下甚至是不可置疑的），以至于令他们难以察觉一些对我们来说显而易见的信息。

公平地说，富于远见、品德高尚的学者也会在他们大胆提出的反传统观念中暴露出无意识的偏差。只有在那时，我们才能够从我们反对的观念中引申出更加有意义的内容，这些内容能够反映科学实践的心理学与社会学。

不久前，我发现了一件有趣的事，蒂德曼编纂的表格中略去了一些内容，以证明不同人种的脑容量是相同的。（令我感到羞愧的是，在写作《人类的误测》

时，我没有想到这一层。虽然我提到保罗·布罗卡敏锐地指出蒂德曼的数据能够产生不同的结论，为的是说明当他人的结论不符合布罗卡的偏好时，他常常会提出批评，但对于符合他预期的"更好"的数据，他却没能采用相同的标准加以评定。）

蒂德曼的表格是 1836 年样本量最大的定量研究，包括 219 名男性颅骨的原始数据，涵盖布卢门巴赫提出的所有五个主要人种，其中"高加索人"101 名、"埃塞俄比亚人"（即非洲黑人）38 名。但是，蒂德曼只列出了每件颅骨单独的数据（以过去药剂师使用的盎司、打兰为单位），没有给出各组数据的统计结果——既没有数据范围，也没有平均值。不过，根据蒂德曼的原始数据，很容易得到这些统计量，我计算的结果见附表。

蒂德曼的结论完全建立在不同人种颅骨大小范围的重叠上，他的结论似乎没什么问题——埃塞俄比亚人（共 38 个样本，容量为 32 至 54 盎司）和高加索人（共 101 个样本，容量为 28 至 57 盎司）的数据没有差异。不过，粗略浏览他的原始数据之后，我猜想也许能从每个人种的平均值中得到一些有趣的差异，这种简单的统计学方法可用于描述一般情况（即便在蒂德曼时代）。

如我计算得到的图和表所示，被蒂德曼忽略的平均值的确存在差异，而且是按照他的反对者所提倡的传统顺序排列的：高加索人的平均值最大，马来人、美洲人（也就是所谓的"印第安人"，不是欧洲移民）、蒙古人的平均值居中，最后是埃塞俄比亚人。尽管平均值的差异不能颠覆蒂德曼的结论，但反对者大可利用这些虚假的数据大肆宣传，于是问题变得更加复杂了。（也许蒂德曼计算了这些平均值，但没有发表，因为他意识到这可能会产生误解？这种行为在我看来不可原谅但可以理解。又或者他根本没有计算平均值，因为数据范围的信息更加显著，不必做进一步分析——这种情况很常见，是由无意识的偏向性造成的。我宁可相信是第二种情况，它更符合蒂德曼的个性和做派，但这种行

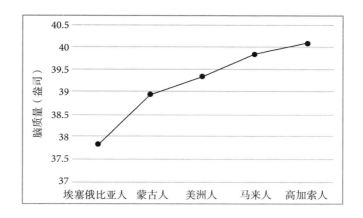

根据蒂德曼的原始数据，我在图中汇总了每个人种脑质量的
平均值，蒂德曼没有对数据进行这样的汇总

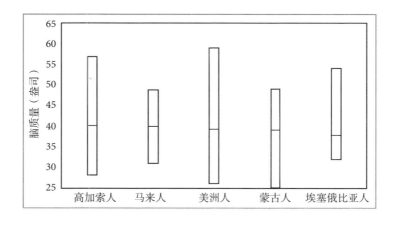

每个主要的人种脑质量数据范围和平均值的另一种呈现方式，是我根据蒂德曼的数据计算出来的。
请注意，与数据范围相比，平均值（垂直方向的几个白条分别代表每个人种的数据范围，垂直白
条中的水平线代表平均值）的变化不明显，由此验证了蒂德曼的结论

为违反了科学研究所推崇的规范。当然，也不能把第一种情况完全排除掉。）

附图中显示了蒂德曼没有计算的数据，这些数据的确能说明他的观点。作为关键的一对对比，高加索人和埃塞俄比亚人数据范围很大，并且充分重叠（高加索人的样本量要大得多，理应涵盖两类人种标本中最小和最大的颅骨数据）。与数据范围相比，平均值的差异很小，因此对于评判智力高低很可能不具备显著性的意义。此外，平均值的微小差异可能反映了体形的差异，而不是不同人种固有的差异。为了说明男性和女性脑容量相等，蒂德曼在文献中曾提到，脑容量与体形存在正相关（前文已经说过）。蒂德曼本人提供的数据就可以说明，体形大小可能会影响脑容量平均值。他将高加索人的数据按照地理分布分成欧洲人和亚洲人（主要是东印度人）两部分，他提到来自亚洲的高加索男性体形会更小一些，这部分男性（可能是体形最小的）的平均脑容量为 36.04 盎司，这是整个表格中的最小值，远远低于埃塞俄比亚人的平均值 37.84 盎司。

不过，对这些数据进行"处理"，可以让它们满足各式各样的需要，还不会犯任何"技术"错误。例如，蒂德曼数据中平均值的差异在每组样本的数据范围面前显得无足轻重。但是，如果我加大样本量，将欧洲高加索人和亚洲高加索人合并成一个样本（蒂德曼是将它们分开处理的），略去数据范围，仅仅给出平均值，按照十九世纪流行的种族优劣顺序排列，那么它们的差异会显得相当显著，没有经验的观察者很可能下结论认为，已有证据可以证明不同人种固有的智力水平存在显著差异。

总而言之，蒂德曼在进行种族差异研究时显然预设了平等主义的结论。既然蒂德曼得出的结论和同时代几乎所有科学家都不一样，我们就应当努力从数据质量和说服力特征之外寻找原因。在蒂德曼生活的时代，种族问题是一个非常突出的问题，无怪乎它持续不断地制造麻烦，令人不安。蒂德曼的判断来源于道德问题——他很可能明白，经验数据也许能够阐明这个问题，但永远无法

392

解决它，即种族主义，特别是奴隶制，造成的社会悲剧。

蒂德曼意识到，能够呈现自然事实的科学数据无法从道德层面揭露奴隶制的罪恶，因为征服者总能发明种种理由来奴役那些智力丝毫不逊色的人群。很多废奴主义者也同样认为非洲黑人是劣等民族，只不过他们追求自由的愿望更加强烈，面子上需要格外照顾那些不太可能取得成功的人。蒂德曼还意识到，社会现实会模糊真相与道德的逻辑分野。在实际生活中，大部分奴隶制的鼓吹者认为，奴隶制得到默许是因为劣等人种的存在，否则很难符合所谓的"基督徒"价值观：如果"他们"和"我们"不一样，如果"他们"过于愚昧以至于无法应付复杂的现代生活，那么"我们"就有权利管理"他们"。如果科学能够证明不同人种的智力没有差异，那么很多支持奴隶制的常规观念就会不攻自破。

现代学术期刊往往拒绝接受针对实际发生的自然现象进行明显的道德评价。不过，在蒂德曼时代，浓厚的文学性与跨学科倾向受到普遍认可，即便是顶尖学术期刊也不例外，比如《哲学会报》（这个名字现在看来略显陈旧，但对于一份创建于十七世纪的优秀学术期刊来说很适合）。所以，蒂德曼"开门见山"地表明了与科学无关的缘由——他在论文的第一段就宣称，这项研究具有科学与伦理学双重动机，也解释了他为何要使用英语：

> 我很冒昧地将这份论文提交给皇家学会，在我看来，其主题不仅对博物学、解剖学和人类生理学具有重要意义，也与政治和立法观念息息相关。一些知名博物学家……认为黑人在社会形态和智力上要劣于欧洲人，与猴子更为相似……果真如此的话，黑人的社会地位将与尊贵的不列颠政府不久前赋予他们的很不一样。

简言之，蒂德曼用英语发表论文是为了致敬并纪念大不列颠废止奴隶贸易的举措。这是一个漫长而曲折（同时令人痛苦）的过程。在威廉·威尔伯福斯等热心的废奴主义者的努力推动下，不列颠于 1807 年废止了西印度奴隶贸易，但没有释放那些已经成为奴隶的黑人。（威尔伯福斯的儿子，塞缪尔主教，绰号"油滑的萨姆"[5]后来以同样的热情反对达尔文理论。一些事情一开始值得称道，后来却会变得荒诞。历史经常重复，正如马克思所言："第一次是悲剧，第二次却是闹剧。"）直到 1834 年，奴隶才得到完全的解放。这是人类历史上的一桩大事，蒂德曼作为一名科学家，决定用他可以使用的最有用的方式进行庆祝：写一篇学术论文提供真实的证据，同时希望对道德予以裨益。

前面我引述蒂德曼论文的第一段以称颂他将真实数据与道德关怀理智地结合在一起，那段文字也解答了我的疑惑——他为何要用一种外语发表文章。我想，借用他结尾的段落结束这篇随笔更能说明这位最值得称赞的学者在道德层面的深刻思考，虽然历史已经将他遗忘，但是他曾经运用自己最理性的武器、天赋的智慧和强烈的责任感贡献出了一份正义的力量：

通过对黑人脑部结构的研究，我得到了最重要的结果：不论是解剖学还是生理学，都无法证实我们所认为的黑人在道德或者智力上劣于欧洲人的观点。那么，埃塞俄比亚人凭什么不能开化呢？这就和尤利乌斯·凯撒时代认为德国人、不列颠人、瑞士人和荷兰人无法拥有自己的文明一样荒唐。奴隶贸易造成的无数灾难正是阻碍非洲部落文明进步的近因和远因。大不列颠废除奴隶贸易的举措是何等的高尚与荣耀，毁掉非洲、使任何帮助非洲人的努力失败的枷锁已经被粉碎。

VIII

"我到岸了"百年之后的喜与悲，
2001 年 9 月 11 日

引　言

最后一章有四篇短文。原本，这本书到前面就已经结束了。但是，由于一起众所周知的悲剧，我决定记录这一个月来所经历的事情与感受。在历史的案卷中，这起悲剧也许会用它的日期而不是主要的事件命名：不是诺曼底登陆日，也不是肯尼迪遇刺案，而是"9·11事件"。这一事件自然无法回避，这本书也必然要谈到这起导致我们生活和情感剧变的事件，因为书的主题"我到岸了"就是为了铭记我的家人移居美国的第一天——外祖父抵达美国的日期是1901年9月11日，而100年后的这一天，距离我家不到1英里的地方发生了"9·11事件"，这一诡异的巧合令我内心深受震动。这章的四篇文章主旨一致，核心思想相同，甚至有一些重复的语句。在随笔合集中，我总是极力避免类似的重复；但在这一特殊的时刻，这种做法是可以的，甚至是必需的。我认为，我们有必要强调一种常常被忽略的真正的救赎，从感情上讲几乎是一种义务，尤其是在悲剧气氛的笼罩之下。作为演化生物学家，我对复杂系统的总体看法（特别是对人性的理解）是这样的：简单的美德与善良是人类不可战胜的主流，是我们之所以为人的核心特征；然而，少数一些破坏力巨大的罪行很容易将其遮蔽。因此，我们或许可以把这章叫作"关于恒久人性与渺茫希望的四部曲"。这几篇文章是按发生顺序排列的：从"流亡"哈利法克斯时的一些思绪开始，接着是回家来到归零地的第一印象，然后是关于"我到岸了"百年纪念日发生的惊人事件的思考，最后是更具普遍意义的反省。作为一名土生土长的纽约人，我会以更充沛的情感讲述这里的高楼大厦有多重要，以及它们对人类希望与超越有着什么样的象征意义。

28

哈利法克斯的好人 *

新斯科舍给我的第一印象是陌生而不快的，当然，彼时的接触并不直接：大批美国孩子在试图理解朗费罗 [1] 艰涩的叙事诗《伊凡吉林》时，恐怕都会产生这样的感受，这首诗讲述了 1755 年阿卡迪亚人所遭受的驱逐。而第一次真正接触海边的加拿大是在二十世纪五十年代中期，那时我还是个少年，和家人一起驾车出游。那次旅行给我带来了无尽的快乐和惊奇：我体验了蒙克顿磁力山的幻境，惊讶于芬迪湾的潮汐（特别是圣约翰湾逆向的急流和蒙克顿的涌潮），沉醉于佩姬湾的安宁，也在哈利法克斯的老街上感受了历史的踪迹。

此后，我又数次重游，每每总能感到热切与满足。第二次的家庭旅行中，我已经当了两个孩子的父亲，大儿子 3 岁，小儿子尚在母腹中。之后又前往

---

* 这篇文章 2001 年 9 月 20 日发表在加拿大的全国性报刊《环球邮报》上。文章最后一段解释了加拿大国歌中的几句歌词。真的有苏卡宁先生（也真有萨斯喀彻温省的穆斯乔镇）。伊万杰琳是朗费罗虚构的人物，但他们之间的关系，正如加拿大本国人和现在居住在美国的加拿大人之间的关系那样，强化了这个歌颂的主题。

达尔豪西发表演讲，在纽芬兰进行野外地质工作。然而，最近一次来到加拿大，却完完全全是被迫的、内心极度不安的。我住在下曼哈顿区，距离双子塔遗址只有1英里。9月11日是个周二，也是我60周岁生日的第二天早上，那天双子塔轰然倒塌，成了邪恶与狂乱的牺牲品。当时我和妻子正在米兰飞往纽约的途中，我们经过泰坦尼克号长眠的地方，顺着它的死亡之路来到哈利法克斯。我们在停机坪上坐了八个小时之后，终于可以安歇在达特茅斯体育中心的简易床上，之后又搬到附近的假日酒店休息。周五早上三点，意大利航空公司将我们带回机场，但告诉我们只能坐飞机飞回米兰。在那里，我们租到了最后两辆车中的一辆，终于回到家中，悲切的心情得到了些微安慰。

这起事件是我们经历过的最恐怖的事件之一，它绝不像过分乐观的人所说的那样，正相反，它记录了人类最深刻的一场悲剧。一直以来，人类与生俱来的善良与得体总能占据上风，几乎所有人都会在道德的指引下走向正确的方向，偶尔才会因为人性的弱点出现短暂的偏差。罪恶的事情从来都不多，只不过极其稀有的几次犯罪造成了巨大的破坏，使我们的生活因此背负上灾难与不幸的重压。特别是在技术时代，飞机都可能变成强有力的炸弹。（试想1415年的阿金库尔战役，再邪恶的人也只有长弓，无法造成如此严重的后果。）

人们往往不会注意到，几乎所有复杂系统的结构都存在一条充满悲剧色彩的原则，这条原则不受欢迎，但非常重要：系统的构建必须积累尺寸之步，而摧毁系统却只需要一瞬间。先前，在一些讨论变化原理的文章中，我称这个现象为"严重不对称（Great Asymmetry，使用大写是为了强调悲剧性）"。千千万万的人完成了数以万计善意的行为，经过很多年才慢慢构筑起相互的信任与和谐；这一切，可以被一个娴熟而偏执的精神变态狂瞬间摧毁。因此，就算历史长河中善行与罪恶的效果彼此平衡，"严重不对称"也会告诉我们，善者与恶者的数目绝不可同日而语，千千万万善良的人会征服所有躲在黑暗中的犯罪者。

强调这一条被严重低估的原则是因为，我们错误地把效果的平衡与数量的相等画等号，这会使我们对人类感到绝望，尤其是在这样一个满溢着悲伤与质问的时刻。其实，善良的人远远多于我们中极少数的邪恶者，数以万计善意的行为正是归因于前者。所以，我们完全有理由继续相信人类的美好，相信我们注定会走向胜利，只要我们能够学会驾驭存于几乎所有人之中的源源不绝的善意。

因此，记录数不清的小善举就成了必要的义务，甚至可以说神圣的责任，它们常常因为缺乏"新闻价值"而被大众忽视。我们必须重申人类普遍存在的善意，而不是极尽宣传大灾难之能事，忽略平常的小事。日常善行的发生频度与突发的犯罪相比，至少是 100 万次比 1。这个激动人心的比例让人难以想象，除非我们把它看作是由些微善举渐渐堆成的坚不可摧的堡垒，这座堡垒比任何一幢钢筋水泥筑成的脆弱建筑都来得高大。

媒体大力宣传了（这是它们应该做的）专业人士面对危险时所展现出的惊人的勇气和美德，也宣传了那些能够在危急时刻表现出超人力量的普通人：英勇的消防员冲进现场营救被困者；联合航空 93 号航班的乘客严格正确地猜到了双子塔的命运，他们毫不畏惧，与劫机者进行了殊死搏斗，飞机最终坠毁在人烟稀少的荒原，他们用自己的生命挽救了原本可能会遭遇不测的数千条生命。这些壮举背后有着数不清的细小善举，后者不可能由追名逐利的想法驱动（因为没有人指望会被记录下来），我们只能把这看作是朴素的人性之美。但是，这一次，在这个关键时刻，我们必须记下这些小小的善举，为的是再一次激励大家，善是人类的主流。

哈利法克斯靠近纽约受灾区域，有 45 架满载着外来陌生客的飞机分成两排降落在停机坪，9,000 名乘客在这里暂住、用餐，最重要的是得到安慰。也许应该把它记录下来，在生命之书上应该有这样的一页：祝福那些善良的哈利法克斯人，他们彻夜不眠，慷慨地为陌生人提供居所；他们赶忙拿出大量的食物和衣服，足以支持一支军队；他们提议人们游览这座美丽的城市；更重要的是，他们愿意抱着同情之心倾听人们的诉说，这一幕足以令铁石心肠的男子落泪。没有任何一句刻薄的话，也没有哪怕半点儿嫌弃，我感受到的只有纯粹、真挚的热情。

我知道，哈利法克斯人面对灾难（这是过去所有以航海为业的人都有可能偶然遇到的情况）一向表现出英雄气概和自我牺牲的精神，这是他们悠久的传统。1912 年，你们接纳了泰坦尼克号的幸存者，埋葬了遇难人员；1917 年，哈利法克斯大爆炸使你们失去了十分之一的同胞；在最近的瑞士航空空难 [2] 中，你们又帮助收集了遗骸。

起初简直无法相信是真的，不过，这一次，你们的表现超越了以往。因为，你们是如此毫不迟疑、全体一致、毫不吝啬地提供了一切可能想到的援助。几天以来折磨落难者的并非真正的危险，只是恐惧和不便。尽管没有生命之忧，但你们给了我们几乎一切。9,000 名落难者会永远感激你们，你们的慷慨展现了人性的光芒。

于是妻子与我开车回了家。我们路过蒙克顿的磁力山（现在已经是一座主题公园了），从高速公路上远望圣约翰湾的逆向急流，在卡利斯（Calais）跨过边境线（我知道，Calais 的读音应当和 Alice 仿佛，而不是和 ballet 仿佛），最后来到尘土和浓烟笼罩的碎石废墟，曾经的双子塔现在成了 3,000 人的坟墓。然而，是你们给了我希望，即便遭遇如此的创伤，人性的纽带也能让我们团结在一起。加拿大虽不是我的祖国，但我会时时记起，当一群惊恐的外来者降落在这里时加拿大人所表现出的慷慨好客，是你们的善良赐予了我们慰藉与团结。啊，加拿大，我们心心相印，从路易斯安那走出伊万杰琳，也在穆斯乔诞生了英勇的苏卡宁先生，我为加拿大站岗护防！

29

苹果布丁[*]

人类历史交织着邪恶与良善，它们势均力敌。于是，人们常常认为，如此精确的平衡必然会导致社会上善人与恶人的数量相等。我们需要揭开真相，向大家宣布，这个结论是错误的。因此，在危机时刻，我们要强调一个很容易遗漏的重要事实，重新获得飘忽不定的心灵慰藉。要知道，善人的数量是恶人的数千倍，人类历史的悲剧常常是少数几次罪行造成的惨痛后果，而不是因为恶人数量多。复杂系统只能通过日积月累构建，而摧毁它只需要一瞬。这就是我喜欢说的"严重不对称"，一次可怕的罪行需要数以万计善意的行为才能弥补，而后者常常因为是平常人"平常"的举动而不被注意。

现在，一场史无前例的浩劫几乎就要撕碎我们对人性的认知。这时候，记录并赞美无数小小的善举，不仅是义不容辞的责任，也是神圣的义务。站在归零地，我惊诧于曾经最高大的人类建筑瞬间成了一堆扭曲的废墟。（有些按字面意思解读圣经的学者将其类比为巴别塔[1]，这是我无法赞成的。）上一次如此

---

* 这篇文章 2001 年 9 月 26 日发表在《纽约时报》专栏版上，发表时用的不是这个标题，我在这里恢复了原来的标题。

惨烈的牺牲还是150年前的南北战争：安提塔姆河、葛底斯堡、冷港。我以为我们国家不会再有大屠杀的一天，因为战争会带来苦难和泪水。无疑，这样的场景是悲壮的，但绝不是令人绝望的。用一个现在不太常见的旧词来说，归零地是"庄重"的，它的肃穆令人敬畏。

从人类视角看，归零地是整个星球上无数美德、无数善举汇聚而成的焦点，必须将它们记录下来，以使我们再度确信，人性的美好压倒一切。归零地的碎石悄无声息，而人类的活动却热闹非凡，每个人都无私地贡献出自己的一份力量，大与小取决于方法和技术，在价值上没有高低之分。我的妻子和继女建立了一座小仓库，用于收集和分发短缺的必需品，供归零地的工人使用，比如呼吸器和鞋垫。随着消息的传播，善良的人们带着各种物资纷至沓来，小至一口袋电池，大至一万美元购置的安全帽，他们从当地的一家日用品商店买来直接带给我们。

我想讲一个小故事，由此说明恐怖分子的行动必将失败。我也想借助许许多多这样的故事，告诉那些为数不多的邪恶的人，他们所制造的恐怖终将淹没在日常的善行中。一天晚上，当我们离开一家当地餐厅准备前往归零地运送物资时，厨师递给我们一只袋子，说："这里面有十二只苹果布丁，我们这儿最棒的甜点，还是热的呢，请带给那些救援人员。"多可爱的人，可是这没什么意义啊，我心中暗想，这最多算是一条纽带，令厨师与善后工作有一点儿关联。不过，我们还是承诺会把布丁送出去。于是，我们将装有十二只苹果布丁的袋子放在数千呼吸器和鞋垫上。

十二只苹果布丁就这样进入了援助，而这里有几千名工作者。可是，接下来的故事让我先前的想法变得十分可笑，给我留下了难以磨灭的印象。十二只苹果布丁就像朴素的烤饼一样受人欢迎。我先前以为无甚用处的象征物宛如黄金般珍贵，和它一样能满足胃肠和精神需要的还有很多很多，从孩子们的明信片到路人的称赞。我们将最后一只布丁交给了一位消防员，在一群年轻人中，他年纪稍长，独自一人筋疲力尽地坐在那儿，往鞋子里塞一块我们提供的鞋垫。看到布丁，他眼里闪烁着光芒，脸上重新漾起了笑容，他说："谢谢你们。这是我四天来看到的最可爱的东西，它居然还是热的！"

30

伍尔沃思大楼 *

纽约州州印上镌刻的箴言"不断向上"（字面意思是"更高"，或者稍微引申一下，"更向上"）一语双关地表现了人类文明的梦想与危险。因为梦想，我们不断超越过去的巅峰，不断向上以至于达到外星世界，同时也在合乎伦理标准的范围内追寻知识和幸福。而就危险一面讲，假使没有道德的约束，专注而单纯地追求有可能出现偏差，滑入狂热的"真信仰"，最后演变为无法容忍任何反对意见的盲信。

作为一名博物学家，同时内心里又是一名人文主义者，我一直相信，智慧会指引人类找到最好的方案，可以合乎道义地追寻梦想，又可以避免灾难：在你不断向上的同时，要考虑人类和自然多样性带来的怪异、矛盾、弱点和隐约的光明，时时修饰手中工具的结构（不论是概念层面的，还是技术层面的），因为以人类的温暖与欢笑维系的伟大梦想，不可能被空洞的狂热击败。

---

* 　本文发表在《博物学》杂志上，是同系列四篇文章中最后完成的一篇，通常情况下我会按照写作
　　顺序排列文章，但在本书中，因为显而易见的原因，接下来的一篇必须放在最后。

不断向上需要和弱点、差异、矛盾调和，从记事以来，我就怀有统一抽象的象征与实际的典型这一伟大的目标。我承认自己一直很喜欢摩天楼，比如伍尔沃思大楼，高 792 英尺，自 1913 年建成以来一直是世界上最高的建筑，直至 1929 年被克莱斯勒大楼（另一座我很喜欢的建筑）超越。伍尔沃思大楼是下百老汇区的至高点——东侧是特威德法院大楼（象征人类贪欲的低矮建筑），西侧就是毁于 2001 年 9 月 11 日的双子塔（象征不断向上的高大建筑）——代表了为实现梦想所必须兼备的这两种元素最完美、最和谐的结合，但它们看上去是那么格格不入。

　　伍尔沃思大楼的高度的确足以体现人类不断向上的目标。但同时，奢华的装饰也为这一高度增添了温暖、宏伟和人类的气息。外墙包着色彩鲜艳的赤陶土（不是普通的石头），给人以温暖的感觉，而不是闪着冷冰冰的金属光泽。奢华的外部装饰明显属于哥特风格，将过去几个世纪的教会理想与现代生活的垂直性糅合在一起（这座大楼因此有了一个离奇的绰号"商业大教堂"）。大楼内部富丽堂皇，有点缀着数百万小珠宝的马赛克天花板、华丽的楼梯、描绘劳动与贸易景象的壁画，还有雅致的电梯。在这里，杂糅着宗教的敬畏、技术的奇迹与艺术的美感，给人以矛盾的印象，有时候震慑于它的崇高，有时候又觉得不过是人类的自大。同时，富丽堂皇与世俗的滑稽剧交织，闪闪发亮的天花板俯瞰着伍尔沃思先生[1]的怪兽滴水饰，数着他所建立的商店中的五分硬币和一角硬币，而建筑师卡斯·吉尔伯特终于有了能够体现他想象的建筑。

　　在我年轻的时候，伍尔沃思大楼是附近地区最高的建筑，整个下曼哈顿区都被温暖的赤陶色笼罩着。二十世纪七十年代初以后，就再也看不到这道柔美的风景线了，因为西南侧矗立起了双子塔，如同自天顶垂下来的金属柱子，挡住了我挚爱的大楼，温暖的赤陶色也被金属的夺目光彩所遮蔽。

"9·11事件"是一场彻头彻尾的悲剧，那一天是近150年前葛底斯堡战役以来，死亡同胞数最多的日子。然而，就算100座双子塔一座一座摞起来，也无法企及人类的耐力与美德。这类事实需要一些证据来支持，这样，不断向上的梦想才不会因为几个恶人的恶意利用而破灭。

不得已在哈利法克斯呆了一周之后（作为9月11日45架改道迫降飞机的9,000名乘客之一），我回到了自己深爱的出生地，那一天，阳光灿烂、万里无云。当天下午，我和家人一起来到归零地向救援人员发放物资。在这里，我的内心受到了极大的震动（虽然我已经做好了充分的思想准备），任何一个纽约人都会如此：曾经的天际线粉碎了、消失了！然而，我站在哈得孙河的河岸向东望去，看到的却是世界上最美丽的乡村景观，美景的再现是由于一场最糟糕的事件，但华美是无法否认的：经历一番劫难之后，伍尔沃思大楼哥特式的雕饰、赤陶色的光泽明亮、高耸、孤寂，直抵蓝天。只要精神还在，只要我们还赞美那多样的、丰富的、由伦理主导的历史连续性，同时以恰当的方式向着外星世界不断向上，我们就不可能被打败。

当马塞尔·杜尚[2]还是一位愤世嫉俗的年轻艺术家时，他从巴黎来到纽约。在这里，他放下心理的戒备，感受着那个时候如此之新的世界最高建筑的魅力。他要将这一宏伟的结构称为艺术品，1916年1月，他在写给自己的信中表示："寻找属于伍尔沃思大楼的铭文，它是一座现成的艺术品。"

1913年4月23日，在官方的落成典礼上，牧师帕克斯·卡德曼称伍尔沃思大楼是一座"商业大教堂"（当时，威尔逊总统[3]在华盛顿按下了一个开关，用80,000枚灯泡照亮了大楼），他引用华兹华斯[4]著名诗歌《不朽颂》中的最后一句，盛赞这座伟大的建筑能够唤起"那泪水不及的最深处的思绪"。在9月18日阳光灿烂的下午，当我望着这座重新矗立于蓝天背景下的人类杰作时，忽然发现了杜尚曾经寻找的句子。它是这首诗的第一节："都披着天光，这荣耀，梦的开始。"这诗句描述了我对建筑的热爱，它的高大压倒了所有邪恶，代表着人类现实与超越的壮丽，也代表着所有的弱点。

31

2001 年 9 月 11 日 *

　　"凡事都有定期，天下万务都有定时。生有时，死有时。栽种有时，拔出
所栽种的，也有时"（《传道书》3:1-2）。

　　我收集了很多古旧科学著作，一些有着漂亮的装帧和插图，另一些则是
十五世纪晚期印刷术刚刚兴起时的作品。然而，在这些藏品中，我最珍视的无
价之宝是这样一本书：1901 年 10 月 25 日，一位 13 岁的匈牙利移民约瑟夫·阿
瑟·罗森贝格刚到岸不久，就花五分钱买了一本小小的《英语语法学习》。这
本书的作者是 J. M. 格林伍德，出版于 1892 年，书上的一枚小印章记录了购买
地点：卡罗尔书店，专售古旧珍稀书籍，富尔顿和珀尔大街，布鲁克林。

　　约瑟夫·阿瑟·罗森贝格（即我的外祖父乔姥爷）的到岸开启了我们一家
在美国的生活。和他一起来的还有母亲莱妮和两姐妹（我的两个姑姥姥雷吉娜
和古斯）。8 月 31 日，他们乘坐肯辛顿号的统舱从安特卫普出发。这条船的头

*　　这篇专栏文章 2001 年 9 月 30 日刊登在《波士顿环球报》上。

等舱有 60 名乘客，统舱则有 1,000 名乘客。旅客名单显示，莱妮为了开启在美国的新生活，总共花了 6.50 美元。在书本的扉页，除了乔姥爷的名字和购买日期，他又添了一条额外信息，用最有说服力的词语写下了一条最简短的留言："我到岸了。1901 年 9 月 11 日。"

我希望 2001 年 9 月 11 日去埃利斯岛，和我的妈妈——乔姥爷唯一在世的孩子一起，站在他曾经靠岸的地点，纪念我们家族一百年的历史。我乘坐的班机从米兰起飞，原计划正午抵达纽约，却降落在了哈利法克斯。这一天，纽约这座汇聚了新与旧，毗邻自由女神像与埃利斯岛，有双子塔俯瞰全城的城市，因为人类的邪恶，成了 3,000 人的葬身之处。这一天也是一小支美国家庭的百年纪念日。它曾意味着诞生，整整一个世纪之后，它又意味着死亡。

乔姥爷是一名制衣工，在纽约过着普通人的生活。虽然贫困，但生活还算安定。他和我的外祖母生育了四个孩子，这些孩子都深受我们民族所崇尚的价值观的影响：公正、善良、自力。和通常的模式一样，乔姥爷那一代挣扎于生活；我父母高中毕业后参了军，后来逐渐步入中产阶级；第三代则接受了高等教育，有一些同辈取得了职业上的成功。

乔姥爷的故事像灯塔一样，闪耀着希望与善良的光芒，百年纪念日发生的疯狂犯罪根本无法遮掩它的美好。他的故事会压倒罪恶，这是最平常的故事，不涉及常人无法企及的勇气、痛苦或者磨难。几乎每一个美国家庭都有这样的故事：起初，来自陌生之地的陌生客一无所有，经过长年累月体面、正当的努力，最终兴旺发达，往往是过了几代之后才有人感谢他们。

在技术时代，当飞机可以作为强有力的炸弹时，极其罕见的罪行似乎也能毁坏我们的自然景观，不论从地理上，还是从心理上。但是，数百万好人、数十亿善意的行为构成的人类美德，远比那些罪行有说服力，只不过常常因为缺乏相对的"新闻价值"而被忽略。1901 年 9 月 11 日，一个小小家庭的起源会因为数以百万计相似的"平凡"故事被放大，淹没极少数人在 2001 年 9 月 11 日犯下的罪行。

我站在归零地，望着这片扭曲的废墟，曾经人类最宏伟的建筑在灾难发生的瞬间轰然坍塌，这样的景象也透出崇高的意味。我想起五年级时我们都对背诵林肯的"葛底斯堡演说"颇有微词，今天看来，他的话语显得意味深长。自葛底斯堡战役和内战的其他几场战役以来，我们国家已经有将近 150 年没有遭受过如此惨痛的死亡："我们要在这里下定最大的决心，不让这些死者白白牺牲。"

《传道书》第三章开头云，生之后必定是死。但接着，它更换了生与死的顺序，似乎这样看起来要乐观一些。比如第三句就是先有毁灭，后有重建："杀戮有时，医治有时。拆毁有时，建造有时。"第四句则扩展至从起初的伤感变成最终的快乐："哭有时，笑有时。哀恸有时，跳舞有时。"

我的家乡纽约，还有整个世界，都在 2001 年 9 月 11 日这天遭遇了莫大的痛苦。然而，1901 年 9 月 11 日乔姥爷写下的那句留言"我到岸了"正是数十亿人的缩影，普通人的善良会击败邪恶。我们到岸了。自由女神仍然高擎着火炬，站在金色大门边上。那扇门开启了人类历史上还算比较成功的伟大民主实验，人类的种族、经济、地理、语言、风俗和职业千差万别，但人性的善良使我们所知的这个世界成为统一的整体。我们经历了最喋血的战争，才使"合众为一"成为生动的现实。现在，我们将取得胜利，因为好人比邪恶的精神变态者多数百万倍，普遍善良的人性占绝对优势。但是，要取得成功，就必须时时提醒自己，不断地将这隐藏的美德付诸行动。《传道书》第七句概括了我们在乔姥爷到岸的百年纪念日应该去体验的经历："撕裂有时，缝补有时。静默有时，言语有时。"

附录 1

注释

I

01 我到岸了

1. 多罗修斯：公元一世纪占星家。
2. "五尺丛书"：又名哈佛丛书，哈佛大学校长埃利奥特主编，共50册，长约5英尺，故得名。
3. 奥兹曼迪亚斯：公元前十三世纪的埃及法老拉美西斯二世。

II

02 没有缺乏想象的科学，也没有缺失事实的艺术：弗拉基米尔·纳博科夫和鳞翅目昆虫

1. 培根：1561-1626，英国哲学家，英语语言大师，英国唯物主义和实验科学的创始人，主要著作有《论科学的价值和发展》《新工具》。
2. 歌德：1749-1832，德国诗人、作家，青年时代为狂飙运动的代表人物，集文学、艺术、自然科学、哲学、政治等成就于一身，写有不同体裁的大量文学著作，代表作为诗剧《浮士德》、小说《少年维特之烦恼》。
3. 丘吉尔：1874-1965，英国保守党政治家、著作家、首相，第二次世界大战期间

领导英国人民对德作战，著有《世界危机》《第二次世界大战》《英语民族史》等。

4. 多萝西·塞耶斯：1893-1957，英国女作家，以写侦探小说著称，主要作品有《谁的尸体？》《九个裁缝》等，塑造了机智、风趣的彼得·温姆西勋爵这一侦探形象。

5. 查尔斯·艾夫斯：1874-1954，美国作曲家，打破传统成规，最早使用多调性和多节拍技巧，主要作品有《第二钢琴奏鸣曲》《美国变奏曲》等。

6. 路易斯·阿加西：1807-1873，美籍瑞士博物学家和地质学家，从事冰川活动和绝种鱼类的研究，促进了冰期学说的发展，著有《关于鱼化石的研究》《冰川研究》《美国博物学论文集》等。

7. 莫扎特：1756-1791，奥地利作曲家，维也纳古典乐派主要代表，5 岁开始作曲，写出大量作品，主要有歌剧《费加罗的婚礼》《唐璜》《魔笛》等。

8. 舒伯特：1797-1828，奥地利作曲家，以歌曲创作为主，一生留下艺术歌曲600 余首，主要作品有《魔王》、声乐套曲《美丽的磨坊女》、《冬之旅》、《未完成交响曲》等。

9. 坡：1809-1849，美国诗人、小说家、文艺评论家，现代侦探小说的创始人，主要作品有诗歌《乌鸦》、恐怖小说《莉盖亚》、侦探小说《莫格街凶杀案》等。

10. 希罗尼穆斯·博斯：1450-1516，荷兰画家，作品主要为复杂而独具风格的圣像画，代表作有《天堂的乐园》《圣安东尼诱惑》等。

11. 《尤利西斯》：爱尔兰作家詹姆斯·乔伊斯（1882-1941）创作的长篇小说。

12. 《帕西发尔》：德国作曲家瓦格纳（1813-1883）根据传奇故事所作的歌剧。

13. 林德伯格：1902-1974，美国飞行员，因单独完成横越大西洋的不着陆飞行（1927年 5 月 20 日）而闻名世界，著有《圣路易斯精神号》，记述其飞行经历。

14. 第谷·布拉赫：1546-1601，丹麦天文学家，进行了大量较精确的天文观测，其观测资料为开普勒行星运动三定律奠定了基础。

15. 考德爵士：苏格兰贵族的一种称号。

16. 《阿达》中提到"昆虫"的一个常见变位词：指乱伦 incest。incest 和 insect（昆虫）仅有字母顺序的差异。

03 吉姆·鲍伊的信和比尔·巴克纳的腿

1. 韦思：1882-1945，美国画家，曾为 25 部少年读物画插图，其中包括《金银岛》《鲁滨孙漂流记》《汤姆·索耶历险记》。

2. 威廉·特拉维斯：1809-1836，美国律师和军人、得克萨斯革命领袖，领导得克萨斯人反抗墨西哥统治，在率志愿兵保卫阿拉莫教堂的战斗中被墨西哥军队杀害。

3. 圣安纳将军：1794-1876，墨西哥将军、总统，镇压得克萨斯叛乱，战败被俘，在墨西哥战争中以失败告终，后实行独裁统治，被推翻后流亡国外。

4. 芬威球场：供棒球比赛使用的球场。位于波士顿，目前是美国职业棒球大联盟波士顿红袜队的主场。此球场落成于 1912 年，是现今大联盟所使用的最古老的场地。

5. 罗伯特·弗罗斯特：1874-1963，美国诗人，善用传统诗歌形式和口语表达新内容和现代感情，四次获普利策奖，名作有《白桦树》《修墙》等。

04 真正的完美

1. 罗宾汉：英国民间传说中劫富济贫的绿林好汉。

2. 萨瓦歌剧：形成于十九世纪维多利亚时期的一种英国喜歌剧。

3. "孤儿（orphan）"作为"常常（often）"的双关语：在英文中，orphan 和 often 发音相同。

4. 尤利乌斯·凯撒：公元前 100- 公元前 44，罗马统帅、政治家，与庞培、克拉苏结成"前三头同盟"，后击败庞培，成为罗马独裁者，被共和派贵族刺杀，订定儒略历，著有《高卢战记》等。

5. 维克托·赫伯特：1859-1924，爱尔兰裔美国作曲家、大提琴手和指挥，以小歌剧乐曲最为出色，曾致力于订立版权法的斗争，作品有小歌剧《小夜曲》《情侣》等 40 余部。

6. 西格蒙德·龙伯格：1887-1951，出生于匈牙利的美国作曲家，主要成就是美国轻歌剧，作品有《5 月时节》、《学生王子》、音乐剧《在中央公园》等。

7. 《超越贝多芬》：1956 年发行的一首改编自贝多芬乐曲的摇滚乐。

8. 巴赫：1685-1750，德国作曲家、管风琴家，出身于爱森纳赫的音乐世家，一生作品丰富，多用复调音乐写成，把巴罗克音乐风格推向顶峰，对西方音乐发展有深远影响。

9. 迪马乔：1914-1999，美国二十世纪四十年代最佳全能职业棒球运动员，在其球坛生涯中平均击球成功率为 .325。

10. 韩德尔：1685-1759，英籍德国作曲家，一生创作歌剧、清唱剧 70 余部及康塔塔、声乐曲、器乐曲等，代表作有清唱剧《弥赛亚》等。

11. 普赛尔：1659-1695，英国作曲家，作品有歌剧《狄朵与埃涅阿斯》《仙后》《亚瑟王》等。

12. save 可以是 except 的意思：原句中的 save 可作 except 解，这里译为"只有"；

一般情况下，save 作"拯救"解。

05 艺术和科学相遇在《安第斯之心》：丘奇的绘画、洪堡的去世、达尔文的名著、自然的冷漠缘系 1859 年

1. 凡·爱克：1390-1441，文艺复兴时期尼德兰画家，使油画技巧达到新高度，与其兄合作的根特祭坛组画是欧洲油画史上第一件重要作品。

2. 阿尔弗雷德·拉塞尔·华莱士：1823-1913，英国博物学家，提出生物进化的自然选择学说，将马来群岛的动物分布分为东洋区和澳大利亚区，其分界线称为华莱士线，著有《自然选择理论文稿》等。

3. 席勒：1759-1805，德国诗人、剧作家、历史学家、文艺理论家，主要作品有剧本《华伦斯坦》《阴谋与爱情》《威廉·退尔》等、诗作《欢乐颂》及史学著作《三十年战争史》等。

4. 托马斯·杰斐逊：1743-1826，美国第三任总统，《独立宣言》主要起草人，民主共和党的创建者。

5. 西蒙·玻利瓦尔：1783-1830，委内瑞拉政治家，南美西班牙殖民地独立战争领袖，一生曾把六个拉美国家从西班牙殖民统治下解放出来，获"解放者"称号，1819 年建立大哥伦比亚，当选总统。

6. 启蒙运动：指十八世纪欧洲以推崇"理性"、怀疑教会权威和封建制度为特点的文化思想运动。

7. 伏尔泰：1694-1778，法国启蒙思想家、作家、哲学家，著有《哲学书简》、哲理小说《老实人》等。

8. 戈雅：1746-1828，西班牙画家，作品讽刺封建社会的腐败，控诉侵略者的凶残，对欧洲十九世纪绘画有很大影响。

9. 孔多塞：1743-1794，法国哲学家、数学家，法国大革命时期立法会议中的吉伦特派，主要著作为《人类精神进步历史概观》。

10. 埃德蒙·伯克：1729-1797，英国辉格党政论家、下院议员，维护议会政治，主张对北美殖民地实行自由和解的政策，反对法国大革命。

11. 约翰·赫歇耳：1792-1871，英国天文学家，威廉·赫歇耳之子，研究双星和星云，发表双星总表，观测南天星云，测定恒星亮度并加以分类。

12. 霍布斯：1588-1679，英国政治哲学家、机械唯物主义者，认为哲学对象是物体，排除神学，从运动解释物质现象，拥护君主专制，提出社会契约说。

13. 托马斯·哈代：1840-1928，英国小说家、诗人，代表作有小说《德伯家的苔丝》《无名的裘德》等。

14. 罗西尼：1792-1868，意大利作曲家，以其歌剧著称。

15. 瓦格纳：1813-1883，德国作曲家，毕生致力于歌剧的改革与创新，作品有歌剧《漂泊的荷兰人》《纽伦堡名歌手》等。

16. 奥斯本：1857-1935，美国古生物学家，长期在哥伦比亚大学任教，提出适应性传播概念，著有《生物的起源和进化》等。

17. 海克尔：1834-1919，德国动物学家，达尔文主义支持者，提出生物发生律，为进化论提供了有力证据，主要著作有《人类发展史》《生命的奇迹》等。

III
06 马克思葬礼上的达尔文主义者：演化史上最奇特的一对挚友

1. 乔治·艾略特：1819-1880，英国女作家，真名 Mary Ann Evans，开创现代小说心理分析的创作方法，注重人物性格和环境的描写，代表作有长篇小说《亚当·比德》《织工马南》等。

2. 赫伯特·斯宾塞：1820-1903，英国哲学家、社会学家，认为哲学是各学科原理的综合，将进化论引入社会学，提出"适者生存"说，著有《综合哲学》《生物学原理》《社会学研究》等。

3. 布鲁诺：1548-1600，文艺复兴时期意大利哲学家、天文学家，宣扬泛神论和人文主义思想，发展哥白尼的日心说，被宗教裁判所判为异端，火刑处死，主要著作有《论原因、本原和一》等。

4. 拉瓦锡：1743-1794，法国化学家，现代化学奠基人，开创定量有机分析，证明氧在物质燃烧和生物呼吸中的作用，据以驳斥燃素学说，曾任包税商等职，在雅各宾专政时期被斩首。

5. 霍尔丹：1892-1964，印度籍英国遗传学家、生物统计学家和生理学家，对种群遗传和进化研究有新贡献，著有《遗传学的新途径》等。

6. 彼得·布赖恩·梅达沃：1915-1987，英国生物学家，因发现对组织移植的获得性免疫耐受性而获得 1960 年的诺贝尔生理学或医学奖。

7. 梅斯梅尔：1734-1815，奥地利医师，创始催眠术，用以治病，但其"治愈例"为一专门委员会的调查报告所否定。

8. 奥斯卡·王尔德：1854-1900，爱尔兰作家、诗人，十九世纪末英国唯美主义的主要代表，主要作品有喜剧《认真的重要》《少奶奶的扇子》和长篇小说《道林·格雷的肖像》等。

9. 以赛亚·伯林：1909-1997，英国哲学家、观念史学家和政治理论家，二十世纪最杰出的自由思想家之一。

10. 马尔萨斯：1766-1834，英国经济学家，以所著《人口论》知名，认为人口按几何级数增长而生活资料按算术级数增长，如不抑制人口过度增长，必然引起"罪恶和贫困"。

11. 罗伯特·爱德华·李：1807-1870，美国内战时期南军统帅，原为北军将领，参加南军后受命任南军总司令，以出色的战略战术多次击败北军，最终失利投降，战后致力于教育。

07　果壳中的亚当前人类

1. 艾丽丝：十九世纪英国童话作家卡罗尔作品《艾丽丝漫游奇境记》中的主人公。

2. 布莱克：1757-1827，英国诗人和版画家，善用歌谣体和无韵体抒写理想和生活，作品风格独特，有诗集《天真之歌》《经验之歌》等。

3. 斯宾诺莎：1632-1677，荷兰哲学家，唯理论的代表之一，从"实体"即自然界出发，提出"自因说"，认为只有凭借理性认识才能得到可靠的知识，著有《神学政治论》《伦理学》等。

4. 三十年战争：1618 年至 1648 年，欧洲两个强国集团——哈布斯堡王朝与反哈布斯堡王朝集团为争夺欧洲霸权而展开了一场大规模的欧洲国家混战。起初，战争是围绕德国新旧教矛盾进行的，但不久就演化为各国争夺权利和领土的混战，西欧、中欧及北欧主要国家几乎全部先后卷入。其结果使德国四分五裂，法国等迅速崛起，从而给西欧各国关系带来了重大影响。

5. 孔代亲王：1621-1686，法国将军，波旁王朝孔代家族的第四亲王。

6. 亚历山大七世：1599-1667，意大利籍教皇，曾任教廷驻科隆使节，声称不与异端分子共同议事。

7. 使徒保罗：?-67?，犹太人，曾参与迫害基督徒，后成为向非犹太人传教的基督教使徒，圣经新约中《保罗书信》的作者。

8. 杜布瓦：1858-1940，荷兰解剖学家、人类学家，在爪哇发现爪哇直立猿人化石，著有《直立猿人，爪哇似人过渡类型》。

08　弗洛伊德基于演化学说的想象

1. 《海华沙之歌》：美国诗人朗费罗（1807-1882）的长篇叙事诗。

2. 吉卜林：1865-1936，英国小说家、诗人，作品表现英帝国的扩张精神，有"帝国主义诗人"之称，著名作品有《丛林故事》、长篇小说《吉姆》、诗歌《军营歌谣》等。

3. 亨利·卡伯特·洛奇：1850-1924，美国参议员，制订反托拉斯法案，支持美国参加第一次世界大战，1919 年任外交委员会主席，反对国际联盟盟约和凡尔赛条约，成为美国孤立主义者代表人物。

4. 龙勃罗梭：1836-1909，意大利犯罪学家、精神病学家、刑事人类学派创始人，重视研究犯罪人的病理解剖，用人类学的测定法研究精神病犯罪人和其他犯罪人，以其主要著作《犯罪人》而闻名。

5. 卡尔·荣格：1875-1961，瑞士心理学家、精神病学家，首创分析心理学。

IV
09 犹太人和犹太石

1. 汉克·艾伦：1934-，美国著名职业棒球运动员，共参加 3,298 场比赛。

2. 泰德·威廉斯：1918-2002，美国职业棒球球员和经理，两次获得美国联盟最有价值球员，1966 年入选棒球名人堂。

3. 帕拉切尔苏斯：1493-1541，瑞士医师、炼金家，发现并使用多种化学新药，促进了药物化学的发展，对现代医学做出贡献，著有《外科大全》和关于梅毒的论文。

4. 盖仑：130?-200?，古希腊医师、生理学家和哲学家，从动物解剖推论人体构造，用亚里士多德目的论阐述其功能。

5. 乔治·阿格里科拉：1494-1555，德国矿物学家、冶金学家和医生，著有《金属学》《矿物学》等，首创矿物分类法。

6. 路德：1483-1546，德国人，十六世纪欧洲宗教改革运动发起者、基督教新教路德宗创始人。

7. 梅兰希顿：1497-1560，德国基督教新教神学家、教育家，起草《奥格斯堡信纲》，阐明路德宗的立场，主张废除教士独身制，改弥撒为圣餐。

8. 头足动物：软体动物的一类，在头部四周长着许多足，多数的壳长在体内，生活在海中，如乌贼、章鱼、鹦鹉螺等。

10　当化石还年轻

1. 亚伯拉罕·林肯：1809-1865，美国第十六任总统、共和党人，当过律师、众议员，就任总统后，爆发南北战争，采取革命性措施，颁布《宅第法》和《解放宣言》，取得战争的胜利，战后被暴徒刺杀。

2. "斑鸠的歌声"：斑鸠的歌声也是《所罗门之歌》里的，春天来临时斑鸠的歌声给人带来美的体验，所以斑鸠的歌声就是指给人带来美好感受的事物。

3. 托马斯·阿奎那：1225?-1274，中世纪意大利神学家和经院哲学家，他的哲学和神学称托马斯主义。

4. 阿尔伯图斯：1200?-1280，德国经院哲学家、神学家，用亚里士多德学说解释神学，谓科学即信仰的准备和先导，代表作为《亚里士多德哲学注疏》。

5. 谷登堡：1398-1468，德国金匠，发明活字印刷术，排印过《42 行圣经》等书。

6. 贝歇尔：1635-1682，德国炼金术士、化学家、矿业工程师、有造诣的经济理论家。

7. 五月花号：1620 年英国清教徒去北美殖民地时所乘船名。

8. 普林尼：23-79，古罗马作家，共写作品 7 部，现仅存百科全书式著作《博物志》37 卷。

9. 康拉德·格斯纳：1516-1565，瑞士医生、博物学家，现代动物学、目录学、植物学及登山运动的先驱，著有《通用目录学》《康拉德·格斯纳氏图书总览》《动物志》等。

10. 托勒密：古希腊天文学家、地理学家、数学家，建立地心宇宙体系（托勒密体系）学说，著有《天文学大成》（13 卷）、《地理学指南》（8 卷）等。

11. 阿金库尔战役：1415 年英王亨利五世于法国北部阿金库尔村重创兵力数倍于己的法军。

11　梅毒和亚特兰蒂斯牧羊人

1. 亚特兰蒂斯：传说中的岛屿，据说位于大西洋直布罗陀海峡以西，后沉于海底。

2. 查理八世：1470-1498，法兰西国王，路易十一的独子，13 岁即位，1494 年率军入侵意大利，挑起意大利战争，1495 年加冕为那不勒斯国王。

3. 维吉尔：公元前 70- 公元前 19，古罗马诗人，作品有《牧歌》10 首、《农事诗》4 卷，代表作为史诗《埃涅阿斯纪》，其诗作对欧洲文艺复兴和古典主义文学产生巨大影响。

4. 斯卡利杰：1484-1558，意大利古典学者、医生，1525 年移居法国，主要著作有

《植物论》《论拉丁语》《诗论》等。

5. 奥维德：公元前43- 公元17，古罗马诗人，重要作品有《变形记》《爱的艺术》《岁时记》《哀歌》等。

6. 尼俄伯：底比斯王后，坦塔罗斯之女，为自己被杀的子女们哭泣而化为一块石头，变形成石后继续流泪。

7. 弗兰西斯一世：1494-1547，法国国王，在与神圣罗马帝国皇帝查理五世交战中负伤被俘，获释后又多次发动反查理五世的战争。

8. 科赫：1843-1910，德国细菌学家，发明细菌纯培养法和染色法，分离出炭疽杆菌和结核杆菌等病菌，提出鉴定某种微生物为相应传染病病因的"科赫原则"，获1905年诺贝尔生理学或医学奖。

9. 巴斯德：1822-1895，法国化学家、微生物学家，证明微生物引起发酵及传染病，首创用疫苗接种预防狂犬病、炭疽和鸡霍乱，发明巴氏消毒法，开创了立体化学，著有《乳酸发酵》等。

10. 德谟克利特：公元前460-370，古希腊唯物主义哲学家、原子论创始人之一，政治上属奴隶制民主派，在伦理学上认为幸福是人生的目的，真正的幸福在于心神宁静。

11. 卢克莱修：公元前94-55，古罗马诗人、哲学家。

12. 圣奥古斯丁：354-430，基督教哲学家，拉丁教父的主要代表，罗马帝国北非领地希波教区主教。

13. 波拿文都拉：1217-1274，意大利神学家、经院哲学家、方济各会会长、枢机主教，认为上帝的存在无须理性来论证，上帝的意志是万物的"原因"和"形式"。

14. 伊拉斯谟：1469-1536，荷兰人文主义学者、北方文艺复兴运动中的重要人物、奥斯定会神父，首次编订附拉丁文译文的希腊文版新约圣经，著有《愚人颂》。

15. 墨丘利：罗马神话中众神的使者，司商业、手工技艺、智巧、辩才、旅行以致欺诈和盗窃的神，相当于希腊神话中的赫耳墨斯。

16. 本杰明·富兰克林：1706-1790，美国政治家和科学家，大陆会议代表，参加起草独立宣言，出使法国，缔结法、美同盟，与英国签订承认美国独立的和约，参加制宪会议，研究大气电，发明避雷针等。

17. 保罗·埃尔利希：1854-1915，德国医学家，血液学、免疫学奠基人之一，开创化学疗法，发明抗梅毒药，因免疫学方面的贡献获得1908年诺贝尔生理学或医学奖。

12 达尔文和堪萨斯的家伙们

1. 多萝西：童话剧《绿野仙踪》的主人公。
2. 好科学（good science）：作者出身于犹太移民家庭，家族史使他对诸如利用科学证明种族歧视合理性的行为十分反感，他不遗余力地攻击他所认为的"坏科学（bad science）"，比如基因决定论，即认为一切都是基因决定的理论。坏科学与好科学的区别在于是否容易被社会滥用。第22篇中也提到了这个概念。

13 达尔文的宏伟殿堂

1. 巨杉木：美洲最大的树，高可达 120 米，树龄可达四五千年。
2. 宙斯：希腊神话中的主神。
3. 沃登：日耳曼神话中的主神。

14 无处不在的达尔文

1. 切斯特顿：1874-1936，英国作家、新闻工作者，著有小说、评论、诗歌、传记等，以写布朗神父的侦探系列小说最为著名。
2. 阿萨·格雷：1810-1888，美国植物学家，研究北美植物区系，在统一该地区植物分类方面做出了贡献，著有《美国北部植物学手册》及传记《达尔文》等。

15 看起来少的，其实是多的

1. 帕西发尔：亚瑟王传奇中寻找圣杯的英雄人物。

16 达尔文的"文化"程度差异

1. 亚历山大·蒲柏：1688-1744，英国诗人，长于讽刺，善用英雄偶体，著有长篇讽刺诗《夺发记》《群愚史诗》等。
2. 卢比孔河：罗马共和国时代为山南高卢与意大利的界河，公元前 49 年凯撒冲破不得越出所驻行省的法律，渡河宣告与罗马执政庞培决战。

18 可怕的 E 到底意味着什么？

1. 查尔斯·赖尔：1797-1875，英国地质学家，认为地球表面特征是在不断缓慢变化的自然过程中形成的，反对灾变论或求助于圣经，主要著作有《地质学原理》。

19 余生的第一天

1. "天堂之门"教派：1975 年由唱诗班指挥马歇尔·阿普尔怀特（Marshall Applewhite）在美国创立。该门的教徒认为，地球和地球上的一切都将"循环"至彻底清零的状态。他们还相信，搭乘 1997 年 3 月的海尔 - 波普彗星飞船能让他们逃过一劫，生存下来。3 月 27 日，该教的 39 名教徒在加利福尼亚的一座大楼内轮流服毒身亡，去世时穿着耐克的运动鞋，戴有臂章，上面写着"天堂之门客队"。

2. 约瑟夫·海顿：1732-1809，奥地利作曲家、维也纳古典乐派代表人物之一，对交响乐、弦乐四重奏两种形式做出贡献。

3. 蒙田：1533-1592，文艺复兴时期法国思想家、散文作家，用怀疑论从研究自己扩大到对人的研究，反对经院哲学和基督教的原罪说，主要著作为《随笔集》。

4. 小狄奥尼西：500?-560?，西徐亚基督教神学家和教会法学者，创立基督教历法，编订新的年表，把基督的生年误定在罗马帝国建元 753 年 12 月 25 日。

5. 希律一世：公元前 73- 公元前 4，罗马统治时期的犹太国王，希律王朝的创建人，统治后期凶恶残暴，曾下令屠戮伯利恒城男婴。

6. 弥尔顿：1608-1674，英国诗人，对十八世纪诗人产生深刻影响，因劳累过度双目失明，作品除短诗和大量散文外，主要是晚年写的长诗《失乐园》《复乐园》及诗剧《力士参孙》。

7. 拉弗尔天使：圣经传说中的天使长之一，司医疗。

8. 彼拉多：?-36?，罗马犹太巡抚，主持对耶稣的审判并下令把耶稣钉死在十字架上。

9. 瓦尔哈拉殿堂：北欧神话中主神兼死亡之神奥丁接待战死者英灵的殿堂。

10. 安东尼奥·萨列里：1750-1825，意大利作曲家。

11. 罗伯斯比尔：1758-1794，法国资产阶级革命时期雅各宾派领袖，领导雅各宾派政府平定反革命叛乱，镇压忿激派和阿贝尔派，热月政变时被逮捕处死。

20 圣马可大教堂的前廊和泛生论的典范

1. 可见上帝第一天创造的光是多么有用：英语的原文和中译"豁然开朗"的字面意思相似，都是一束光照亮自己，所以作者开了个小玩笑，说上帝创造光很有用。
2. 拜占庭风格：特点是突出正规的宗教象征，缺乏立体感，色彩华丽耀眼。
3. 朱庇特：罗马神话中主宰一切的主神，相当于希腊神话中的宙斯。
4. 间断平衡：一种有关生物进化模式的学说，主张生物演化的形式为迅速变化的短暂的成种期与成种后的漫长停滞期这两种不同状态的交替，即物种一般都处于长期稳定平衡的状态，直到新的成种事件打断这一平衡状态为止。
5. 在很多发表的质疑文章中，有些作者模仿了我们原始的标题，比如《圣马可的丑闻》，甚至《圣马克思的走狗》："丑闻（scandal）""走狗（spaniel）"的英文拼写和发音与拱肩（spandrel）差不多。
6. 冯·贝尔：1792-1876，爱沙尼亚动物学家，胚胎学奠基人，地理学和人种学的先驱，1834 年起在俄国研究地理学，发现河岸冲刷规律。

21 林奈的幸运？

1. 卢瑟福：1871-1937，英国物理学家，生于新西兰，因对元素衰变的研究获得 1908 年诺贝尔化学奖，通过 α 粒子散射试验发现原子核，并据以提出核型原子模型。
2. 笨蛋：原文为 horse's ass，字面意思是"马屁股"。
3. 阿里阿德涅：国王弥诺斯的女儿，特修斯的情人。
4. 特修斯：雅典国王，以杀死牛首人身的怪物弥诺陶洛斯而闻名。
5. 弥诺陶洛斯：牛首人身怪物，被弥诺斯王之孙禁闭在克里特岛的迷宫里，每年要吃雅典送来的童男童女各 7 个，后被雅典王特修斯杀死。

22 太过分了！

1. 乔治·麦克莱伦：1826-1885，美国将军，南北战争初期曾任联邦军总司令，但出击犹豫，坐失战机，被林肯总统撤职。
2. 内斯特：特洛伊战争时希腊的贤明长者。
3. 培利：1743-1805，英国神学家、功利主义哲学家，曾任圣公会牧师，反对奴隶贩卖，主要著作有《论道德和政治哲学原理》《自然神学》等。
4. 蛾类工业黑化现象：在工业城市的近郊，许多不同属和不同种的鳞翅目昆虫黑色型个体的出现频率逐渐上升，这个趋势被称为工业黑化。黑化是昆虫为适应工业污染而出现的一种体色变异,其中蛾类为工业黑化研究提供了丰富的材料。黑色蛾不容易被敌害发现而生存下来,是适者生存;白色蛾容易被敌害发现而被吃掉,是不适者被淘汰。

5. 于是这些鸡雏便进了创世论者的窝巢:原文为 these particular chickens came home to creationist roost,俗语 come home to roost 是"恶有恶报"的意思。这里作者对它进行了改造,增加了其他成分。

6. 俾斯麦:1815-1898,普鲁士王国首相,德意志帝国宰相,通过王朝战争击败法、奥,统一德意志,有"铁血宰相"之称。

23 尾羽龙的传说

1. 如愿骨:又称叉骨,V 字形或 U 字形的骨片,见于鸟类和一些兽脚类恐龙中,由两个锁骨愈合而成。

2. 不再能吃掉马桶上的律师:电影《侏罗纪公园》里有个镜头是恐龙吃掉了一个坐在马桶上的律师。

3. 丁尼生:1809-1892,英国诗人,重视诗的形式完美,音韵和谐,词藻华丽,被封为桂冠诗人,主要诗作有《夏洛蒂小姐》、《尤利西斯》、组诗《悼念》、《国王叙事诗》等。

VII
24 演化视角下的"本土植物"概念

1. 延斯·延森:1860-1951,丹麦园林设计师。

2. 白令海峡意外形成的陆桥:末次冰期时,白令海峡的海底露出海面,变成陆桥,亚洲的西伯利亚人有可能越过白令陆桥来到美洲,所以美洲土著和东亚人都曾被归属为黄种人。当哥伦布到达美洲时,误以为到了印度,把当地土著称为印度人,中文翻译则将印度人音译为印第安人。

3. "康提基号":挪威探险家托尔·海尔达尔(1914-2002)制作的一艘帆船。1947年,托尔与五名同伴乘康提基号木筏从秘鲁海岸的卡亚俄港出发,最终到达南太平洋的土阿莫土群岛,航程约 8,000 千米。这一探险行为是为了表明远古时代的人也能进行如此长距离的海上航行。

4. 奥姆斯特德:1822-1903,美国园林建筑师,被普遍认为是美国景观设计学的奠基人，与沃克斯合作设计纽约市中央公园修建方案并任监工，后又设计波士顿、布鲁克林和芝加哥的公园等。

5. 以赛亚：公元前八世纪希伯来预言家。

25 关于思考能力与恶臭气味的陈年谬论

1. 恶臭气味：对应的英文 stinking 既是"发恶臭的"，也是"令人讨厌"的意思。

2. 托马斯·布朗爵士：1605-1682，英国医师、作家，把科学和宗教融成一体，名著有《一个医生的宗教信仰》等。

3. 圣巴特里克：389?-461，在爱尔兰建立基督教会的英国传教士，爱尔兰主保圣人，著有记述其传教经历的《信仰声明》。

4. 詹森：1923-2012，美国教育心理学家。二十世纪七十年代，詹森和美国物理学家肖克利发起了优生主义运动，他们深信黑人天生智商低，而且完全无药可救，所以主张向黑人施行绝育政策。

5. 肖克利：1910-1989，出生于英国，后迁往美国，被誉为"晶体管之父"，因对半导体的研究和发现了晶体管效应，与巴丁、布拉顿分享了 1956 年的诺贝尔物理学奖。

6. 《钟形曲线》：美国 1996 年出版的一本极具争议的畅销书，全名《钟形曲线：美国生活中的智能和阶级结构》，作者是赫恩斯坦和默里。两位作者根据大量测试数据指出：不同种族的智力有高有低，黑人的智能先天低于白人和东亚人。

7. 霍皮族人：美国亚利桑那州东北部印第安人的一个部落。

26 种族的几何结构

1. 亚当·斯密：1723-1790，英国经济学家，古典政治经济学的代表，从人性出发，研究经济问题，主张经济自由放任，反对重商主义和国家干预，主要著作有《道德情操论》《国富论》。

2. 切尔卡西亚：高加索西北部一地区。

3. 帕斯卡：1623-1662，法国数学家、物理学家、哲学家，概率论创立者之一，提出密闭流体能传递压力变化的帕斯卡定律，写有哲学著作《致外省人书》《思想录》等。

4. 阿克顿勋爵：1834-1902，英国历史学家，提倡基督自由伦理观，晚年主编《剑桥近代史》。

27　海德堡伟大的生理学家

1. 乔治·居维叶：1769-1832，法国动物学家，创建比较解剖学和古生物学，曾任国务委员和内务部副大臣，著有《动物界》《地球表面灾变论》等。
2. 理查德·欧文：1804-1892，英国解剖学家、古生物学家，曾研究脊椎动物的比较解剖学及哺乳类、鸟类、爬行类动物的化石，著有《论珠光鹦鹉螺》《牙体形态学》等。
3. 谢林：1775-1854，德国哲学家、德国古典客观唯心主义代表人物，晚期转向天主教神学，著有《对自然哲学的看法》《先验唯心论体系》《哲学与宗教》等。
4. 洛伦茨·奥肯：1779-1851，德国生物学家、自然哲学家，认为生命的本质源于一种单纯用科学方法无从理解的生命力，提出生物进化的思想。
5. "油滑的萨姆"：塞缪尔·威尔伯福斯（1805-1873）是达尔文的主要反对者之一，也是反对奴隶贸易和奴隶制的主要活动家之一。这个绰号来自推行殖民主义扩张政策的英国首相本杰明·迪斯累里的一句评语，萨姆（Sam）是塞缪尔（Samuel）的简称。

VIII
28　哈利法克斯的好人

1. 朗费罗：1807-1882，美国诗人，曾任哈佛大学近代语言教授，主要诗作有抒情诗集《夜吟》，长篇叙事诗《伊凡吉林》《海华沙之歌》等，还翻译了但丁的《神曲》。
2. 瑞士航空空难：发生于 1998 年的一次严重空难，飞机在冲入大西洋后粉碎性解体，全机 229 人无一生还，其中包括一名中国乘客。

29　苹果布丁

1. 巴别塔：基督教圣经中的城市名，诺亚的后代拟在此建通天塔，上帝怒其狂妄，使建塔人突操不同的语言，塔因此终未建成。

30 伍尔沃思大楼

1. 伍尔沃思先生：1852-1919，美国商人，在全国经营 1,000 余家五分一角的百货零售商店，为近代"五分一角"零售商店的创始人，后成立伍尔沃思公司。

2. 马塞尔·杜尚：1887-1968，法国画家、达达派代表人物，创作"现成取材"作品，如以尿壶为素材的《泉》、带胡须的《蒙娜·丽莎》，作品怪诞，以虚无主义态度对待艺术传统，1955 年入美国籍。

3. 威尔逊总统：1856-1924，美国第二十八任总统、民主党人，领导美国参加第一次世界大战，倡议建立国际联盟并提出"十四点"和平纲领，获 1919 年诺贝尔和平奖。

4. 华兹华斯：1770-1850，英国诗人，作品歌颂大自然，开创了浪漫主义新诗风，重要作品有长诗《序曲》、组诗《露西》等，被封为桂冠诗人。

附录 2

英制单位与常用单位换算表

	名称	换算
长度	英寸	1英寸 = 2.54厘米
	英尺	1英尺 = 12英寸 = 0.304 8米
	英里	1英里 = 5,280英尺 = 1,609.344米
质量	盎司（常衡）	1盎司 = 28.35克
	盎司（药衡）	1盎司 = 31.103克
	磅	1磅 = 16盎司 = 0.453 6千克
	打兰（常衡）	1打兰 = 1.772克
	打兰（药衡）	1打兰 = 3.887克

附录 3

人名索引

M

附录 4

图片来源说明

京权图字：01-2019-6225

图书在版编目（CIP）数据

彼岸：博物学家古尔德生命观念文集的末卷／（美）斯蒂芬·杰·古尔德（Stephen Jay Gould）著；顾漩译 . — — 北京：外语教学与研究出版社，2020.6
书名原文：I Have Landed: The End of a Beginning in Natural History
ISBN 978-7-5213-1937-8

Ⅰ . ①彼… Ⅱ . ①斯… ②顾… Ⅲ . ①博物学－文集 Ⅳ . ①N91-53

中国版本图书馆 CIP 数据核字（2020）第 119861 号

出 版 人　徐建忠
项目负责　章思英　姚　虹　刘晓楠
项目策划　何　铭
责任编辑　何　铭
责任校对　黄小斌
装帧设计　李　高
出版发行　外语教学与研究出版社
社　　址　北京市西三环北路 19 号（100089）
网　　址　http://www.fltrp.com
印　　刷　北京华联印刷有限公司
开　　本　787×1092　1/16
印　　张　29.5
版　　次　2021 年 1 月第 1 版 2021 年 1 月第 1 次印刷
书　　号　ISBN 978-7-5213-1937-8
定　　价　82.00 元

购书咨询：（010）88819926　电子邮箱：club@fltrp.com
外研书店：https://waiyants.tmall.com
凡印刷、装订质量问题，请联系我社印制部
联系电话：（010）61207896　电子邮箱：zhijian@fltrp.com
凡侵权、盗版书籍线索，请联系我社法律事务部
举报电话：（010）88817519　电子邮箱：banquan@fltrp.com
物料号：319370001